中等职业教育国家规划教材配套教材

柴油发动机检修

张杰飞　主编

人民交通出版社股份有限公司
China Communications Press Co.,Ltd.

内 容 提 要

本书是中等职业教育国家规划教材配套教材之一。全书主要内容包括:柴油发动机基本知识的认知、柴油发动机曲柄连杆机构的检修、柴油发动机配气机构的检修、柴油发动机燃油供给系统的检修、柴油发动机润滑系统的检修、柴油发动机冷却系统的构造与维修、柴油机电控系统的检修,共7个项目,20个学习任务。

本书可供汽车运用与维修专业学生、汽车维修技师和汽车维修工参考使用。

图书在版编目(CIP)数据

柴油发动机检修 / 张杰飞主编. —北京:人民交通出版社股份有限公司,2016.8

中等职业教育国家规划教材配套教材

ISBN 978-7-114-13165-3

Ⅰ.①柴… Ⅱ.①张… Ⅲ.①柴油机—检修—中等专业学校—教材 Ⅳ.①TK42

中国版本图书馆 CIP 数据核字(2016)第148171号

中等职业教育国家规划教材配套教材

书　　名:**柴油发动机检修**
著 作 者:张杰飞
责任编辑:时　旭　李　良
出版发行:人民交通出版社股份有限公司
地　　址:(100011)北京市朝阳区安定门外外馆斜街3号
网　　址:http://www.ccpress.com.cn
销售电话:(010)59757973
总 经 销:人民交通出版社股份有限公司发行部
经　　销:各地新华书店
印　　刷:北京市密东印刷有限公司
开　　本:787×1092　1/16
印　　张:15.25
字　　数:355千
版　　次:2016年8月　第1版
印　　次:2016年8月　第1次印刷
书　　号:ISBN 978-7-114-13165-3
定　　价:35.00元

前　言

本套教材是中等职业教育国家规划教材的配套教材，第一版自2003年出版以来，以其结合各地汽车维修行业的生产实际、体现以人为本的现代理念、注重对学生创新能力的培养、具有较强针对性等特点，受到了广大职业院校师生的欢迎。

为贯彻《教育部关于深化职业教育教学改革全面提高人才培养质量的若干意见》(教职成【2015】6号)提出的"对接最新职业标准、行业标准和岗位规范，紧贴岗位实际工作过程，调整课程结构，更新课程内容，深化多种模式的课程改革"，响应国家对于汽车运用技术领域高素质专业实用人才培养的需要，更好地贴近汽车运用与维修专业实际教学目标，故人民交通出版社股份有限公司对本套教材进行了修订。本次修订以《中等职业学校专业教学标准(试行)》为标准，以职业教育人才培养模式和宗旨为导向，注重实践能力的培养，吸收教材使用院校师生的意见和建议，经过与编者的认真研究和讨论，确定了修订内容。

《柴油发动机检修》的编写以其原教材《柴油机维修专门化》为基础，立足教学实际，采用项目模块方式构建课程内容体系，按照"学习目标——任务导入——理论知识准备——任务实施——评价与反馈——技能考核标准"这种任务驱动教学思路编写，体现"学做合一"的教学理念。教材体例符合中职教育教学的特点，也符合中职学生的认知习惯。

全书由河南交通职业技术学院张杰飞担任主编(编写学习任务11、12、13)。参编人员有河南交通职业技术学院贾东明(编写学习任务1、2、3、4)、张昊(编写学习任务5、6、7、14、15)、武超(编写学习任务8、9、10)、潘明存(编写学习任务18、19、20)，陕西重型汽车有限公司张丽敏(编写学习任务16)，陕西重型汽车有限公司毛清华(编写学习任务17)。河南交通职业技术学院朱学军担任主审。

由于编者经历和水平有限，书中难免有不足之处，敬请广大读者及时提出修改意见和建议，以便修改和完善。

编　者

2016年4月

目　录

项目一　柴油发动机基本知识的认知

学习任务1　发动机基本知识的认知

学习目标

1. 了解柴油发动机的基本构造；
2. 掌握柴油发动机的基本术语；
3. 掌握二冲程、四冲程柴油发动机的工作原理；
4. 了解发动机的主要性能指标。

任务导入

我们经常会听到“四冲程发动机”的概念，你能明白其中的含义吗？我们经常会听到“发动机排量”“发动机压缩比”等名词，你知道这些都指什么吗？摆在你面前的柴油发动机总成，你是否觉得这是个庞然大物？你了解它的基本构造吗？本学习任务将会带领你找到这些问题的答案。

一　理论知识准备

（一）往复活塞式柴油发动机的基本构造

发动机是汽车的动力源。迄今为止，除电动汽车外，汽车发动机都是热能动力装置，简称为热机。在热机中，其借助工质的状态变化将燃料燃烧产生的热能转变为机械能。

热机有内燃机和外燃机两种。直接以燃料燃烧所生成的燃烧产物为工质的热机为内燃机，反之则为外燃机。内燃机包括活塞式内燃机和燃气轮机，外燃机包括蒸汽机、汽轮机和热气机等。与外燃机相比，内燃机具有结构紧凑、体积小、质量小和容易起动等优点。因此，内燃机尤其是活塞式内燃机被极其广泛地用作为汽车动力源。

柴油机由两大机构和四大系统组成（图1-1），即由曲柄连杆机构、配气机构、燃料供给系统、润滑系统、冷却系统和起动系统组成。

1. 曲柄连杆机构

曲柄连杆机构的作用是提供燃烧场所，把燃料燃烧后气体作用在活塞顶上的膨胀压力转变为曲轴旋转的转矩，不断输出动力。曲柄连杆机构是发动机实现工作循环、完成能量转换的主要运动机构。在做功行程,曲柄连杆机构将燃料燃烧产生的热能转变为活塞往复运动、曲轴旋转运动的机械能,对外输出动力;在其他行程,则依靠曲柄和飞轮的转动惯性、通过连杆带动活塞上下运动,为下一次做功创造条件。其一般由机体组、活塞连杆组和曲轴飞轮组三部分组成。

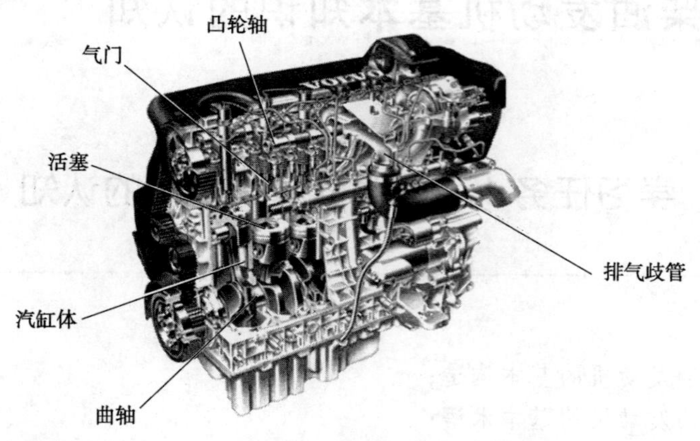

图 1-1　柴油发动机基本结构

2. 配气机构

配气机构是按照发动机每个汽缸内所进行的工作循环和点火顺序的要求,定时开启和关闭各汽缸的进、排气门,使新鲜的可燃混合气(汽油机)或空气(柴油机)得以及时进入汽缸,废气得以及时从汽缸排出。在压缩与做功行程中,关闭气门保证燃烧室的密封。配气机构一般由气门组和气门传动组构成。

3. 燃料供给系统

柴油机燃料供给系统的功用是把柴油和空气分别供入汽缸,在燃烧室内形成混合气并燃烧,最后将燃烧后的废气排出;汽油机燃料供给系统的功用是根据发动机的要求,配制出一定数量和浓度的混合气,供入汽缸,并将燃烧后的废气从汽缸内排出到大气中去。

4. 冷却系统

冷却系统的功用是将受热零件吸收的部分热量及时散发出去,保证发动机在最适宜的温度状态下工作。发动机的冷却系统有风冷和水冷之分。以空气为冷却介质的冷却系统称为风冷系统;以冷却液为冷却介质的冷却系统称为水冷系统。在整个冷却系统中,冷却介质是冷却液,主要零部件有节温器、水泵、水泵皮带、散热器、散热风扇、冷却液温度传感器、储液罐、采暖装置(类似散热器)等。

5. 润滑系统

润滑系统的功用是向做相对运动的零件表面输送定量的清洁润滑油,以实现液体摩擦、减小摩擦阻力、减轻机件的磨损,并对零件表面进行清洗和冷却。润滑系通常由润滑油道、机油泵、机油滤清器和一些阀门等组成。

6. 起动系统

要使发动机由静止状态过渡到工作状态,必须先用外力转动发动机的曲轴,使活塞做往复运动,汽缸内的可燃混合气燃烧膨胀做功,推动活塞向下运动使曲轴旋转,发动机才能自行运转,工作循环才能自动进行。因此,曲轴在外力作用下开始转动到发动机开始自动地怠速运转的全过程，称为发动机的起动。完成起动过程所需的装置，称为发动机的起动系统。

7. 点火系统

在汽油机中，汽缸内的可燃混合气是靠电火花点燃的，为此在汽油机的汽缸盖上装有火花塞，火花塞头部伸入燃烧室内。能够按时在火花塞电极间产生电火花的全部设备称为点火系统，点火系统通常由蓄电池、发电机、分电器、点火线圈和火花塞等组成。柴油机由于其混合气是自行着火燃烧（压燃）的，故没有点火系统。

（二）往复活塞式柴油发动机的基本术语

1. 工作循环（图 1-2）

活塞式内燃机的工作循环是由进气、压缩、做功和排气四个工作过程组成的封闭过程。周而复始地进行这些过程，内燃机才能持续地做功。

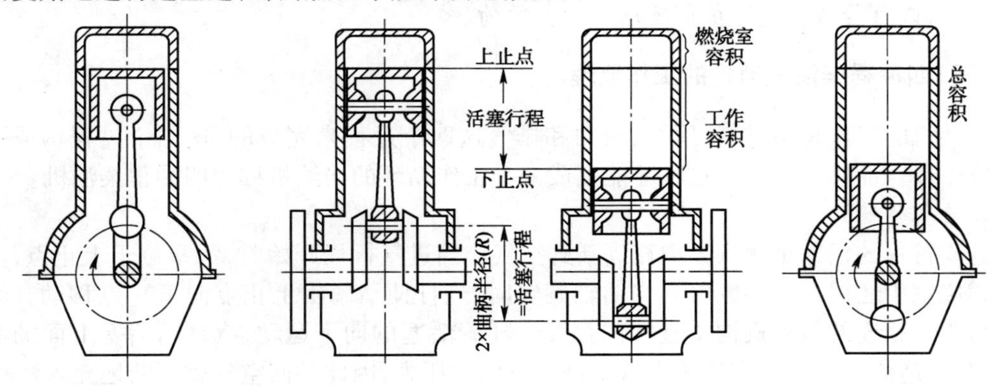

图 1-2　发动机基本术语示意图

2. 上止点（TDC）（图 1-2）

活塞顶部距离曲轴旋转中心线的最远位置，称为上止点。通常指活塞运行的最高位置。

3. 下止点（BDC）（图 1-2）

活塞顶部距离曲轴旋转中心线的最近位置，称为下止点。通常指活塞运行的最低位置。

4. 活塞行程（S）（图 1-2）

上、下止点间的距离 S 称为活塞行程。曲轴的回转半径 R 称为曲柄半径。显然，曲轴每回转一周，活塞移动两个活塞行程。对于汽缸中心线通过曲轴回转中心的内燃机，其 $S=2R$。

5. 汽缸工作容积（V_h）（图 1-2）

上、下止点间所包容的汽缸容积称为汽缸工作容积。

6. 内燃机排量（V_L）（图 1-2）

内燃机所有汽缸工作容积的总和称为内燃机排量。

7. 燃烧室容积（V_c）（图 1-2）

活塞位于上止点时，活塞顶面以上汽缸盖底面以下所形成的空间称为燃烧室，其容积称为燃烧室容积，也叫压缩容积。

8. 汽缸总容积（V_a）（图 1-2）

汽缸工作容积与燃烧室容积之和为汽缸总容积。

9. 压缩比(ε)

汽缸总容积与燃烧室容积之比称为压缩比 ε。压缩比的大小表示活塞由下止点运动到上止点时,汽缸内的气体被压缩的程度。压缩比越大,压缩终了时汽缸内的气体压力和温度就越高。

$$\varepsilon = \frac{V_a}{V_c} = \frac{(V_h + V_c)}{V_c} = \frac{1 + V_h}{V_c}$$

10. 工况

内燃机在某一时刻的运行状况简称工况,以该时刻内燃机输出的有效功率和曲轴转速表示。曲轴转速即为内燃机转速。

11. 负荷率

内燃机在某一转速下发出的有效功率与相同转速下所能发出的最大有效功率的比值称为负荷率,以百分数表示。负荷率通常简称负荷。

(三)四冲程柴油发动机的工作原理

柴油机的工作是由进气、压缩、做功和排气这四个过程来完成的,这四个过程构成了一个工作循环。活塞走完四个过程才能完成一个工作循环的柴油机称为四冲程柴油机。

1. 进气行程

进气行程的任务是使汽缸内充满新鲜空气。当进气行程开始时,活塞位于上止点,汽缸内的燃烧室中还留有一些废气。当曲轴旋转时,连杆使活塞由上止点向下止点移动,同时,利用与曲轴相连的传动机构使进气门打开。随着活塞的向下运动,汽缸内活塞上面的容积逐渐增大,造成汽缸内的空气压力低于进气管内的压力,因此外面空气就不断地充入汽缸。

进气行程终了时的气体压力低于大气压力,其值为0.085~0.095MPa,温度为320~350K。

2. 压缩行程

压缩时活塞从下止点向上止点运动,这个行程的功用有两个:一是提高空气的温度,为燃料自行发火作准备;二是为气体膨胀做功创造条件。当活塞上行,进气门关闭以后,汽缸内的空气受到压缩,随着容积的不断变小,空气的压力和温度也就不断升高,压缩终了时的压力和温度与空气的压缩程度有关,即与压缩比有关。

一般压缩终了时的压力为4~8MPa,温度为750~950K。柴油的自燃温度为543~563K,压缩终了时的温度要比柴油自燃的温度高很多,足以保证喷入汽缸的燃油自行发火燃烧。

3. 做功行程

在做功行程开始时,进、排气门都关闭。大部分喷入燃烧室内的燃料都燃烧了。燃烧时放出大量的热量,因此气体的压力和温度便急剧升高,活塞在高温高压气体作用下向下运动,并通过连杆使曲轴转动,对外做功。随着活塞的下行,汽缸的容积增大,气体的压力下降,做功行程在活塞行至下止点,排气门打开时结束。

做功行程压力急剧升高,瞬时压力可达6~15MPa,瞬时温度可达1800~2200K。做功终了时的压力为0.2~0.4MPa,温度为1200~1500K。

4. 排气行程

排气行程的功用是把膨胀后的废气排出去,以便充填新鲜空气,为下一个循环的进气作准备。当做功冲程活塞运动到下止点附近时，排气门开启，活塞在曲轴和连杆的带动下，由下止点向上止点运动，并把废气排出汽缸外。

排气行程终了时的压力为0.105～0.125MPa，残余废气的温度为850～960K。

（四）二冲程柴油发动机的工作原理（图1-3）

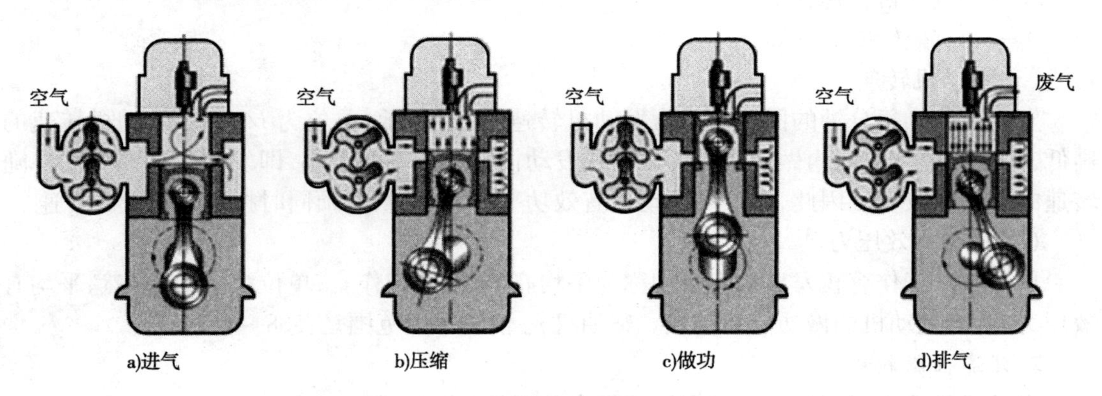

图1-3 二冲程柴油机的工作原理

1.第一行程——活塞由下止点移至上止点

当活塞还处于下止点位置时，进气孔和排气门均已开启。扫气泵将纯净的空气增压到0.12～0.14MPa后，经空气室和进气孔送入汽缸，扫除其中的废气。废气经汽缸顶部的排气门排出。当活塞上移将进气孔关闭的同时，排气门也关闭，进入汽缸内的空气开始被压缩。活塞运动至上止点，压缩过程结束。

2.第二行程——活塞由上止点移至下止点

当压缩过程终了时，高压柴油经喷油器喷入汽缸，并自行着火燃烧。高温高压的燃烧气体推动活塞做功。当活塞下移2/3行程时，排气门开启，废气经排气门排出。活塞继续下移，进气孔开启，来自扫气泵的空气经进气孔进入汽缸进行扫气。扫气过程将持续到活塞上移时将进气孔关闭为止。

（五）发动机的主要性能指标

发动机的性能指标用来表征发动机的性能特点，并作为评价各类发动机性能优劣的依据。同时，发动机性能指标的建立还促进了发动机结构的不断改进和创新。因此，发动机构造的变革和多样性是与发动机性能指标的不断完善和提高密切相关的。

1.动力性能指标

动力性能指标是表征发动机做功能力大小的指标，一般用发动机的有效转矩、有效功率、转速和平均有效压力等作为评价发动机动力性好坏的指标。

（1）有效转矩。

发动机对外输出的转矩称为有效转矩，记作M_e，单位为N·m。有效转矩与曲轴角位移的乘积即为发动机对外输出的有效功。

（2）有效功率。

发动机在单位时间对外输出的有效功称为有效功率，记作P_e，单位为kW。其等于有效

转矩与曲轴角速度的乘积。发动机的有效功率可用台架试验方法测定,也可用测功器测定有效转矩和曲轴角速度后,用公式计算得出:

$$P_e = M_e \frac{2\pi n}{60} \times 10^{-3} = \frac{M_e n}{9550} \quad (kW)$$

式中:n——发动机转速,r/min;

M_e——有效转矩,N·m。

(3)发动机转速。

发动机曲轴每分钟的回转数称为发动机转速,用 n 表示,单位为 r/min。发动机转速的高低,关系到单位时间内做功次数的多少或发动机有效功率的大小,即发动机的有效功率随转速的不同而改变。因此,在说明发动机有效功率的大小时,必须同时指明其相应的转速。

(4)平均有效压力。

单位汽缸工作容积发出的有效功称为平均有效压力,记作 p_e,单位为 kPa。显然,平均有效压力越大,发动机的做功能力越强。柴油机 p_e 值的一般范围是:588~1170kPa。

2. 经济性能指标

发动机经济性指标包括有效燃油消耗率和有效热效率等。

(1)有效燃油消耗率。

发动机每输出 1kW 的有效功在 1h 内所消耗的燃油量称为有效燃油消耗率,记作 g_e。

$$g_e = \frac{G_T}{P_e} \times 10^3$$

式中:G_T——发动机在单位时间内的耗油量,kg/h;

P_e——发动机的有效功率,kW。

(2)有效热效率。

燃料燃烧所产生的热量转化为有效功的比例称为有效热效率,用 η_e 来表示。有效热效率越高,发动机的经济性越好。

柴油机的 η_e 和 g_e 的数值范围如下:η_e:0.3~0.4,g_e:215~285g/(kW·h)。

二 任务实施——基本工具及发动机结构的认识

1. 准备工作

(1)将游标卡尺、千分尺、百分表、扭力扳手、套筒扳手组件等常用工具准备好。

(2)预先将发动机解体,汽缸盖拆下、油底壳拆下、曲柄连杆机构拆下。

2. 操作步骤

(1)老师讲解各种工具的使用方法。

(2)学生用游标卡尺测量曲轴主轴颈尺寸、用千分尺测量第一道活塞环厚度尺寸。

(3)将扭力扳手的力矩调节到老师要求的值,并锁死。

(4)学生观察已经拆解的内燃机零部件,说明其组装的位置。

(5)指出曲柄连杆机构、配气机构。

(6)找到燃料供给系统的油轨、冷却系统在汽缸体上的孔道、润滑系统在曲轴及连杆上的油道、起动机的具体位置。

(7)整理工具、恢复及清洁工位。

三 评价与反馈

1. 自我评价及反馈

(1)通过本学习任务的学习,你是否已经知道以下问题:

①往复活塞式柴油发动机由哪两大机构和四大系统构成?

____

____

②发动机排量、压缩比分别指什么?

____

____

③四冲程柴油发动机需要经历哪四个行程?

____

____

(2)实训过程完成情况如何?

____

____

(3)通过本任务的学习,你认为自己的知识和技能还有哪些欠缺?

____

____

签名:__________　　________年____月____日

2. 小组评价与反馈

小组评价与反馈见表1-1。

小组评价与反馈表　　表1-1

序号	评价项目	评价情况
1	着装是否符合要求	
2	是否能合理规范地使用仪器和设备	
3	是否按照安全和规范的流程操作	
4	是否遵守学习、实训场地的规章制度	
5	是否能保持学习、实训场地整洁	
6	团结协作情况	

参与评价的同学签名:__________　　________年____月____日

3. 教师评价与反馈

____

____

____

签名:__________　　________年____月____日

四 技能考核标准

技能考核标准见表1-2。

技能考核标准表　　表1-2

项目	操作内容	规定分	评分标准	得分
基本工具及发动机结构的认识	游标卡尺的使用及读数	10分	游标卡尺的使用正确得5分； 游标卡尺的读数正确得5分	
	千分尺的使用及读数	10分	千分尺的使用正确得5分； 千分尺的读数正确得5分	
	扭力扳手的使用及锁紧	10分	扭力扳手的设定正确得5分； 扭力扳手的锁紧正确得5分	
	发动机的装配结构认识	20分	汽缸盖与汽缸体的装配位置正确得5分； 活塞与汽缸体的装配位置正确得5分； 连杆与曲轴的装配位置正确得5分； 曲轴与汽缸体的装配位置正确得5分	
	两大机构的识别	20分	曲柄连杆机构的识别正确得10分； 配气机构的识别正确得10分	
	四大系统的识别	20分	油轨的识别正确得5分； 冷却水道的识别正确得5分； 润滑油道的识别正确得5分； 起动机的识别正确得5分	
	工具整理、工位清扫	10分	认真完成得10分	
总分		100分		

项目二　柴油发动机曲柄连杆机构的检修

学习任务2　汽缸盖与汽缸体的检修

学习目标

1. 了解曲柄连杆机构的组成；
2. 掌握机体组的构造；
3. 掌握机体组常见的故障及检修方法。

任务导入

一辆东风天锦中卡，使用过程中发生机油消耗增加、排气管冒黑烟、加速踏板踩下越深黑烟越浓但动力不能明显提高，且偶尔发生熄火现象。维修技师诊断后认为，该故障是由于汽缸内壁被拉伤所致，需要进行镗缸，并建议立即进行修理，以免造成更大损失。

一　理论知识准备

（一）曲柄连杆机构概述

1. 曲柄连杆机构的功用与组成

（1）曲柄连杆机构的功用。

曲柄连杆机构是内燃机实现工作循环，完成能量转换的传动机构，用来传递力和改变运动方式。工作中，曲柄连杆机构在做功行程中把活塞的往复运动转变成曲轴的旋转运动，对外输出动力，而在其他三个行程中，即进气、压缩、排气行程中又把曲轴的旋转运动转变成活塞的往复直线运动。总的来说曲柄连杆机构是发动机借以产生并传递动力的机构。通过它把燃料燃烧后发出的热能转变为机械能。

（2）曲柄连杆机构的组成。

曲柄连杆机构主要由机体组、活塞连杆组和曲轴飞轮组三部分组成。

①机体组。主要包括汽缸体、曲轴箱、汽缸盖、汽缸套和汽缸垫等不动件。

②活塞连杆组。主要包括活塞、活塞环、活塞销和连杆等运动件。

③曲轴飞轮组。主要包括曲轴和飞轮等机件。

2. 曲柄连杆机构的工作条件

发动机工作时,曲柄连杆机构直接与温度大于2500K、压力为5~10MPa的气体接触,曲轴的旋转速度又很高(可达3000~6000r/min),活塞往复运动的线速度相当大(可达10m/s),同时与可燃混合气和燃烧废气接触,曲柄连杆机构还受到化学腐蚀作用,并且润滑困难。可见,曲柄连杆机构的工作条件相当恶劣,它要承受高温、高压、高速和化学腐蚀作用。

(二)机体组的构造

机体组主要由汽缸体、曲轴箱、汽缸盖、汽缸垫等组成,如图2-1所示。

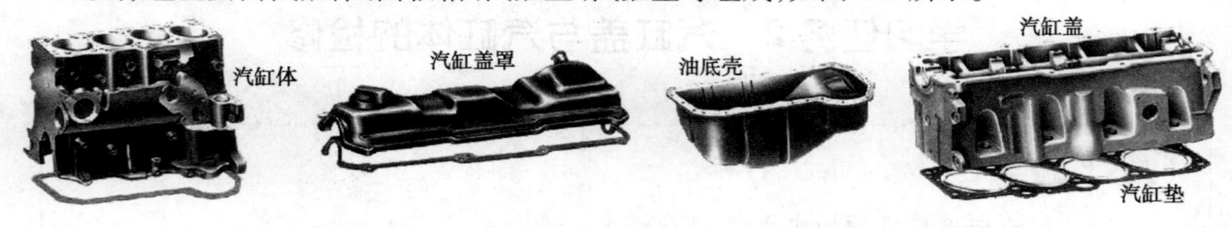

图2-1 机体组

1. 汽缸体

汽缸体主要承受机械负荷。汽缸体在工作中承受拉伸、压缩、扭转以及摩擦等各种作用力,所有连接部分还要承受相应的顶紧力的作用等。

(1)汽缸体的特点。

汽缸体作为发动机的基础部件,能承受的恶劣工作条件必须满足以下要求:具有足够的刚度;具有良好的冷却性能;具有足够的耐磨性。

汽缸体材料多是由灰铸铁或铝合金铸造而成,汽缸体上部的圆柱形空腔称为汽缸,下半部为支承曲轴的曲轴箱,其内腔为曲轴运动的空间。在汽缸体内部铸有许多加强筋,冷却水套和润滑油道等。

(2)汽缸体的分类。

汽缸体应具有足够的强度和刚度,根据汽缸体与油底壳安装平面的位置不同,通常把汽缸体分为一般式、龙门式和隧道式3种形式,如图2-2所示。

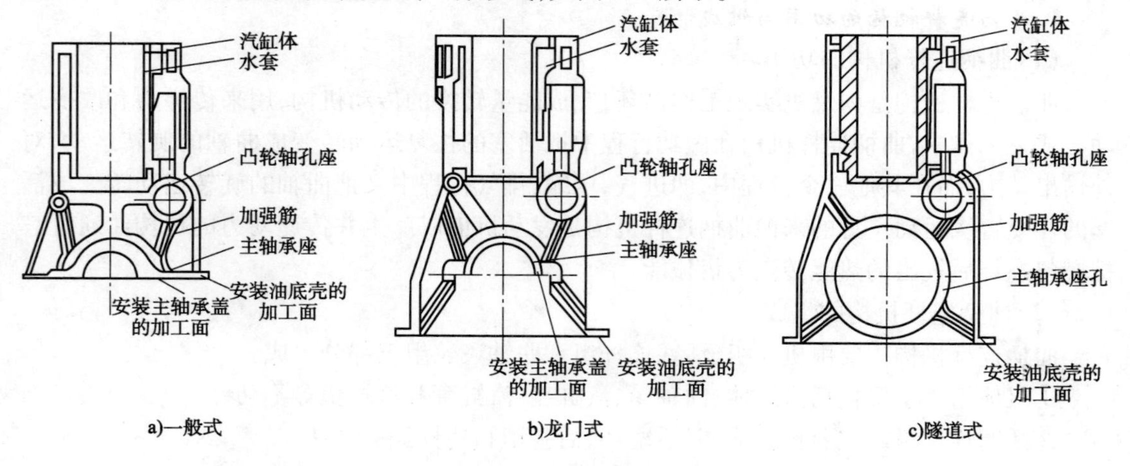

图2-2 汽缸体的分类

①一般式汽缸体。其特点是油底壳安装平面和曲轴旋转中心在同一高度。这种汽缸体的优点是机体高度小、质量小、结构紧凑、便于加工、曲轴拆装方便,但其缺点是强度和刚度较差。一般应用在中小型发动机上。

②龙门式汽缸体。其特点是油底壳安装平面低于曲轴的旋转中心,它的优点是强度和刚度都好,能承受较大的机械负荷,但其缺点是工艺性较差、结构笨重、加工较困难。一般应用在大中型发动机上。

③隧道式汽缸体。这种形式的汽缸体曲轴的主轴承孔为整体式,采用滚动轴承,主轴承孔较大。曲轴从汽缸体后部装入。其优点是结构紧凑、刚度和强度好,但其缺点是加工精度要求高、工艺性较差、曲轴拆装不方便。一般应用在负荷较大的柴油机上。

为了能够使汽缸内表面在高温下正常工作,必须对汽缸和汽缸盖进行适当的冷却。冷却方法有两种,一种是水冷,另一种是风冷。水冷发动机的汽缸周围和汽缸盖中都加工有冷却水套,并且汽缸体和汽缸盖冷却水套相通,冷却液在水套内不断循环,带走部分热量,对汽缸和汽缸盖起冷却作用。

(3)汽缸的排列形式。

现代汽车上基本都采用水冷多缸发动机,对于多缸发动机,汽缸的排列形式决定了发动机的外形尺寸和结构特点,对发动机机体的强度和刚度也有影响,并关系到汽车的总体布置。按照汽缸排列方式的不同,汽缸体还可以分成直列式、V 形和水平对置式 3 种,如图 2-3 所示。

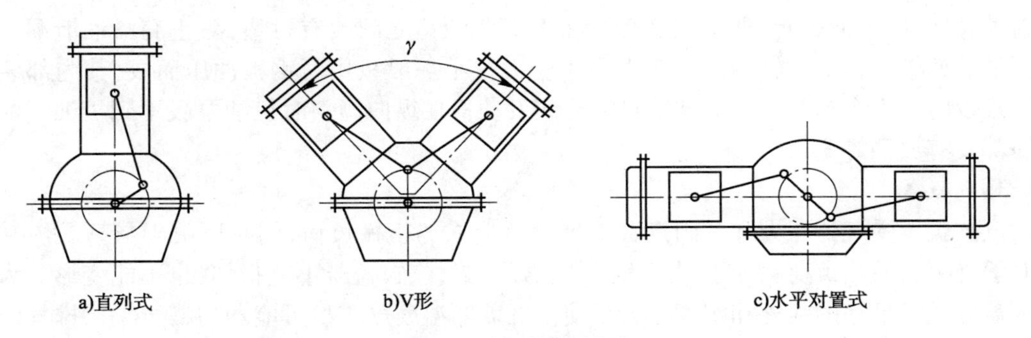

图 2-3 汽缸的排列方式

①直列式。发动机的各个汽缸排成一列,一般是垂直布置的。直列式汽缸体结构简单、加工容易,但发动机长度和高度较大。一般六缸以下发动机多采用直列式。有的汽车为了降低发动机的高度,会把发动机倾斜一个角度。

②V 形。汽缸排成两列,左右两列汽缸中心线的夹角小于 180°。V 形发动机与直列式发动机相比,缩短了机体长度和高度,增加了汽缸体的刚度,减小了发动机的质量,但加大了发动机的宽度,且形状较复杂,加工困难,一般用于八缸以上的发动机,六缸发动机也有采用这种形式的汽缸体。

③水平对置式。汽缸排成两列,左右两列汽缸在同一水平面上,且左右两列汽缸中心线的夹角为 180°。它的特点是高度小、总体布置方便、有利于风冷。这种汽缸应用较少。

(4)汽缸套。

汽缸直接镗在汽缸体上的叫作整体式汽缸,整体式汽缸强度和刚度较好,能承受较大的

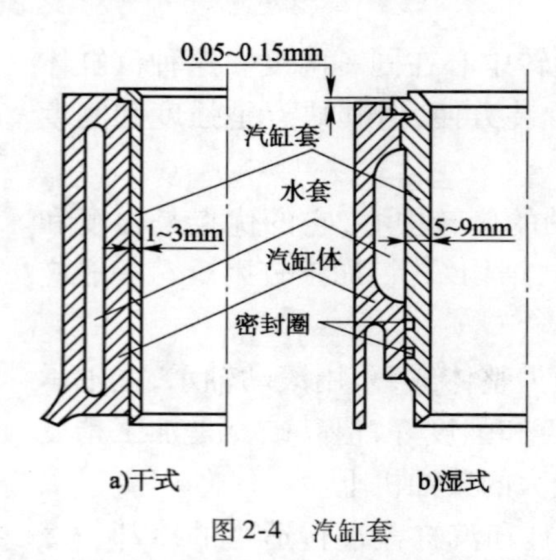

图 2-4　汽缸套

载荷，这种汽缸对材料要求高，成本高。其也可将汽缸制造成单独的圆筒形零件（汽缸套），然后再装到汽缸体内。汽缸套采用耐磨的优质材料制成，汽缸体可用价格较低的一般材料制造，可以降低制造成本。同时，汽缸套可以从汽缸体中取出，因而便于修理和更换，并可大大延长汽缸体的使用寿命。汽缸套有干式汽缸套和湿式汽缸套两种，如图 2-4 所示。

干式汽缸套的特点是汽缸套装入汽缸体后，其外壁不直接与冷却液接触，而是和汽缸体的壁面直接接触，壁厚较薄，一般为 1～3mm。它具有整体式汽缸体的优点，强度和刚度都较好，但加工比较复杂，内、外表面都需要进行精加工，拆装不方便，散热不良。

湿式汽缸套的特点是汽缸套装入汽缸体后，其外壁直接与冷却液接触，汽缸套仅在上、下各有一圆环地带和汽缸体接触，壁厚一般为 5～9mm。它散热良好，冷却均匀，加工容易，通常只需要精加工内表面，而与冷却液接触的外表面不需要加工，拆装方便，但缺点是强度和刚度都不如干式汽缸套好，而且容易产生冷却液泄漏现象，须采取一些防漏措施。

2. 曲轴箱

汽缸体下半部分称为曲轴箱，其内壁为曲轴的运动空间。曲轴箱的主要功用是保护和安装曲轴，曲轴箱分上曲轴箱和下曲轴箱。上曲轴箱与汽缸体铸成一体，下曲轴箱用来储存润滑油，并封闭上曲轴箱，即为油底壳。在上下曲轴箱之间装有衬垫，防止润滑油泄漏。通常所说的曲轴箱指上曲轴箱。油底壳由于受力很小一般只用薄钢板冲压而成，其内部装有稳油板以防止汽车行驶中油面波动过大造成发动机在纵向倾斜时机油泵吸不到机油。油底壳底部安有放油螺塞。

3. 汽缸盖

汽缸盖承受气体压力和紧固汽缸盖螺栓所造成的机械负荷，同时还由于与高温燃气接触而承受很高的热负荷。为了保证汽缸的良好密封，汽缸盖既不能损坏，也不能变形。为此汽缸盖应具有足够的强度和刚度。为了使汽缸盖的温度分布尽可能均匀，避免进、排气门座之间发生热裂纹，应对汽缸盖进行良好的冷却。

汽缸盖是结构复杂的箱形零件。其上加工有进、排气门座孔，气门导管孔，火花塞安装孔（汽油机）或喷油器安装孔（柴油机）。在汽缸盖内还铸有水套、进排气道和燃烧室或燃烧室的一部分。若凸轮轴安装在汽缸盖上，则汽缸盖上还加工有凸轮轴承孔或凸轮轴承座及其润滑油道。

当活塞位于上止点时，活塞顶面以上、汽缸盖底面以下所形成的空间称为燃烧室。在汽油机汽缸盖底面通常铸有形状各异的凹坑，习惯上称这些凹坑为燃烧室。

柴油机燃烧室的设计十分考究，种类也较多，但它的位置、形状与大小都必须有利于可燃混合气的形成和燃烧。目前主要有分隔式燃烧室和直喷式燃烧室两大类。

（1）分隔式燃烧室（图 2-5）。

分隔式燃烧室由两部分组成，缸盖底平面与活塞顶之间称主燃烧室，柴油的燃烧过程主要在此进行，副燃烧室则在缸盖里面。两个燃烧室之间由一个或几个孔道相连。喷油器对着副燃烧室喷油，副燃烧室的柴油先燃烧，并连同未燃油气一道进入主燃烧室充分燃烧。分隔式燃烧室常见的有如下两种。

①涡流式燃烧室。其主、副燃烧室之间的连接通道与副燃烧室切向连接，在压缩行程中，空气从主燃烧室经连接通道进入副燃烧室，在其中形成强烈的有组织的压缩涡流，因此称副燃烧室为涡流室。燃油沿顺气流方向喷射。

②预燃式燃烧室。其主、副燃烧室之间的连接通道不与副燃烧室切向连接，且截面积较小。在压缩行程中，空气在副燃烧室内形成强烈的、无组织的紊流。燃油沿逆气流方向喷射，并在副燃烧室顶部预先发火燃烧，故称副燃烧室为预燃室。

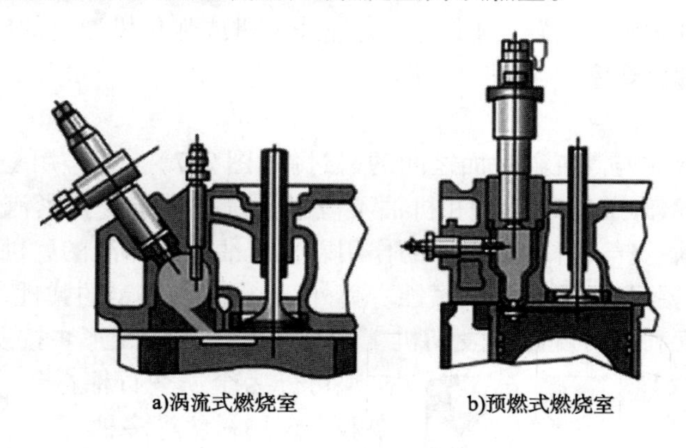

图 2-5　分隔式燃烧室

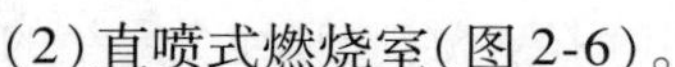

(2)直喷式燃烧室(图 2-6)。

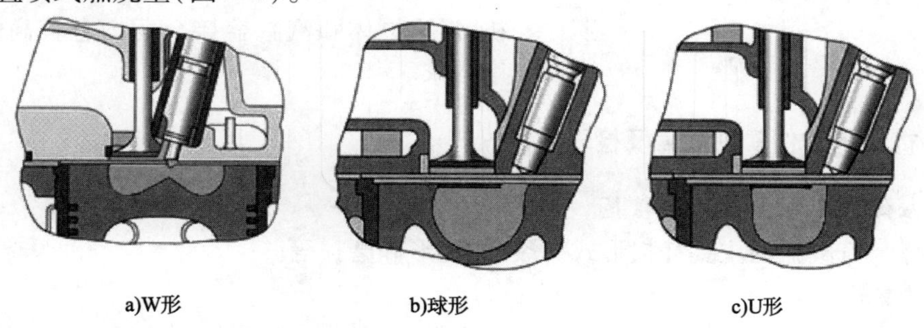

图 2-6　直喷式燃烧室

直喷式燃烧室由汽缸盖底平面和活塞顶部的凹坑形成，直接喷射到凹坑内的柴油，主要靠雾化和空气均匀混合形成可燃混合气。因此直喷式喷油器的喷孔较小、数量多、喷射压力高。例如 6135 型柴油机的喷油器有 4 个喷孔，孔径仅 0.35mm，喷射压力大于 17.5MPa。

①W 形燃烧室。国产 135 系列柴油机和日本五十铃柴油机活塞顶部有一个 W 形凹坑，喷油器则对着此坑，喷入的雾状柴油直接在空间蒸发，与空气混合而被压燃，这种燃烧室结构简单、热损耗小，发动机容易起动，比较省油。缺点是柴油机工作较粗暴，对供油装置的精度要求也高，如果柴油不够清洁，则很容易堵塞喷孔，影响发动机的正常工作。

②球形燃烧室。活塞顶上有一个大于半球的球形凹坑，喷油器则对着此坑。喷入的柴油在球形内壁形成薄而均匀的油膜，由于此时活塞温度已很高，油膜就分层蒸发，与高速旋转的空气混合而被压燃。由于油膜开始蒸发时温度较低，燃烧速度相应减慢，因此缸内爆发

的压力递升就较平稳。其工作柔和,噪声小,对柴油适应性强且比较省油,但冷起动性和加速性能较差。另外,为了得到强烈的空气涡流,汽缸盖上应铸出形状及尺寸都有严格要求的螺旋形进气道,因而生产工艺复杂。我国曾在90、150系列柴油机上采用过这种燃烧室。

③U形燃烧室。其是介于球形燃烧室和W形燃烧室之间的一种复合式燃烧系统。活塞顶上有一个U形凹坑,喷油器则对着此坑。当柴油机起动或低转速时,由于进气涡流较弱,喷入的柴油可在坑中蒸发及燃烧,因而具有W形燃烧室容易起动、低速性能好的优点。当柴油机高速运转时,由于进气涡流较强,喷入的柴油大部分被甩在U形燃烧室的内壁上形成油膜,因而又具有球形燃烧室工作柔和、比较省油的优点。但是,U形燃烧室对气道流动性与供油规律性十分敏感,这就限制了它在高速柴油机或强化机型上的应用。国产X105系列柴油机就采用这种燃烧室。

4. 汽缸垫

汽缸垫是机体顶面与汽缸盖底面之间的密封件(图2-7)。其作用是保持汽缸密封不漏气,保持由机体流向汽缸盖的冷却液和机油不泄漏。汽缸垫承受拧紧汽缸盖螺栓时造成的压力,并受到汽缸内燃烧气体高温、高压的作用以及机油和冷却液的腐蚀。汽缸垫应该具有足够大的强度,并且要耐压、耐热和耐腐蚀。另外,还需要有一定的弹性,以补偿机体顶面和汽缸盖底面的粗糙度和不平度以及发动机工作时反复出现的变形。按所用材料的不同,汽缸垫可分为金属—石棉衬垫、金属—复合材料衬垫和全金属衬垫等多种。

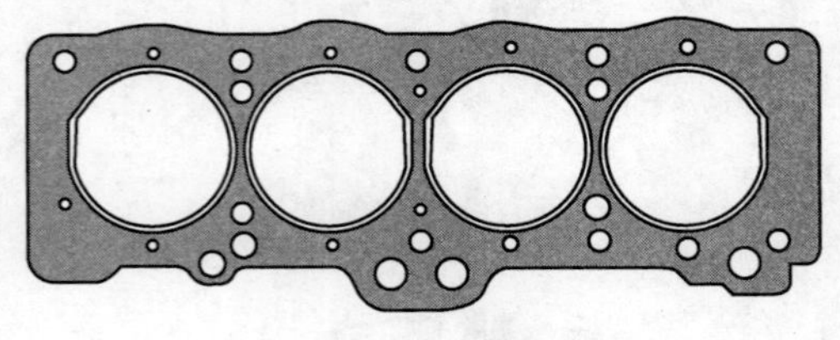

图2-7 汽缸垫

国外一些发动机开始使用耐热密封胶彻底取代了汽缸垫。使用耐热密封胶和纯金属垫的发动机,对汽缸体和汽缸盖接合面均有较高的加工精度要求。

(三)机体组零件常见故障及检修方法

1. 汽缸体与汽缸盖常见的损耗

汽缸体与汽缸盖的主要耗损形式有裂纹、变形和磨损等。

(1)裂纹。

汽缸体与汽缸盖产生裂纹的部位往往与它们的结构、工作条件及使用情况有关。

汽缸体产生裂纹的原因主要有:曲轴在高速转动时产生振动,在汽缸体的薄弱部位产生裂纹;在冬天及寒冷地区未加注防冻液的工程机械发动机,致使水道冻裂;发动机处于高温状态时突然加入大量冷水,或因水垢积聚过多而散热不良,使水道壁产生裂纹;镶换汽缸套时,过盈量选择过大或压装工艺不当造成汽缸局部裂纹;装配螺栓时拧紧力矩用力过大或镶套修复损坏的螺纹孔时,其过盈量选择过大等,产生原螺纹孔裂损。

汽缸盖的裂纹多发生在进、排气门座之间的过梁处,这是由于气门座或气门导管配合过盈量过大或镶换工艺不当所引起。

(2)变形。

汽缸体与汽缸盖在使用过程中的变形是普遍存在的。汽缸体的变形破坏了零件的正确几何形状,影响发动机的装配质量和工作能力。汽缸体、汽缸盖变形的原因主要有:由于拆装螺栓时力矩过大或不均，或者不按顺序拧紧以及在高温下拆卸汽缸盖，引起汽缸体与汽缸盖的接合平面翘曲变形；装配时螺纹孔中未清理干净，造成汽缸体上、下平面在螺纹孔口周围凸起变形；或者是由于曲轴轴承座孔处厚薄不均，铸造后残余应力不均衡引起变形。

（3）磨损。

引起发动机技术状况变坏的因素很多，但汽缸磨损程度是决定发动机是否需要大修的主要依据。

①汽缸的磨损规律。在正常的磨损下，汽缸正常的磨损特点是不均匀磨损：在汽缸轴线方向上呈上大下小的不规则锥形磨损。最大磨损部位在第一道活塞环上止点稍下的部位。在断面上的磨损呈不规则的椭圆形，磨损最大部位往往随汽缸结构、使用条件的不同而异，一般是前后或左右方向磨损最大。

②汽缸磨损的原因。发动机汽缸是在润滑不良、高温、高压、交变负荷和腐蚀性物质作用的恶劣环境下工作的。由于活塞、活塞环在汽缸内高速往复运动，使汽缸工作表面发生摩擦磨损；铸铁汽缸和铝合金活塞组成的摩擦副匹配容易产生黏着磨损；汽缸壁的“冷激”现象和在高温下燃油、润滑油中的酸又造成了汽缸的腐蚀磨损；进气中的尘埃和润滑油中的磨屑又造成磨料磨损。在发动机工作过程中，上述几种磨损几乎同时存在，是造成汽缸磨损的主要原因。

2. 机体组的检修方法

（1）汽缸体、汽缸盖裂纹的检修。

汽缸体与汽缸盖裂纹的检查，通常采用水压试验。方法是将汽缸盖及汽缸垫装在汽缸体上，将水压机出水管接头与汽缸前端水泵入水口处连接好，堵住其他水道口，然后将水压入水套，在300～400kPa的压力下，保持5min，汽缸体和汽缸盖应无渗漏。若汽缸体、汽缸盖由里向外有水珠渗出，则表明该处有裂纹。对曲轴箱等应力大的部位的裂纹采取加热与焊接进行修理，对水套及其应力小的部位的裂纹可以采用胶粘修复。在修理中，应根据裂纹的大小、裂纹的部位、损伤的程度，以及技术能力、设备条件等情况，灵活而适当地选择。

（2）燃烧室容积的检测。

汽缸盖下平面，若用去除材料的方法修整后，其燃烧室容积将发生变化。因此，应对加工后汽缸盖的燃烧室容积进行测量。测量方法：首先清除燃烧室内的积炭和污垢，将火花塞和进、排气门按规定装配好，不泄漏；在量杯中配备80%的煤油和20%的机油的混合油，将液体注入燃烧室，记下量杯中液面变化的差值，即为该燃烧室的容积。

燃烧室容积一般不得小于标定容积的95%，同一台发动机的各燃烧室容积的误差不大于2%，否则应更换缸盖。

（3）汽缸体、汽缸盖平面翘曲变形的检修。

汽缸体与汽缸盖平面发生变形可测量其平面度误差。测量时用等于或略大于被测平面全长的刀形样板尺或直尺，沿汽缸体或汽缸盖平面的纵向、横向和对角线方向多处进行测量，然后用厚薄规测量其与平面间的间隙，最大间隙即该平面的平面度误差，如图2-8所示。平面度误差在整个平面不大于0.05mm或仅有局部不平

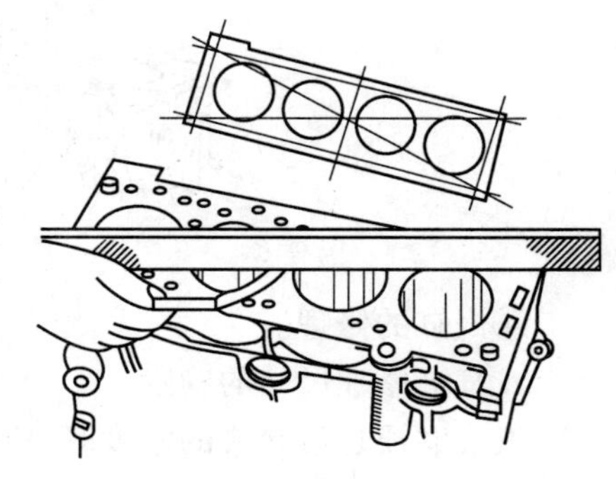

图2-8　汽缸体平面度的检测

时,可以用刮削的方法;平面度误差较大时采用平面磨床磨削加工,但加工量不能过大,应为0.25 ~0.50mm,否则会影响压缩比。

(4)汽缸磨损的检修。

汽缸经过长期使用被磨损到一定程度,发动机动力就会显著下降,燃料消耗急剧增加,使发动机的经济性变差。汽缸磨损程度是确定发动机是否需要大修的主要依据。

①汽缸磨损的特征。

汽缸的磨损程度是判断发动机技术状况是否良好、是否需要大修的重要依据。在正常情况下汽缸的磨损是在活塞环运动区域产生不均匀磨损,并且有一定的规律性。从汽缸轴向方向,磨损呈上大下小的锥形,最大磨损部位在活塞处于上止点位置时,第一道活塞环所对应的缸壁处;汽缸第一道环以上部位几乎没有磨损,会出现明显的台阶,汽缸的最下部位也没有磨损。沿汽缸圆周方向上,磨损呈不规则的椭圆形,最大磨损部位是活塞处于上止点位置时。

②汽缸磨损的原因。

活塞位于上止点附近时各道环的背压最大,第一道环最大,以下逐道减小;加上汽缸上部温度高,润滑差,进气中的灰尘、废气中的酸性物质引起的腐蚀等,都会造成汽缸上部磨损大,下部磨损小。而圆周方向的最大磨损部位主要是活塞的侧压力和曲轴的轴向窜动造成。

③汽缸磨损的检测。

汽缸磨损程度一般用圆度和圆柱度表示。也有用汽缸的最大磨损量来表示的。测量汽缸磨损程度的目的是确定发动机是否需要进行大修,以确定修理尺寸的级别。

a. 汽缸的外观检验。观察汽缸有无划痕、裂纹等明显缺陷。

b. 检测汽缸磨损项目。最大磨损量:汽缸的最大磨损直径与未磨损直径之差。圆度误差:同一截面的相互垂直方向上直径之差的一半是这个截面的圆度,不是汽缸的圆度,取最大值作为汽缸的圆度。圆柱度误差:同一方向上,上下直径之差的一半为该方向的圆柱度,取最大值作为汽缸的圆柱度。配合间隙:汽缸中部直径与活塞裙部下端直径之差。

c. 汽缸的检测部位(图2-9)。上部:活塞处于上止点时第一道环所对应的(距汽缸上端10mm左右)缸壁处。中部:汽缸的上部、下部的中间部位。下部:汽缸下沿往上10mm左右。

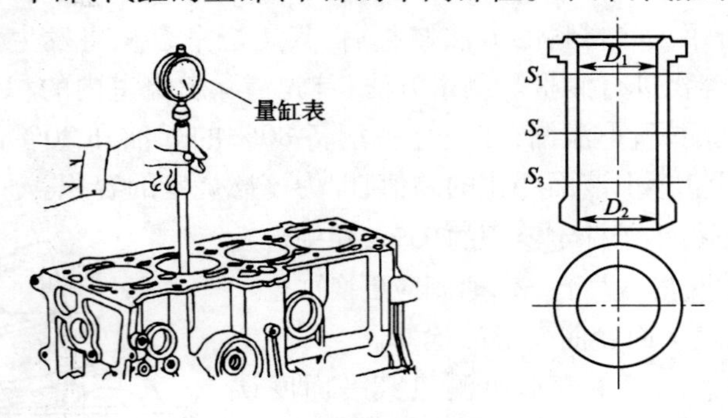

图2-9 汽缸磨损的检查

④汽缸的修理。

a. 汽缸修理尺寸的确定。

汽缸磨损超过允许的限度时,应确定汽缸的修理尺寸,并选配与汽缸修理尺寸同级的活塞、活塞环,以恢复汽缸的正确几何形状和活塞与汽缸的配合间隙。

b. 汽缸的修理方式。

当检测的结果显示,汽缸的圆度、圆柱度或者表面粗糙度不符合要求时,可采用修理尺寸法,对汽缸内壁进行镗缸处理。镗削是一种机械加工工艺,可以使零件的尺寸及表面质量达到一定的要求。一般镗削之后还需进行珩磨,以便使汽缸具有良好的磨合性能。

若使用汽缸的修理尺寸法修理后,会使汽缸超出尺寸要求范围的话,则可采用镶换汽缸的办法进行修理。

二 任务实施——汽缸盖和汽缸体的检测

(一)拆装汽缸盖

1. 准备工作

(1)将待拆装的发动机总成及相关的工具准备好。

(2)查找维修手册的内燃机结构图,了解拆装汽缸盖的具体步骤。

(3)查找待拆装发动机对应的维修手册,找出缸盖螺栓的拆装顺序图以及装配力矩的要求。

2. 操作步骤

(1)首先放掉汽缸盖、汽缸套冷却水腔中的冷却液(如总成中无冷却液,可省去此步骤)。

(2)拆除与汽缸盖及其附件相连接的管子(如:进排气管、喷油器的高压油管及回油管等)。对拆下的螺栓、零件和垫片妥善放好。

(3)先对汽缸盖每个螺母与螺栓相对位置编号,并做好标记,然后按维修手册要求顺序(对角线交叉)逐一拧松、卸下。

(4)吊起汽缸盖。将吊环螺栓拧入起吊螺孔中,穿好钢丝索,为防止起重吊环被扭伤,最好在钢丝索中加上一块撑板。

(5)汽缸盖应用木板垫好放稳,注意保护密封面。

(6)进行简单的裂纹、烧蚀等方面检查。

(7)按照与(2)(3)(4)相反的顺序进行汽缸盖的装配,注意在装配螺栓时要按维修手册要求的顺序及力矩进行。

(8)整理工具、恢复及清洁工位。

(二)检测汽缸盖平面度

1. 准备工作

(1)将待测量的汽缸盖以及工具(精密直尺、厚薄规、抹布,如图 2-10 所示)等整齐摆放到工位。

(2)用抹布擦拭干净汽缸盖待测量平面。

(3)查找相关维修资料,确认平面度要求。

2. 操作步骤

(1)将直尺放置于汽缸盖平面上,具体放置位置可参考图 2-9。

(2)用厚薄规测量直尺与平面的间隙,即为平面度误差。

(3)将实际测量结果与维修资料的要求进行对比,判断汽缸盖平面是否符合要求。

(4)整理工具、恢复及清洁工位。

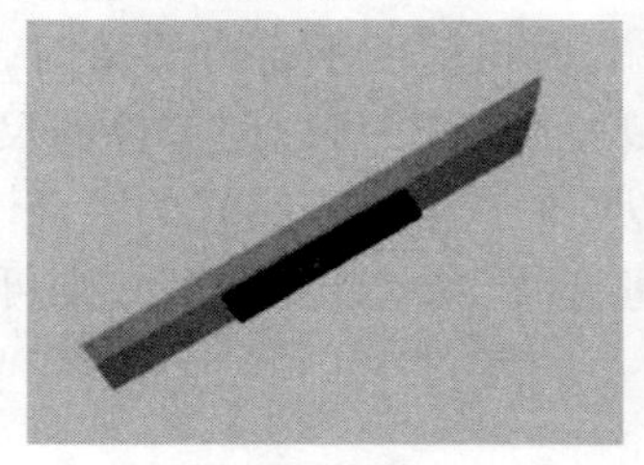

a)精密直尺

b)厚薄规

图 2-10　检测工具

(三)检测汽缸圆柱度

1. 准备工作

(1)将待测量汽缸体摆放至工位。

(2)准备量缸表、千分尺等工具。

(3)查找相关维修资料,确定汽缸直径尺寸。

2. 操作步骤

(1)根据汽缸直径选择合适的测量接杆,固定在量缸表下端,使整个测杆长度与汽缸直径相适应。

(2)校正量缸表尺寸,将千分尺调到汽缸的标准尺寸,再将量缸表通过千分尺校正到汽缸的标准尺寸(使测杆有 1 ~2 mm 的压缩量),旋转表盘使指针归零。

(3)测量汽缸上、中、下三个位置的汽缸直径(图 2-9),测量时应摆动量缸表,指针指示的最小值为被测值,并记录测得结果。

(4)计算汽缸圆柱度误差,即测量结果最大值与最小值差的一半。

(5)将实际测量结果与维修资料的要求进行对比,判断汽缸圆柱度是否符合要求。

(6)整理工具、恢复及清洁工位。

三 评价与反馈

1. 自我评价及反馈

(1)通过本学习任务的学习,你是否已经知道以下问题:

①汽缸体常见的损耗有哪些?

____

____

②机体组一般需要进行哪些方面的检测?

____

____

(2)实训过程完成情况如何?

____

____

(3)通过本任务的学习,你认为自己的知识和技能还有哪些欠缺?

____

____

签名:__________　________年____月____日

2. 小组评价与反馈

小组评价与反馈见表 2-1。

小组评价与反馈表　　表 2-1

序号	评价项目	评价情况
1	着装是否符合要求	
2	是否能合理规范地使用仪器和设备	
3	是否按照安全和规范的流程操作	
4	是否遵守学习、实训场地的规章制度	
5	是否能保持学习、实训场地整洁	
6	团结协作情况	

参与评价的同学签名:__________　________年____月____日

3. 教师评价与反馈

____

____

____

签名:__________　________年____月____日

四 技能考核标准

技能考核标准见表 2-2。

技能考核标准表　　表 2-2

项目	操作内容	规定分	评分标准	得分
汽缸上止点圆度误差测量	查找维修资料,确定汽缸直径尺寸	20 分	依据查找维修资料的熟练及准确程度进行评判	
	校正量缸表	20 分	千分尺的使用及读数正确得 10 分; 量缸表的校正正确得 10 分	
	测量上止点处横、纵两个方向的直径值	40 分	准确找到上止点正确得 10 分; 测量方法正确得 10 分; 横向直径读数正确得 10 分; 纵向直径读数正确得 10 分	
	计算圆度误差	10 分	结论正确得 10 分	
	工具整理、工位清扫	10 分	认真完成得 10 分	
总分		100 分		

学习任务3 活塞连杆组的构造与检修

学习目标

1. 掌握活塞连杆组的组成；
2. 了解活塞、活塞环、连杆的结构；
3. 掌握活塞连杆组常见的故障及检修方法。

任务导入

一辆福田欧曼GTL重卡，内燃机工作时汽缸壁会发出有节奏的金属敲击声，其声响随温度的不同而有所不同，温度低时声响严重，温度高时响声减弱或消失，且排气管会冒蓝烟。经诊断，此故障是由于活塞磨损严重，使活塞与汽缸壁间隙增大所致。

一 理论知识准备

（一）活塞连杆组的构造

活塞连杆组由活塞、活塞环、气环、油环、活塞销和连杆等主要机件组成，如图3-1所示。

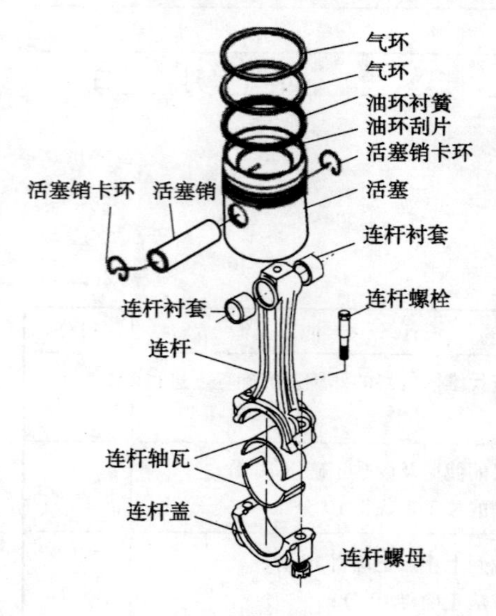

图3-1 活塞连杆组

1. 活塞

（1）功用与工作条件。

活塞的主要功用是承受燃烧气体压力，并将此力通过活塞销传给连杆以推动曲轴旋转。此外，活塞顶部与汽缸盖、汽缸壁共同组成燃烧室。

活塞在高温、高压、高速、润滑不良的条件下直接与高温气体接触，瞬时温度可达2500K以上，因此，受热严重，而散热条件又很差，所以活塞工作时温度很高，顶部高达600～700K，且温度分布很不均匀。活塞顶部承受气体压力很大，特别是做功行程压力最大，汽油机高达3～5MPa，柴油机高达6～9MPa，这就使得活塞产生冲击，并承受侧压力的作用。活塞在汽缸内以很高的速度（8～12m/s）往复运动，且速度在不断地变化，这就产生了很大的惯性力，使活塞受到很大的附加载荷。活塞在这种恶劣的条件下工作，会产生变形并加速磨损，还会产生附加载荷和热应力，同时受到燃气的化学腐蚀作用。

另外，由于其结构和位置的特殊性，活塞的润滑和散热比较困难。因此，要求活塞应有足够的强度和刚度，质量尽可能小，导热性、耐热性和耐磨性要好，温度变化时，尺寸及形状的变化要小。

发动机广泛采用的活塞材料是铝合金，有的柴油机上也采用高级铸铁或耐热钢制造活塞。铝合金活塞具有质量小、导热性好的优点。缺点是热膨胀系数较大，在高温时，强度和刚度下降较大。

(2)结构。

活塞的基本结构可分为顶部、头部和裙部三部分，如图3-2所示。

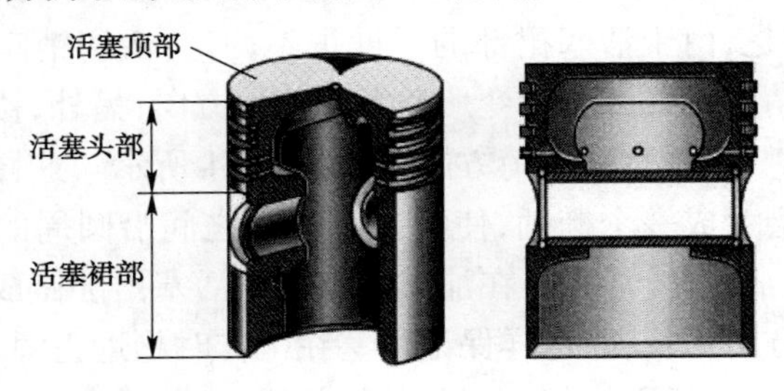

图3-2　活塞的基本结构

①活塞顶部。活塞顶部是燃烧室的组成部分，用来承受气体压力。为了提高其刚度和强度，并加强散热能力，背面多有加强筋。根据不同的目的和要求，活塞顶部制成各种不同的形状，它的选用与燃烧室形式有关。

柴油机活塞顶部形状取决于混合气形成方式和燃烧室形状。在分隔式燃烧室柴油机的活塞顶部设有形状不同的浅凹坑，以便在主燃烧室内形成二次涡流，增进混合气形成与燃烧。直喷式燃烧室的全部容积都集中在汽缸内，且在活塞顶部设有深浅不一、形状各异的燃烧室凹坑。在直喷式燃烧室的柴油机中，喷油器将燃油直接喷入燃烧室凹坑内，使其与运动气流相混合，形成可燃混合气并燃烧。

柴油机活塞顶部多采用以下几种形式，如图3-3所示。

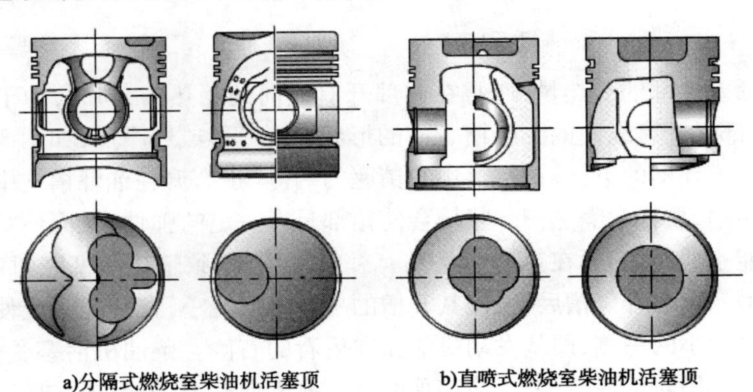

a)分隔式燃烧室柴油机活塞顶　　b)直喷式燃烧室柴油机活塞顶

图3-3　活塞顶部形式

②活塞头部。活塞头部指第一道活塞环槽与活塞销孔之间的部分。头部一般有数道环槽，用以安装起密封作用的活塞环。柴油机压缩比高，一般有四道环槽，上部三道安装气环，最下一道安装油环。汽油机一般有三道环槽，包括两道气环槽和一道油环槽。在油环槽底面上钻有许多径向小孔，以便使油环从汽缸壁上刮下的机油经过这些小孔流回油底壳。第一道环槽工作条件最恶劣，一般应离顶部较远些。活塞顶部吸收的热量主要是经过头部通过活塞环传给汽缸壁，再由冷却液传出去。

总之，活塞头部的作用除了用来安装活塞环外，还与活塞环一起密封汽缸，防止可燃混合气漏到曲轴箱内，同时还将70% ~80%的热量通过活塞环传给汽缸壁。

③活塞裙部。活塞裙部是指从油环槽下端面至活塞最下端的部分，它包括装活塞销的销座孔，活塞裙部对活塞在汽缸内的往复运动起导向作用，并承受侧压力。

为了使裙部两侧承受气体压力并与汽缸保持较小且安全的间隙，要求活塞在工作时具有正确的圆柱形状。但是，由于活塞裙部的厚度很不均匀，活塞销座孔部分的金属厚，受热膨胀量大，导致沿活塞销座轴线方向的变形量大于其他方向；另外，裙部受侧压力的作用，导致沿活塞销座轴向变形量较垂直活塞销方向大，如图3-4所示。这样，如果活塞冷态时裙部为圆形，那么工作时就会变成一个椭圆，使活塞与汽缸之间沿圆周的间隙不相等，造成活塞在汽缸内卡住而无法正常工作。因此，在加工时预先把活塞裙部做成了椭圆形状，沿销座方向为短轴，与销座垂直方向为长轴，这样保证活塞在工作时趋近正圆。

活塞沿高度方向的温度很不均匀，上部高、下部低，膨胀量也相应是上部大、下部小。为了使工作时活塞上下直径趋于相等，即为圆柱形，就必须预先把活塞制成上下不等的阶梯形、锥形或上小中大的桶形，如图3-5所示。

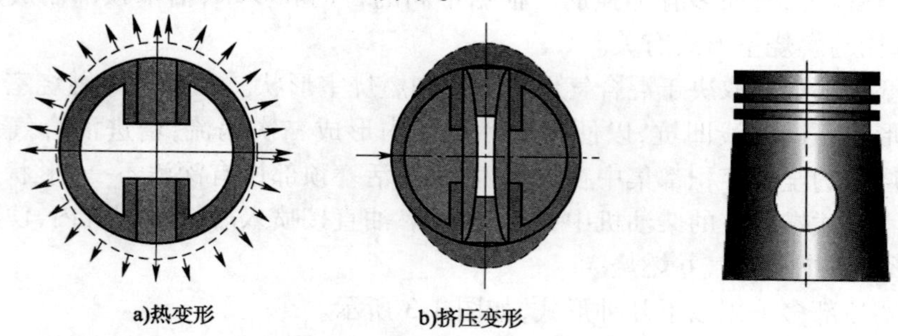

图3-4　活塞裙部变形情况

图3-5　锥形活塞

为了减小活塞裙部的受热量，通常在裙部开有横向的隔热槽，同时，为了补偿裙部受热后的变形量，裙部又开有纵向的膨胀槽。槽的形状有"T"形或"π"形，如图3-6所示。横槽一般开在最下一道环槽的下面，裙部上边缘销座的两侧（也有升在油环槽之中的），以减小头部热量向裙部传递，故称为隔热槽。竖槽会使裙部具有一定的弹性，从而使活塞装配时与汽缸间具有尽可能小的间隙，而在热态时又具有补偿作用，不致造成活塞在汽缸中卡死，故将竖槽称为膨胀槽。裙部开竖槽后，会使其开槽的一侧刚度变小，在装配时应使其位于做功行程中承受侧压力较小的一侧，即从发动机前面向后看的右侧。柴油机活塞受力大，裙部一般不开槽。为防止使用时装错，一般在活塞顶面上制有方向标记，如箭头、缺口等。

有些活塞为了减小质量，以减小惯性力，并减小销座附近的热变形量，会在裙部开孔或把裙部不受侧压力的两边切去一部分，形成拖板式活塞或短活塞，如图3-7所示。拖板式活塞结构裙部弹性好、质量小、活塞与汽缸的配合间隙较小，适用于高速发动机。

为了限制活塞裙部的膨胀量，目前，在发动机上广泛采用双金属活塞。根据其结构和作用原理不同，双金属活塞可分为恒范钢片式、筒形钢片式和自动调节式等。

a. 恒范钢片式。恒范钢是含镍为33% ~36%的低碳合金钢，其热膨胀系数仅为铝合金的1/10左右，活塞销座通过恒范钢片与裙部相连，以牵制活塞裙部的热膨胀，如图3-8所示。

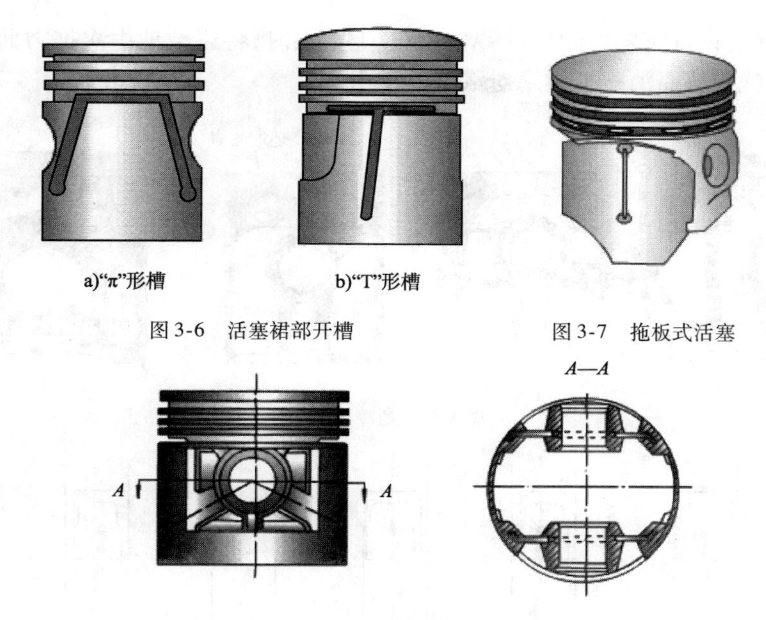

图 3-6　活塞裙部开槽

图 3-7　拖板式活塞

图 3-8　恒范钢片式活塞

b. 筒形钢片式。多用于柴油机，在浇铸时，将钢筒夹在铝合金中，由于铝合金的热膨胀系数大于钢，冷却后位于钢筒外的铝合金就紧压在钢筒上，使外层铝合金的收缩量受到钢筒的阻碍而减小，同时产生预应力（铝合金为拉应力，钢筒为压应力）。由于钢筒内侧铝合金层与钢筒没有金属接合，就无阻碍地向里收缩，在二者之间形成一道“收缩缝隙”。当温度升高时，内层合金的膨胀先要清除“收缩缝隙”，而后推动钢筒外胀，外层合金与钢筒的膨胀则首先要消除预应力，从而减小了活塞的膨胀量，如图 3-9 所示。

c. 自动调节式。图 3-10 为自动调节式活塞，较小的热膨胀系数的低碳钢片贴在销座铝层的内侧，一方面依靠钢片的牵制作用；另一方面是利用钢片与铝壳之间的双金属效应来减小裙部侧压力方向的膨胀量。

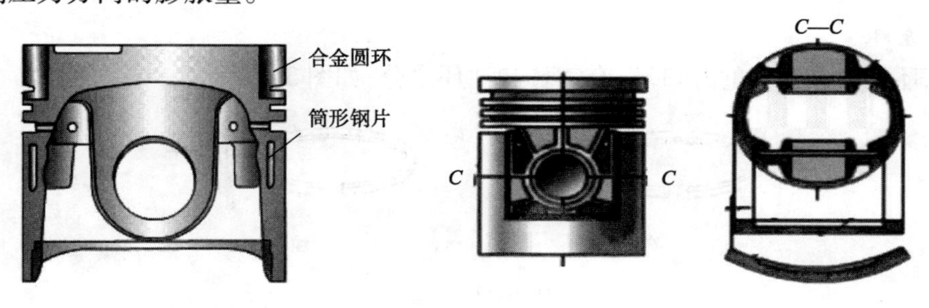

图 3-9　筒形钢片的活塞

图 3-10　自动调节式活塞

高强化发动机尤其是活塞顶上有燃烧室凹坑的柴油机，为了减轻活塞顶部和头部的热负荷而采用油冷活塞，如图 3-11 所示。

活塞销孔轴线通常与活塞轴线垂直相交。这时，当压缩行程结束、做功行程开始，活塞越过上止点时，侧向力方向改变，活塞由次推力面贴紧汽缸壁突然转变为主推力面贴紧汽缸壁，活塞与汽缸发生“敲击”（俗称活塞敲缸），产生噪声，且有损活塞的耐久性。在许多高速发动机中，活塞销孔轴线朝主推力面一侧偏离活塞轴线 1 ~ 2mm，如图 3-12 所示。压缩压力将使活塞在接近上止点时发生倾斜,活塞在越过上止点时,将逐渐地由次推力面转变为由主推力面贴紧汽缸壁,从而消减了活塞对汽缸的敲击。

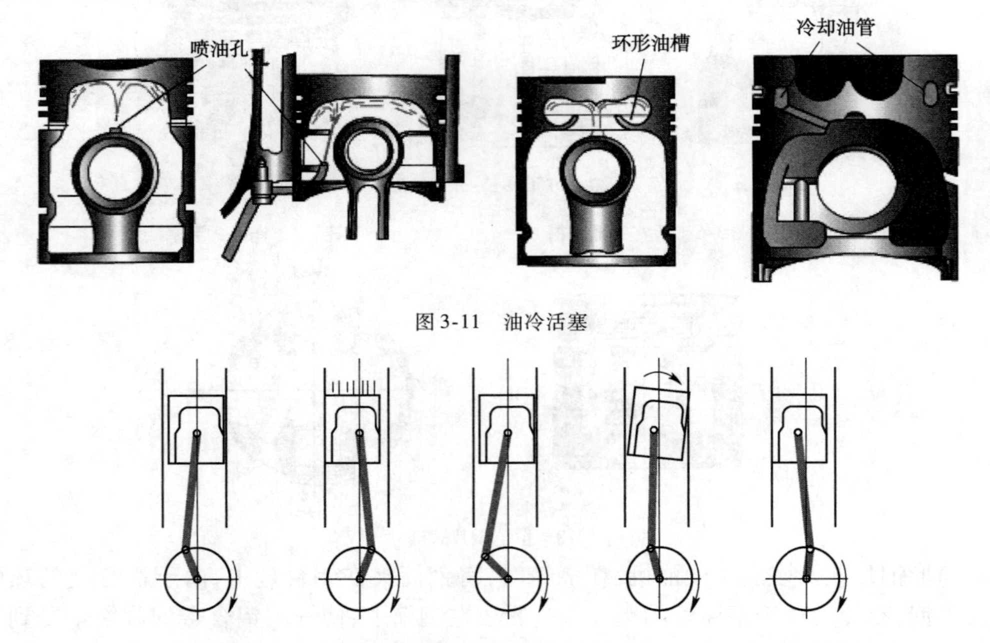

图 3-11　油冷活塞

图 3-12　活塞销偏置时的工作情况

根据不同的目的和要求,进行不同的活塞表面处理,其方法有:

a. 活塞顶进行硬模阳极氧化处理,形成高硬度的耐热层,增大热阻,减少活塞顶部的吸热量。

b. 活塞裙部镀锡或镀锌,可以避免在润滑不良的情况下运转时出现拉缸现象,也可以起到加速活塞与汽缸的磨合作用。

c. 在活塞裙部涂覆石墨,石墨涂层可以加速磨合过程,可使裙部磨损均匀,在润滑不良的情况下可以避免拉缸。

2. 活塞环

活塞环是具有弹性的开口环,有气环和油环之分,如图 3-13 所示。

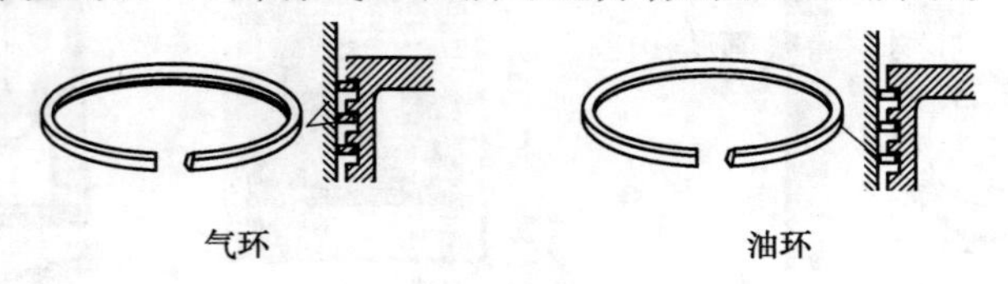

图 3-13　活塞环

气环的作用是密封汽缸与活塞间的间隙,防止高温燃气直接从活塞与汽缸之间的间隙进入曲轴箱,从而保证燃烧室的密封性;气环还能把活塞顶部吸收的热量传给汽缸壁,由冷却液带走,起散热作用。一般发动机每个活塞有 2 ~ 3 道气环。

油环起刮油和布油作用。活塞下行时油环刮除汽缸壁上多余的机油,可以防止机油窜入汽缸造成烧机油;活塞上行时油环在汽缸壁上铺涂一层均匀的油膜,可以减小活塞、活塞环与汽缸壁间的摩擦阻力。此外,油环还能起到封气的辅助作用。一般发动机每个活塞有 1 ~ 2 道油环。

活塞环在高温、高压、高速和润滑极其困难的条件下工作，尤其是第一道环的工作条件最为恶劣，因此，活塞环一直是发动机上使用寿命最短的零件。

(1)气环。

气环开有切口，具有弹性，在自由状态下其外径大于汽缸直径，它与活塞一起装入汽缸后，外表面紧贴在汽缸壁上，形成密封面。气环密封效果一般与其数量有关，汽油机一般采用2道气环，柴油机多采用3道气环。

气环开口形状对漏气量有一定影响，如图3-14所示。直开口工艺性好，但密封性差；阶梯形开口密封性好，工艺性差；斜开口的密封性和工艺性介于直开口和阶梯形开口之间。

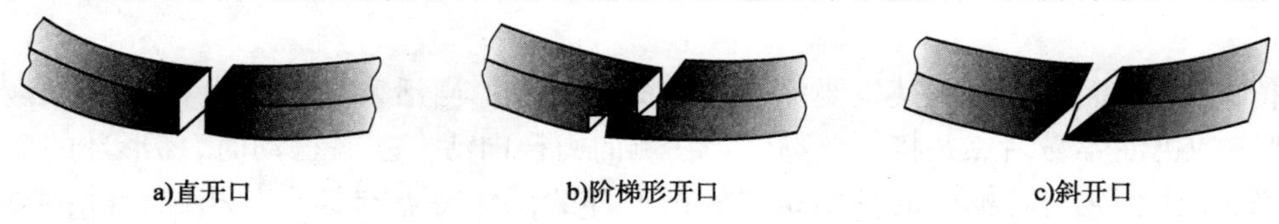

图3-14　气环开口形状

①气环的密封原理。活塞环在自由状态下，其外圆直径略大于汽缸直径，所以装入汽缸后，气环就产生一定的弹力与汽缸壁压紧，形成第一密封面。在此条件下，气体不能从环外圆与汽缸壁之间通过，因此会窜入环槽内，使活塞环被压紧在环槽下侧面，形成第二密封面，如图3-15所示。此外，窜入活塞环背隙的气体，产生背压力，使环对汽缸壁进一步压紧，加强了第一、第二密封面的密封性，称为第二次密封。做功行程时，环的背压力远远大于环的弹力，所以，此时第一、第二密封面的密封性好坏，主要是依靠第二次密封。但如果环的弹力不够，在环面与汽缸壁间出现缝隙，就要漏窜气体，这样就削弱或形不成第二次密封。所以，活塞环弹力产生的密封，是形成第二次密封的前提。

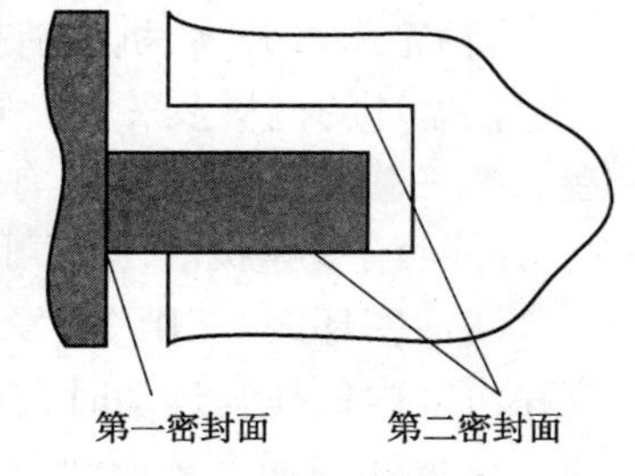

图3-15　气环的密封面

②气环的断面形状。气环的断面形状很多，最常见的有矩形环、锥面环、扭曲环、梯形环和桶面环，如图3-16所示。

矩形环断面为矩形。形状简单，加工方便，与汽缸壁接触面积大，有利于活塞散热。但磨合性差，而且在与活塞一起作往复运动时，在环槽内上下窜动，把汽缸壁上的机油不断地挤入燃烧室中，产生“泵油作用”，如图3-17所示，使机油消耗量增加，活塞顶及燃烧室壁面积炭。

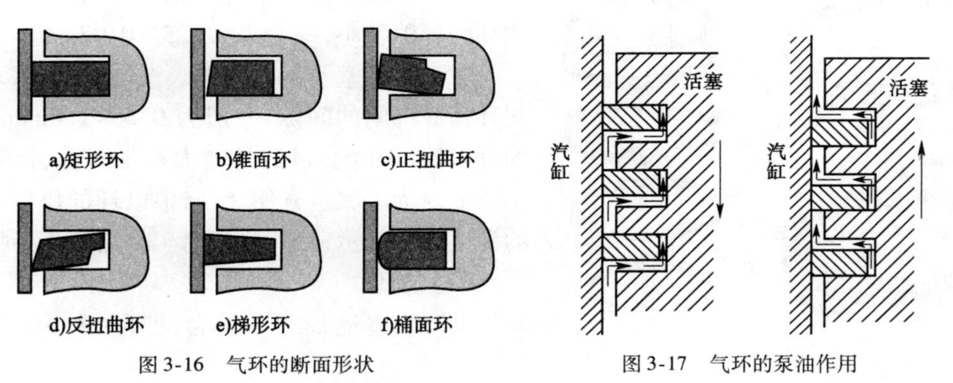

图3-16　气环的断面形状

图3-17　气环的泵油作用

锥面环的外圆面为锥角很小的锥面。理论上锥面环与汽缸壁为线接触,磨合性好,增大了接触压力和对汽缸壁形状的适应能力。当活塞下行时,锥面环能起到向下刮油的作用。当活塞上行时,由于锥面的油楔作用,锥面环能滑越过汽缸壁上的油膜而不致将机油带入燃烧室。锥面环传热性差,所以不用作第一道气环。由于锥角很小,一般不易识别,为避免装错,在环的上侧面标有向上的记号。

扭曲环的断面不对称,其气环装入汽缸后,由于弹性内力的作用使断面发生扭转,故称扭曲环。若将内圆面的上边缘或外圆面的下边缘切掉一部分,整个气环将扭曲成碟子形,则称这种环为正扭曲环;若将内圆面的下边缘切掉一部分,气环将扭曲成盖子形,则称其为反扭曲环。

梯形环的断面为梯形。其主要优点是抗黏结性好。当活塞头部温度很高时,窜入第一道环槽中的机油容易结焦并将气环黏住。在侧向力换向活塞左右摆动时,梯形环的侧隙、径向间隙都发生变化将环槽中的胶质挤出。楔形环的工作特点与梯形环相似,且由于断面不对称,装入汽缸后也会发生扭曲。梯形环多用作柴油机的第一道气环。

桶面环的外圆面为外凸圆弧形。其密封性、磨合性及对汽缸壁表面形状的适应性都比较好。桶面环在汽缸内不论上行或下行均能形成楔形油膜,将环浮起,从而减轻环与汽缸壁的磨损。

③活塞环的材料及表面处理。当活塞环磨损至失效时,将出现发动机起动困难,功率下降,曲轴箱压力升高,机油消耗增加,排气冒蓝烟,燃烧室、活塞等表面严重积炭等不良状况。

活塞环的材料多采用优质灰铸铁、球墨铸铁或合金铸铁,组合式油环还采用弹簧钢片制造。第一道活塞环,甚至所有的环,其工作表面都进行多孔镀铬或喷钼。由于多孔性铬层硬度高,并能储存少量机油,从而可以减缓活塞环及汽缸壁的磨损。喷钼可以提高活塞环的耐磨性。

④活塞环的"三隙"。发动机工作时,活塞和活塞环都会发生热膨胀。并且,活塞环随活塞在汽缸内做往复运动时,有径向胀缩变形现象。因此,活塞环在汽缸内应有开口间隙(端隙),活塞环与活塞环槽间应有侧隙与背隙(端隙、侧隙与背隙俗称"三隙")。

端隙,又称为开口间隙,是活塞环装入汽缸后开口处的隙,一般为0.25~0.50mm。此数值随汽缸直径增大而增大,柴油机略大于汽油机,第一道气环略大于第二、第三道环。为了减小气体的泄漏,装环时各道环口应互相错开。

侧隙,又称边隙,是环高方向上与环槽之间的间隙。第一道环因工作温度高,一般为0.04~0.10mm;其他气环一般为0.03~0.07mm。油环的侧隙较小,一般为0.025~0.07mm。

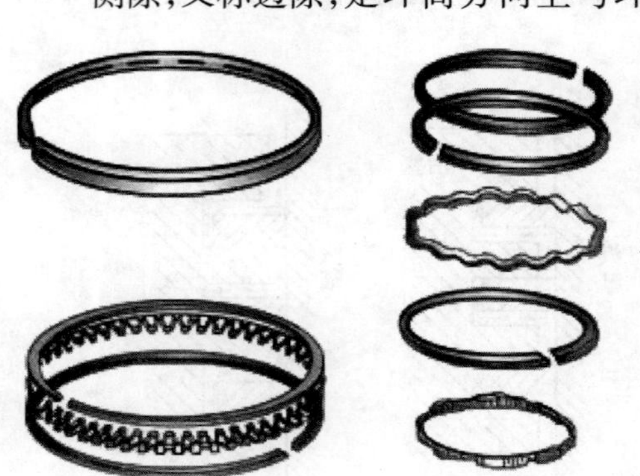
图3-18 油环

背隙是活塞及活塞环装入汽缸后,活塞环背面与环槽底部间的间隙,一般为0.5~1.0mm。油环的背隙比气环大,目的是增大存油间隙,以利于减压泄油。为了测量方便,维修中以环的厚度与环槽的深度差来表示背隙,此值比实际背隙要小些。

(2)油环。

油环有普通油环和组合油环两种,如图3-18所示。

普通油环又叫整体式油环。环的外圆柱面中间加工有凹槽，槽中钻有小孔或开切槽。有些普通油环还在其外侧上边制有倒角，使环在随活塞上行时形成油楔，可起均布润滑的作用，且下行刮油能力强，减少了润滑油的上窜。

组合油环由一个径向衬环、两个刮片环（上面一片、下面一片）和一个轴向波形环组成。其材料为弹簧钢，刮片环的外圆表面镀有铬层。轴向波形环使刮片环贴紧槽上、下端面，形成端面密封，以防止机油上窜；径向衬环使刮片环外圆紧贴汽缸壁，以便活塞下行时刮去汽缸壁上多余的机油。组合油环具有对缸壁接触压力高且均匀、刮油能力强、密封性好等优点。其主要缺点是制造成本高。

（3）活塞销。

活塞销用来连接活塞和连杆，并将活塞承受的力传给连杆或将连杆承受的力传给活塞。活塞销在高温条件下承受很大的周期性冲击负荷，且由于活塞销在销孔内摆动角度不大，难以形成润滑油膜，因此润滑条件较差。为此活塞销必须有足够的刚度、强度和耐磨性，质量尽可能小，销与销孔应该有适当的配合间隙和良好的表面质量。在一般情况下，活塞销的刚度尤为重要，如果活塞销发生弯曲变形，可能使活塞销座损坏。

活塞销的材料一般为低碳钢或低碳合金钢，如20、20Mn、15Cr、20Cr或20MnV等。外表面渗碳淬硬，再经精磨和抛光等精加工，这样既提高了表面硬度和耐磨性，又保证有较高的强度和冲击韧性。

活塞销的结构形状很简单，基本上是一个厚壁空心圆柱。其内孔形状有圆柱形、组合形和两段截锥形，如图3-19所示。圆柱形孔加工容易，但活塞销的质量较大；两段截锥形孔的活塞销质量较小，且因为活塞销所受的弯矩在其中部最大，所以接近于等强度梁，但锥孔加工较难。

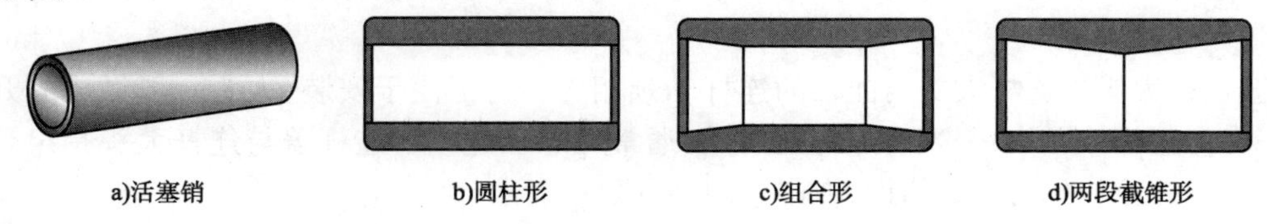

图3-19　活塞销的内孔形状

活塞销与活塞销座孔和连杆小头的连接方式，一般有以下两种形式。

①全浮式。在发动机正常工作温度时，活塞销能在连杆衬套和活塞销座孔中自由转动，减小了磨损且使磨损均匀，所以被广泛采用，如图3-20a）所示。为防止销的轴向窜动而刮伤汽缸壁，在活塞销座两端用卡环加以轴向定位。

②半浮式。半浮式连接就是销与座孔或连杆小头两处：一处固定；一处浮动。其中大多数采用活塞销与连杆小头的固定方式，如图3-20b）所示。这种连接方式省去了连杆小头衬套的修理作业，维修方便。但为保证发动机的冷起动，销与销座间必须要有一定的装配间隙。

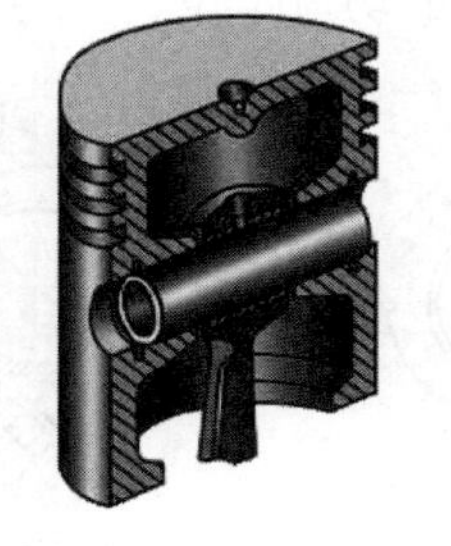

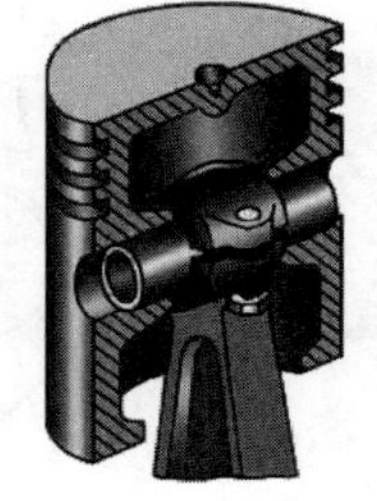

图3-20　活塞销的连接方式

（4）连杆。

连杆的功用及材料。连杆的功用是将活塞

承受的力传给曲轴，推动曲轴转动，从而使活塞的往复运动转变为曲轴的旋转运动。

连杆在工作时承受活塞销传来的气体作用力、活塞连杆组往复运动时的惯性力和连杆大头绕曲轴旋转产生的旋转惯性力的作用，这些力的大小和方向都是周期性变化的，这就使连杆承受压缩、拉伸和弯曲等交变负荷。因此，要求连杆在质量尽可能小的条件下，有足够的刚度和强度。

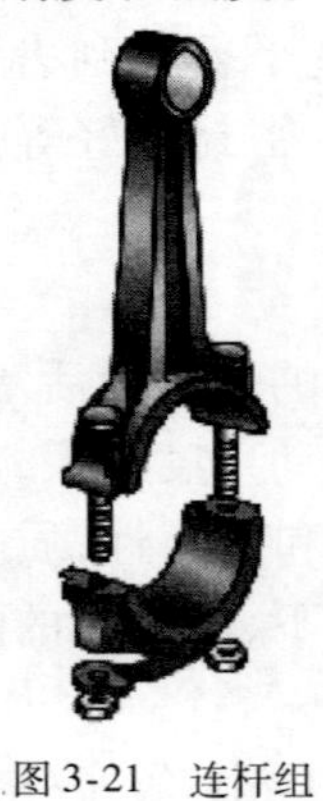

图 3-21　连杆组

为了满足上述要求，连杆一般用中碳钢或合金钢经模锻或辊锻而成，然后经机械加工和热处理。

连杆组包括连杆体、连杆盖、连杆螺栓和连杆轴承等零件。习惯上常常把连杆体、连杆盖和连杆螺栓合起来称作连杆，有时也称连杆体为连杆，如图 3-21 所示。

连杆体和连杆盖由优质中碳钢或中碳合金钢，如 45、40Cr、42CrMo 或 40MnB 等模锻或辊锻而成。连杆螺栓通常用优质合金钢 40Cr 或 35CrMo 制造。一般均经喷丸处理以提高连杆组零件的强度。纤维增强铝合金连杆以其质量小、综合性能好而备受注目。在相同强度和刚度的情况下，纤维增强铝合金连杆比用传统材料制造的连杆要轻 30%。

连杆由小头、杆身和大头构成。

①连杆小头。连杆小头用来安装活塞销，工作时小头与活塞销之间有相对转动（全浮式），因此，小头孔中一般有减磨的青铜衬套。为润滑活塞销与衬套，在小头和衬套上钻有集油槽，用来收集发动机运转而被溅到上面的机油，以便润滑。有的发动机连杆小头采用压力润滑，则在连杆杆身内钻有纵向的压力油通道。

②连杆杆身。连杆杆身通常做成工字形断面，以求在强度和刚度满足要求的前提下减小质量。

③连杆大头。连杆大头与曲轴的连杆轴颈相连。为了便于安装，大头一般做成分开式的，一半为连杆体大头，一半为连杆盖，二者通常用螺栓连接。连杆盖与连杆大头是组合镗孔的，为了防止装配时配对错误，在同一侧刻有配对记号。

a. 切口形式。连杆大头按剖分面的方向可分为平切口和斜切口两种。平切口连杆大头如图 3-21 所示，切口的剖分面垂直于连杆轴线，一般汽油机连杆大头尺寸都小于汽缸直径，故多采用平切口；斜切口连杆大头如图 3-22 所示，因为某些发动机连杆大头直径较大，为了拆装时能从汽缸内通过，采用这种形式，剖分面与杆身中心线一般成 30°～60°夹角，另外，若斜切口再配以较好的切口定位，可以减轻连杆螺栓的受力，多用于柴油机。

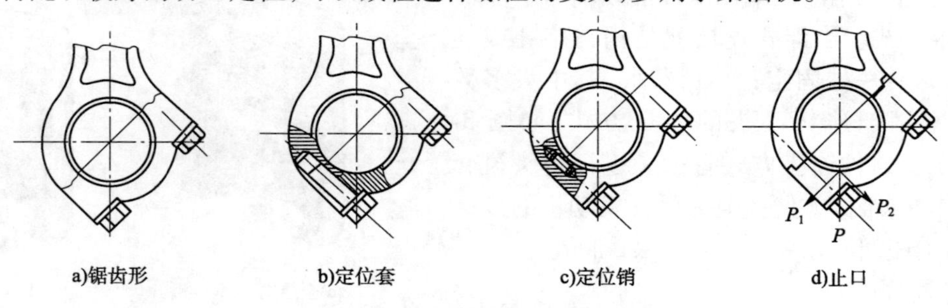

图 3-22　斜切口连杆大头及其定位方式

b. 连杆大头的定位方式。斜切口连杆在往复惯性力作用下受拉时，在切口方向作用着相当大的横向力 P_1（图 3-22）。有了定位装置，P_1 便被定位装置所承受，从而使螺栓免受附加的剪切应力。

斜切口连杆常用的定位方法有以下几种：锯齿形定位，依靠接合面的齿形定位，这种定位方式的优点是贴合紧密，定位可靠，结构紧凑；套或销定位，依靠套或销与连杆体（或盖）的孔紧密配合定位，这种形式能多向定位，定位可靠；止口定位，这种形式工艺简单，缺点是定位不大可靠，只能单向定位，对连杆盖止口向外变形或连杆大头止口向内变形均无法防止。

（5）连杆轴瓦。

为了减小摩擦阻力和曲轴连杆轴颈的磨损，连杆大头孔内装有瓦片式滑动轴承，简称连杆轴瓦。如图 3-23 所示，轴瓦由上、下两个半片组成，目前多采用薄壁钢背轴瓦，在其内表面浇铸有耐磨合金层，背面有很高的光洁度。耐磨合金层具有质软、容易保持油膜、磨合性好、摩擦阻力小及不易磨损等特点。连杆轴瓦的半个轴瓦在自由状态下不是半圆形，当它们装入连杆大头孔内时，由于有过盈量，故能均匀地紧贴在大头孔壁上，具有很好的承受载荷和导热的能力，并可以提高工作可靠性和延长使用寿命。

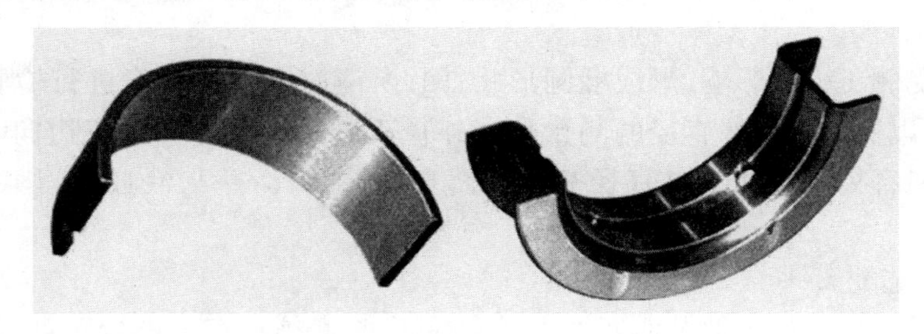

图 3-23 连杆轴瓦

连杆轴瓦上制有定位凸缘，供安装时嵌入连杆大头和连杆盖的定位槽中，以防轴瓦前后移动或转动。有的轴瓦上还制有油孔，安装时应与连杆上相应的油孔对齐，以便工作时进行正常润滑。

（二）活塞连杆组常见的故障及检修方法

在发动机维修过程中，活塞、活塞销和活塞环等是作为易损件被更换的，这些零件的选配是一项重要的工艺技术措施。

活塞连杆组的修理，主要包括活塞、活塞环、活塞销的选配、连杆的检验与校正以及活塞连杆组在组装时的检验校正和装配。

1. 活塞的选配

（1）活塞的耗损。

活塞的耗损包括正常磨损和异常损坏。

①活塞的正常磨损。活塞的正常磨损主要包括活塞环槽的磨损、活塞裙部的磨损、活塞销座孔的磨损等。

活塞环槽的磨损较大，尤以第一道环槽为最严重，各环槽由上而下逐渐减轻。其主要原因是由于燃气的压力作用及活塞高速往复运动,使活塞环对环槽的冲击增大。此外,活塞头部还受到高温高压燃气的作用,使其强度下降。环槽的磨损将引起活塞环与环槽侧隙的增大,活塞环的泵油作用增大,使汽缸漏气和窜机油,密封性降低。

活塞裙部的磨损较小,通常是在承受侧向力的一侧发生磨损和擦伤,当活塞裙部与汽缸壁间隙过大时,发动机工作易出现敲缸,并出现较严重的窜油现象。

活塞在工作时,由于气体压力和惯性力的作用,使活塞销座孔产生上下方向较大而水平方向较小的椭圆形磨损。由于磨损使活塞销与座孔的配合松旷,在工作中会出现异响。

②活塞的异常损坏。活塞的异常损坏主要有活塞刮伤、顶部烧蚀和脱顶等。

活塞刮伤主要是由于活塞与汽缸壁的配合间隙过小,使润滑条件变差,以及汽缸内壁严重不清洁,有较多和较大的机械杂质进入摩擦表面而引起的。

活塞顶部的烧蚀则是发动机长时间超负荷或爆燃条件下工作的结果。

活塞脱顶(活塞头部与裙部分离)的原因是活塞环的开口间隙过小或活塞环与环槽槽底无背隙,当发动机连续在高温、高负荷条件下工作时,活塞环开口间隙被顶死,与汽缸壁之间发生黏卡,而活塞裙部受到连杆的拖动,使活塞在头部与裙部之间拉断。

此外,活塞敲缸和活塞销松旷故障未能及时排除,也将造成活塞的异常损坏。

(2)活塞的检验。

活塞由于受侧压力的影响,形成椭圆形状,因此,应对活塞的圆度进行检验。若超过标准值范围,应予以更换。活塞直径的测量是用外径千分尺从活塞裙部底边向上约15mm处测量活塞的横向直径。测量汽缸直径减去活塞直径,即为活塞与汽缸之间隙,应符合配合标准。

(3)活塞的选配。

当汽缸的磨损超过规定值及活塞发生异常损坏时,必须对汽缸进行修复,并且要根据汽缸的修理尺寸选配活塞。选配活塞时要注意以下几点。

①按汽缸的修理尺寸选用同一修理尺寸和同一分组尺寸的活塞。活塞裙部的尺寸是镗磨汽缸的依据,只有在活塞选配后,才能按选定活塞的裙部尺寸进行镗磨汽缸。

②活塞是成套选配的,同一台发动机必须选用同一厂牌的活塞,以保证其材料和性能的一致性。

③在选配成组活塞时,其尺寸差一般为0.010~0.015mm,质量差为4~8g,销座孔的涂色标记应相同。若活塞的质量差过大,可适当车削活塞裙部的内壁或重新选配。车削后,活塞的壁厚不得小于规定,车削的长度一般不得超过15mm。

发动机的活塞与汽缸的配合都采用选配法,在汽缸技术要求确定的情况下,重点是选配相应的活塞。活塞的修理尺寸级别一般分为+0.25mm、+0.50mm、+0.75mm和+1.00mm四级,有的只有1个或2个级别。在每一个修理尺寸级别中又分为若干组,通常分为3~6组,相邻两组的直径差为0.010~0.015mm。选配时,要注意活塞的分组标记和涂色标记。有的发动机为薄型汽缸套,活塞不设置修理尺寸,只区分标准系列活塞和维修系列活塞,每一系列活塞中也有若干组可供选配。活塞的修理尺寸级别代号常打印在活塞的顶部。部分发动机活塞的分组与汽缸直径见表3-1。

选配好活塞后,应在活塞顶部按照汽缸的顺序做出标记,以免装错。

部分发动机活塞的分组与汽缸直径

表 3-1

发动机型号	分组	活塞尺寸(mm)	缸套尺寸(mm)	配合间隙(mm)
五十铃 4JB1	基本尺寸	93	93.040 ~ 93.021	0.025 ~ 0.045
	一	93.040 ~ 92.985	93.060 ~ 93.041	
	二	93.024 ~ 93.005		
日产 P06	S	124.815 ~ 124.835	125.00 ~ 125.02	0.185 ~ 0.205
	M		125.02 ~ 125.03	
	L	124.835 ~ 124.855	125.03 ~ 125.05	
CA6102	A	101.54 ~ 101.56	101.56 ~ 101.58	0.02 ~ 0.04
	B	101.56 ~ 101.58	101.58 ~ 101.60	
	C	101.58 ~ 101.60	101.60 ~ 101.62	
	D	101.60 ~ 101.62	101.62 ~ 101.64	

2. 活塞环的选配

(1)活塞环的常见损伤。活塞环的常见损伤主要是活塞环的磨损、弹性减弱和折断等。

活塞环的磨损主要是活塞环受高温高压燃气的作用,活塞环往复运动的冲击和润滑不良所致。活塞环的磨损速度较快,在两次大修间隔之间的某次二级维护,当汽缸的圆柱度达到0.09 ~0.11mm 时,则需要更换活塞环一次。在使用中受高温燃气的影响,活塞环的弹性逐渐减弱,造成活塞环对于汽缸的压力降低,使汽缸的密封性变差,出现漏气和窜油现象,发动机的动力性下降,经济性变坏。由于活塞环的安装不当或端隙过小,发动机在高温、大负荷条件下工作时,端隙顶死而卡缸,在活塞的冲击负荷作用下而断裂。此外,在维护更换活塞环时未将汽缸壁上磨出的缸肩刮去,也会撞断第一道活塞环。

(2)活塞环的选配。在发动机大修和小修时,活塞环是被当作易损件更换的。活塞环设有修理尺寸,不因汽缸和活塞的分组而分组。

活塞环选配时,以汽缸的修理尺寸为依据,同一台发动机应选用与汽缸和活塞修理尺寸等级相同的活塞环。发动机汽缸磨损不大时,应选配与汽缸同一级别的活塞环。汽缸磨损较大但尚未达到大修标准时,严禁选择加大一级修理尺寸的活塞环锉端隙使用。进口汽车发动机活塞环的更换,按原厂规定进行。

对活塞环的要求是:与汽缸、活塞的修理尺寸一致;具有规定的弹力以保证汽缸的密封性;环的漏光度、端隙、侧隙、背隙应符合原厂设计规定。

①活塞环的弹力检验。

活塞环的弹力是指使活塞环端隙达到规定值时作用在活塞环上的径向力。活塞环弹力检验仪如图 3-24 所示。将活塞环置于滚动轮和底座之间,沿秤杆移动活动量块,使环的端隙达到规定值。此时可由活动量块在秤杆上的位置读出作用于活塞环上的力,即为活塞环的弹力。

②活塞环的漏光度检验。

活塞环的漏光度检验指检测环的外圆表面与缸壁的接触和密封程度,其目的是避免漏光度过大使活塞环与汽缸的接触面积减小,造成漏气和窜机油的隐患。

活塞环漏光度校验方法如图 3-25 所示。将被检验的活塞环套入汽缸中,用倒置的活塞将其推平，用一个直径略小于活塞环外径的圆形板盖在环的上侧，在汽缸下部放置灯光，从汽缸上部观察活塞与汽缸壁的缝隙，确定其漏光情况。

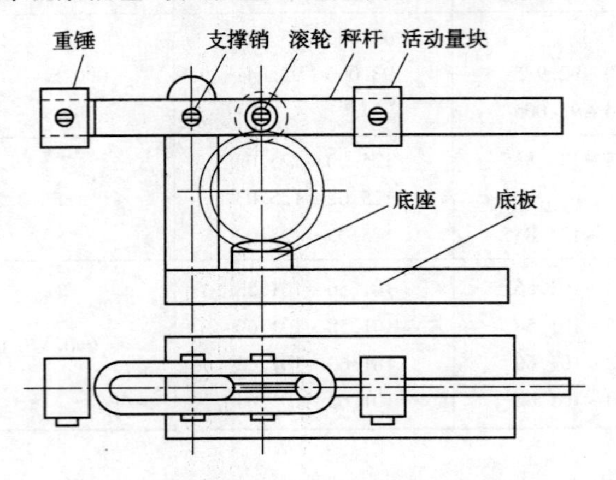

图 3-24　活塞环弹力检测仪

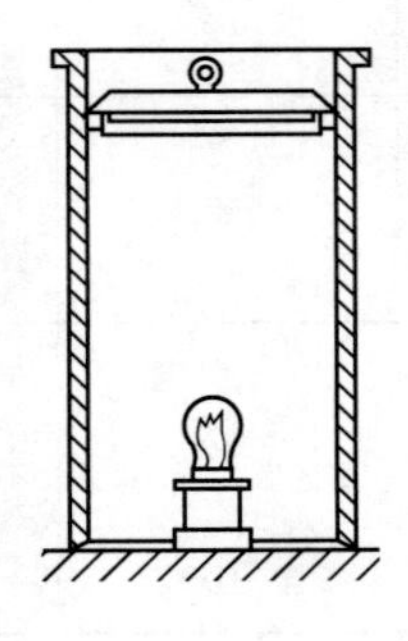

图 3-25　活塞环漏光度检验

活塞环漏光度的技术要求是：在活塞环端口左右 30°范围内不应有漏光点；在同一活塞环上的漏光点不得多于两处，每处漏光弧长所对应的圆心角不得超过 25°，同一环上漏光弧长所对应的圆心角之和不得超过 45°；漏光处的缝隙应不大于 0. 03mm，当漏光缝隙小于 0.015mm时，其弧长所对应的圆心角之和可放宽至 120°。

③活塞环三隙的检验。

活塞环的三隙指端隙、侧隙、背隙。一般说来，活塞环的三隙是上环大于下环、柴油机环大于汽油机环、汽缸直径大的环大于直径小的环、发动机压缩比大的环大于压缩比小的环。

a. 端隙。

活塞环的端隙是为了防止活塞环受热膨胀卡死在汽缸内而设置的。几种常用汽车发动机活塞环的端隙见表 3-2。

常见发动机活塞环的端隙与侧隙值　　表 3-2

发动机型号	活塞环端隙(mm)			活塞环侧隙(mm)		
	第一道环	第二道环	油环	第一道环	第二道环	油环
135 系列柴油机	0.600 ~ 0.800	0.500 ~ 0.700	0.400 ~ 0.600	0.100 ~ 0.135	0.080 ~ 0.115	0.060 ~ 0.098
YC6105 柴油机	0.400 ~ 0.600	0.400 ~ 0.600	0.400 ~ 0.600	0.090 ~ 0.125	0.050 ~ 0.085	0.040 ~ 0.075
康明斯 K38/K50 型柴油机	0.640 ~ 1.020	0.640 ~ 1.020	0.380 ~ 0.760			
CA6102 汽油机	0.500 ~ 0.700	0.400 ~ 0.600	0.300 ~ 0.500	0.055 ~ 0.087	0.055 ~ 0.087	0.040 ~ 0.080

检验端隙时，将活塞环置入汽缸套内，并用倒置活塞的顶部将活塞环推入汽缸内相应的上止点位置，然后用厚薄规测量，如图 3-26 所示。若端隙大于规定值则应重新选配活塞环；若端隙小于规定值时，应利用细平锉刀对环口的一端进行锉修。锉修时只能锉修一端且环口应平整，锉修后应将毛刺去掉，以免在工作时刮伤汽缸壁。

b. 侧隙。

活塞环应有合适的侧隙，以保证机件可靠工作。若侧隙过大将使活塞环的泵油作用加剧，使环岸疲劳破碎，加速环的断裂且润滑油消耗增加；侧隙过小会使活塞环卡死在环槽内，环的弹力极度减弱，冲击应力加剧，不但使汽缸密封性降低，也容易使环折断。

侧隙的测量如图3-27所示。将活塞环放入相应的环槽内，用厚薄规进行测量。若侧隙过小时，车削加宽活塞环槽以修整侧隙。现代汽车的活塞环一般采用表面喷钼等表面强化措施，因此再采用研磨环上下平面的方法修整侧隙会使活塞环表面强化层损坏。几种常用汽车发动机活塞环的侧隙见表3-2。

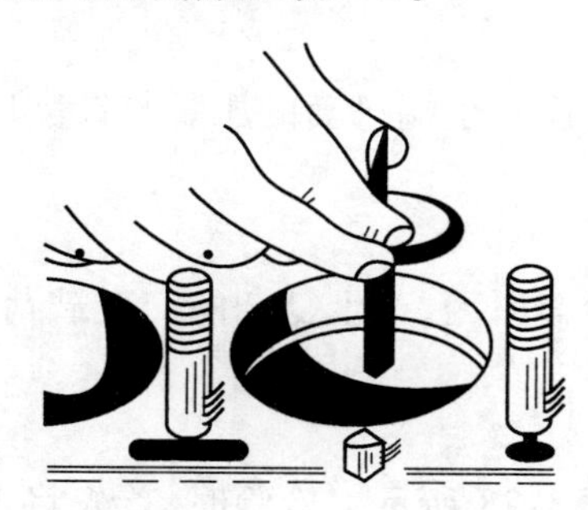

图3-26　活塞环端隙的测量

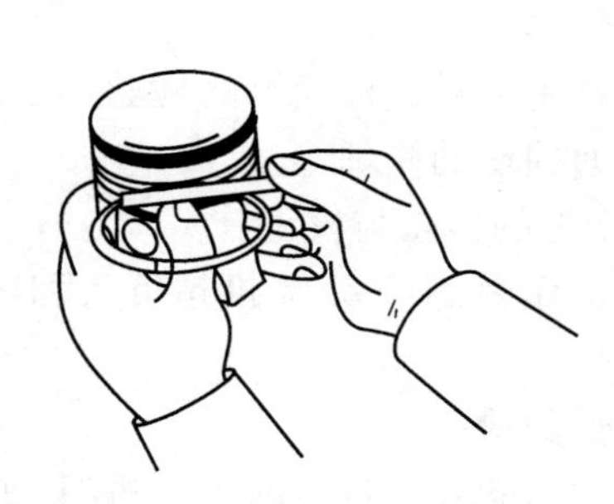

图3-27　活塞环侧隙的测量

c. 背隙。

背隙的作用是为建立背压、储存积炭和防止活塞工作时膨胀过大挤断活塞环而设置的。为了测量方便，通常是将活塞环装入活塞环槽内，以环槽深度与活塞环径向厚度的差值来衡量。测量时，将环落入环槽底，再用深度游标卡尺测出环外圆柱面沉入环岸的数值，该数值一般为0.10～0.35mm。若背隙过小时，应更换活塞环或车深活塞环槽的底部。

在实际操作中，通常是以经验法来判断活塞环的侧隙和背隙的。将环置入环槽内，环应低于环岸，且能在槽中滑动自如，无明显松旷感觉即可。

3. 活塞销的选配

(1)活塞销的耗损。

发动机工作时，活塞销要承受燃烧气体的压力和活塞连杆组惯性力的作用，其负荷的大小和方向是周期性变化的，对活塞销产生很大的冲击作用。活塞销多用浮式连接，与活塞销座的配合精度很高，常温下有微量的过盈。在发动机正常工作时，活塞销与活塞销座和连杆衬套间有微小的间隙，因此活塞销可以在销座和连杆衬套内自由转动，使得活塞销的径向磨损比较均匀，磨损速率也较低。

活塞销在工作时承受较大的冲击载荷，当活塞销与活塞销座和连杆衬套的配合间隙超过一定数值时，就会由于配合的松旷而发生异响。

(2)活塞销的选配。

发动机大修时，一般应更换活塞销，选配标准尺寸的活塞销，为小修留有余地。

选配活塞销的原则是：同一台发动机应选用同一厂牌、同一修理尺寸的成组活塞销，活塞销表面应无任何锈蚀和斑点，表面粗糙度 $Ra \leqslant 0.20\mu m$，圆柱度误差≤0.0025mm，质量差在10g范围内。

为了适应修理的需要，活塞销设有4级修理尺寸，可以根据活塞销座和连杆衬套的磨损程度来选择相应修理尺寸的活塞销。

(3)活塞销座孔的修配。

活塞销与活塞销座和连杆衬套的配合一般是通过铰削、镗削或滚压来实现的。其配合要求是:在常温下,汽油机的活塞销与活塞销座配合间隙为0.0025～0.0075mm,与连杆衬套的配合间隙为0.005～0.010mm,且要求活塞销与连杆衬套的接触面积在75%以上;柴油机活塞销与活塞销座的过盈量较大,一般为0.02～0.05mm,与连杆衬套的配合间隙也比汽油机大,一般为0.03～0.05mm。

4. 连杆的修理

连杆的修理主要是连杆变形的检验与校正、连杆小端衬套的压装与铰削以及连杆大端与下盖接合平面损伤的修理等。

(1)连杆变形的检验与校正。

在发动机工作中,由于发动机超负荷和爆燃等原因,产生复杂的交变载荷,将使连杆产生弯曲和扭曲变形。

①连杆变形的检验。

连杆变形的检验在连杆校验仪上进行,如图3-28所示。检验时,首先将连杆大端的轴承盖装好,不装连杆轴承,并按规定的力矩将连杆螺栓拧紧,同时将芯轴装入小端衬套的轴承孔中,然后将连杆大端套装在支承轴上,通过调整定位螺钉使支承轴扩张,将连杆固定在校验仪上。测量工具是一个带有V形槽的三点规。三点规上的三点构成的平面与V形槽的对称平面垂直,下面两测点的距离为100mm,上测点与两个下测点连线的距离也是100mm。

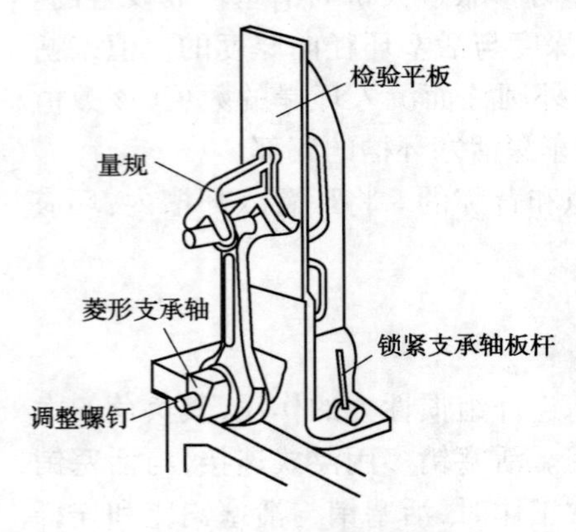

图3-28　连杆校验仪

测量时,将三点规的V形槽靠在芯轴上并推向检验平板。如三点规的三个测点都与校验仪的平板接触,说明连杆没变形。若上测点与平板接触,两下测点不接触且与平板的间隙一致,或两下测点与平板接触而上测点不接触,表明连杆弯曲,可用厚薄规测出测点与平板之间的间隙,即为连杆在100mm长度上的弯曲度。若只有一个下测点与平板接触,另一下测点与平板不接触,且间隙为上测点与平板间隙的两倍,这时下测点与平板的间隙即为连杆在100mm长度上的扭曲度。

测量连杆变形有时会遇到下面两种情况:一是连杆同时存在弯曲和扭曲,反映在一个下测点与平板接触,但另一个下测点的间隙不等于上测点间隙的两倍,这时下测点与平板的间隙为连杆扭曲度,而上测点与平板的间隙与下测点与平板间隙的一半的差值为连杆弯曲度;二是连杆存在如图3-29所示的双重弯曲,检验时先测量出连杆小端端面与平板的距离,再将连杆翻转180°后,按同样方法测出此距离。若两次测出的距离数值不等,即说明连杆有双重弯曲,两次测量数值之差为连杆双重弯曲度。

如果没有连杆校验仪,可用通用量具进行检验:在连杆大头和连杆小头内装入标准芯轴,置于平板上的V形块上,用百分表测量,如图3-30所示,通过测定活塞销两端高度差,即可计算出连杆弯曲度;将连杆按如图3-31所示放置,通过百分表测量活塞销两端的高度差,从而计算出连杆扭曲度。

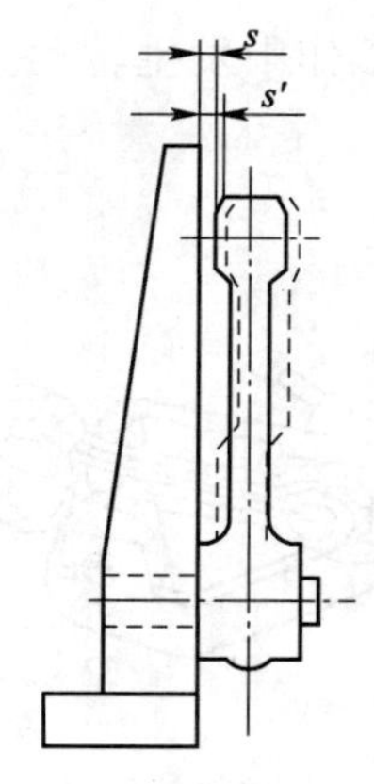

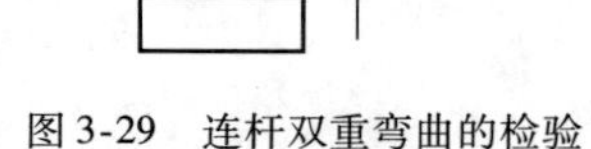

图 3-29 连杆双重弯曲的检验

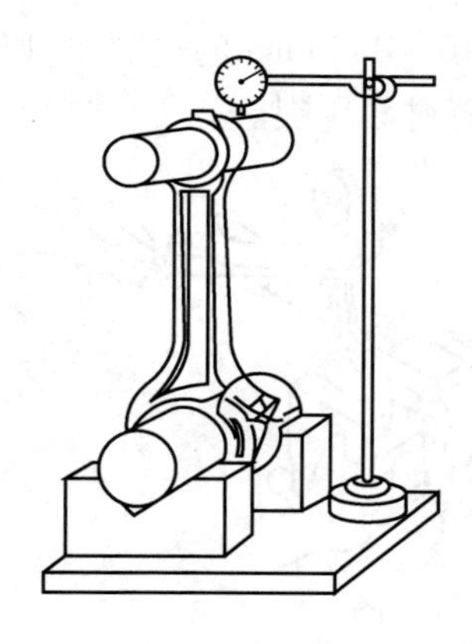

图 3-30 连杆弯曲的检验

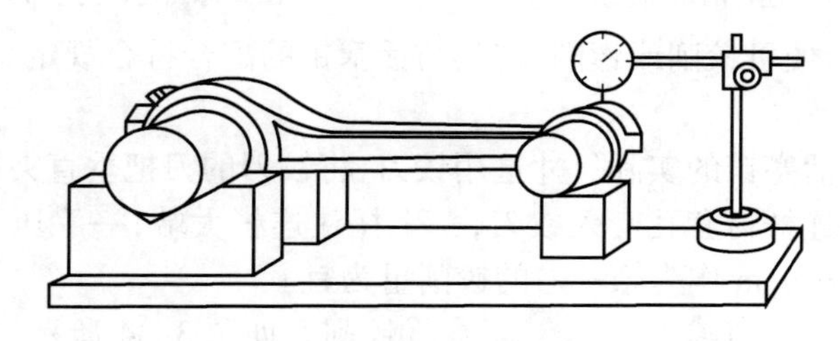

图 3-31 连杆扭曲的检验

汽车维修技术标准中对连杆的变形作了如下规定:连杆小端轴线与大端轴线应在同一平面内,在该平面上的平行度公差为 0.03mm/100mm,该平面的法向平面上的平行度公差为 0.06mm/100mm。若连杆的弯曲度和扭曲度超过公差值时应进行校正。连杆的双重弯曲通常不予以校正,因为连杆大小端对称平面偏移的双重弯曲极难校正,对曲柄连杆机构的工作极为有害。

②连杆变形的校正。

经检验确定连杆有变形时,应记下连杆弯曲与扭曲的方向和数值,利用连杆校验仪进行校正。一般是先校正扭曲,后校正弯曲。校正时,应避免反复的校正。校正扭曲时,先将连杆下盖按规定装配和拧紧,然后用台钳口垫以软金属垫片夹紧连杆大端侧面,最后使用专用扳钳装卡在连杆杆身上下部位,按如图 3-32 所示的安装方法校正连杆的逆时针扭曲变形。校正顺时针的扭曲变形时,可将上下扳钳交换即可。

校正弯曲时,如图 3-33 所示,将弯曲的连杆置入专用的压器内,扳转丝杠使连杆产生反向变形并停留一定时间,待金属组织稳定后再卸下,检查连杆的回位量,直至连杆校正至合格为止。

连杆的弯扭校正一般在常温下进行,由于材料弹性后效的作用,在卸去载荷后连杆有恢复原状的趋势。因此,在校正变形量较大的连杆后,必须进行时效处理。方法是:将连杆加热至 573K,保温一定时间即可。校正变形较小的连杆,只需在校正负荷下保持一定时间,不必进行时效处理。

(2)连杆衬套的修复。

在更换活塞销的同时,必须更换连杆衬套,以恢复其正常配合。新衬套的外径应与连杆小端轴承孔有0.10～0.20mm的过盈量，以防止衬套在工作中发生转动。过盈量不可过大，否则会在压装时将衬套压裂。

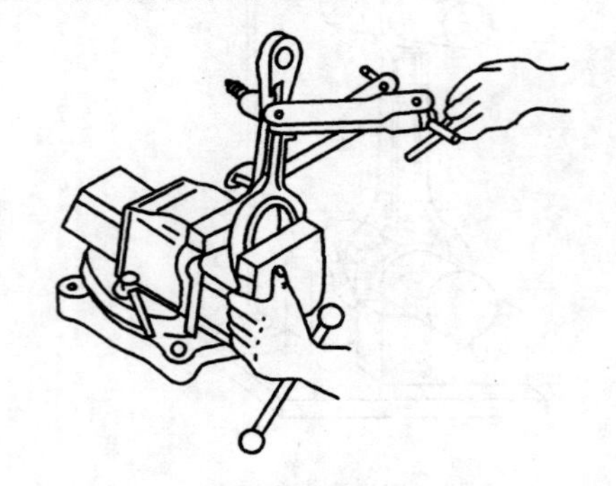

图3-32　连杆的扭曲校正

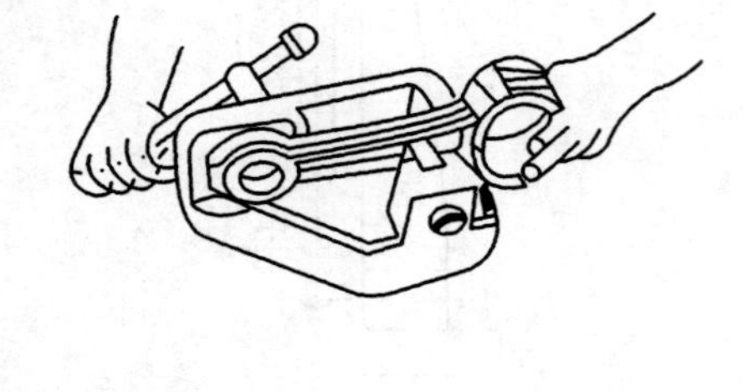

图3-33　连杆的弯曲校正

连杆衬套压入后，便可铰削或镗削，使其与活塞销的配合符合规定。连杆衬套的铰削工艺有如下步骤。

①选择铰刀。按活塞销的实际尺寸选用铰刀，将铰刀的刀把垂直夹在台钳的钳口上。

②调整铰刀。将连杆衬套孔套入铰刀，一手托住连杆大端，一手压下连杆小端，以刀刃露出连杆衬套上面3～5mm作为第一刀的铰削量为宜。

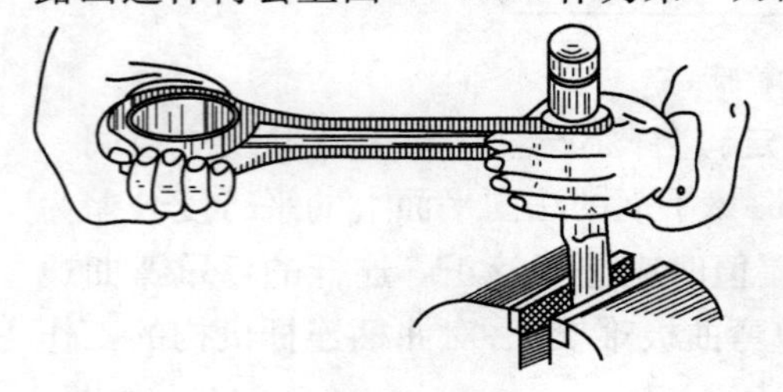

图3-34　连杆衬套的铰削

③铰削。如图3-34所示，铰削时，一手托住连杆大端均匀用力扳转，另一手把持小端并向下略施压力，应保持连杆轴线垂直于铰刀轴线，以防铰偏。当连杆衬套下平面与刀刃相平时停止铰削，将连杆下压退出，以免铰偏或起棱。然后在铰刀量不变的情况下，再将连杆从反向重铰一次，铰刀的铰削量以调整螺母转过60°～90°为宜。

④试配。每铰削一次都要用相配的活塞销试配，以防铰大。当达到用手掌力能将活塞销推入连杆衬套的1/3～1/2时停铰，用木槌打入连杆衬套内，并夹持在台钳上左右扳转连杆，如图3-35所示。然后压出活塞销，根据连杆衬套的压痕适当进行修刮。

⑤修刮。根据连杆衬套接触印痕和松紧度，用刮刀修刮。刮削一般按刮重留轻、刮大留小的原则进行。连杆衬套修刮后，与活塞销的松紧度应合适，即以拇指力能将涂有机油的活塞销推入连杆衬套，如图3-36所示。接触印痕应呈点状均匀分布，轻重一致，接触面积应不小于75%。

(3)连杆其他损伤的检验。

连杆的杆身与小端的过渡区应无裂纹，表面无碰伤。必要时可用磁力探伤检验连杆的裂纹。如有裂纹，应予更换。如果连杆下盖损坏或断裂时，也要同时更换连杆组合件。

连杆大端侧面与曲柄臂之间，一般应有0.10～0.35mm的间隙，如间隙超过0.50mm时，可堆焊连杆大端侧面后修理平整。

连杆杆身下盖的接合平面应平整。检验时，使两平面分别与平板平面贴合，其接触面应贴合良好，如有轻微缝隙，不得超过0.026mm。连杆轴承孔的圆柱度误差大于0.025mm时，应进行修理或更换连杆。

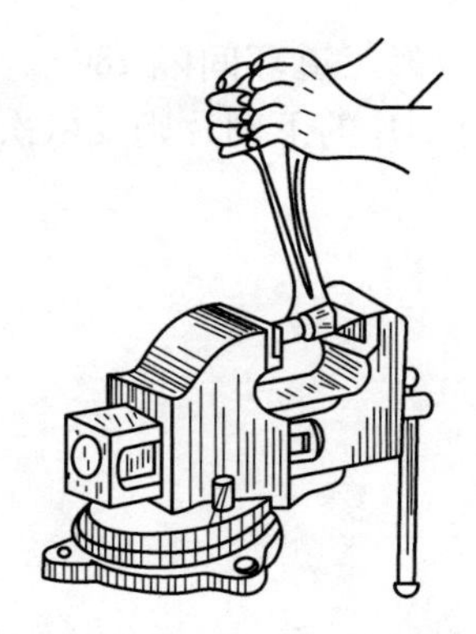

图 3-35 检验活塞销与连杆衬套的配合(一)

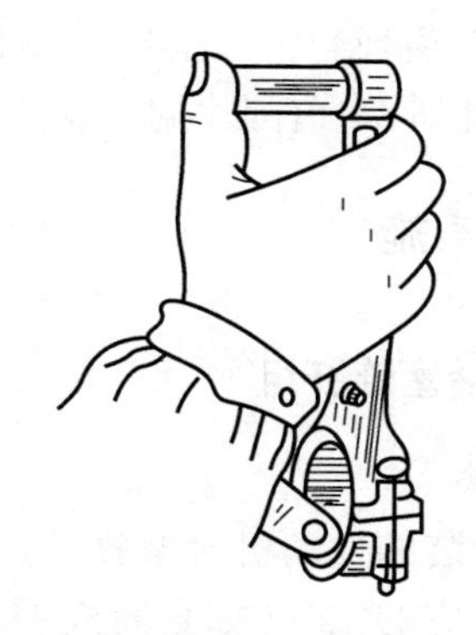

图 3-36 检验活塞销与连杆衬套的配合(二)

连杆螺栓应无裂纹,螺纹部分完整,无滑牙和拉长等现象。选用新的连杆螺栓时,其结构参数及材质应符合规定,禁止用普通螺栓代替连杆螺栓。连杆螺栓的自锁螺母不得重复使用。

5. 活塞连杆组的组装

活塞连杆组的零件经修复、检验合格后,方可进行组装。组装前应对待装零件进行清洗,并用压缩空气吹干。

目前,通常是采用热装合方法进行活塞与连杆的装配。因为活塞销与活塞销座在常温下有微量的过盈,所以装合时一定要将活塞加热,方法是:活塞置入水中加热至 353 ~ 373K,取出后迅速擦净,将活塞销涂以机油,插入活塞销座并推过连杆衬套,直至另一端活塞销座的外边缘,然后装入卡环。两卡环的内端应与活塞销有 0.10 ~ 0.25mm 的间隙,否则卡环将被顶出造成拉缸。锁环嵌入环槽中的深度应不少于丝径的 2/3。

活塞与连杆组装时,要注意两者的缸序和安装方向不得错乱。活塞与连杆一般都标有装配标记,若两者的装配标记不清楚或不能确认时,可结合活塞和连杆的结构加以识别。如活塞顶部的箭头或边缘缺口朝前:汽油机活塞的膨胀槽开在做功行程侧压力较小的一面;连杆杆身的圆形凸点朝前;连杆大端的 45°机油喷孔润滑左侧汽缸壁等。此外,注意连杆与下盖的配对记号一致并对正,或杆身与下盖轴承孔的凸槽安装在同一侧,以避免装配时的配对错误。

活塞连杆组装合后,还需要在连杆校验仪上检验活塞轴线对连杆大端轴承孔轴线的垂直度。检验的方法是:将连杆大端轴承孔套装在连杆校验仪的支承轴上,用厚薄规分别测量活塞顶部前后方向的边缘与平板的间隙是否一致,两次测量数值的差值即为组件的垂直度,其公差为 0.05 ~ 0.08mm。超过上述数值时,应分析原因并进行校正。

最后安装活塞环。安装时应采用专用工具,避免将活塞环折断。由于各道活塞环的结构差异,在安装活塞环时要特别注意各道活塞环的类型、规格、顺序及其安装方向。安装气环时,有镀铬的活塞环一般装在第一道,因为镀铬环能增强活塞环的耐磨性。一般是以第一道活塞环的开口位置为始点,其他各环的开口布置成迷宫状走向。第一道环应布置在做功行程压力较小的右侧,并且尽可能远离燃烧中心;其他环依次间隔 90° ~ 180°。例如,两道环的发动机,第二道环与第一道环间隔 180°;三道环的发动机,则每道环间隔 120°或第二道环与第一道环间隔 180°,第三道环与第二道间隔 90°;四道环的发动机,第二道环与第一道环间隔180°。第三道环与第二道环间隔90°，第四道环与第三道环间隔180°。安装油环的下刮片也要交错排列，二道刮片的下刮片间隔180°，三道刮片的下刮片则要依次间隔120°。

二 任务实施

（一）拆装活塞连杆组

1. 准备工作

（1）将待拆装的发动机台架放置到工位。

（2）准备相应的工具（如套筒扳手、活塞环扩张器等）。

（3）查找维修资料的内燃机结构图，了解拆装活塞连杆组的具体步骤。

（4）查找待拆装发动机对应的维修资料，找出缸盖螺栓的拆装顺序以及装配力矩的要求。

（5）旋转曲轴，使所有的活塞在汽缸内保持同一高度，用铲子清洁汽缸体上平面。

（6）将指定活塞旋转到上止点位置，检查连杆是否有明显弯曲现象，检查活塞连杆组的序号是否与汽缸体上的序号一致。

（7）将指定活塞旋转到下止点位置，用抹布清洁汽缸，口述有无缸肩和积炭。

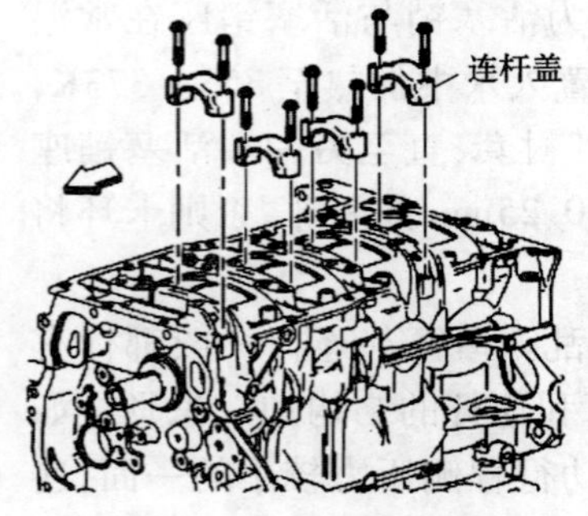

图3-37 拆卸连杆盖

2. 操作步骤

（1）翻转台架，使油底壳位置向上，并拆下油底壳。

（2）检查或设置装配标记（如果无原车标记，用记号笔在连杆和连杆轴承盖上做记号），确保能够正确地重新装配连杆盖和连杆。

（3）用扳手分2次旋松连杆螺栓，手旋并取下螺栓，拆下连杆盖（图3-37）及连杆轴瓦，并顺序摆放在工作台上。

（4）从汽缸体中推出活塞连杆总成（图3-38）。

（5）使用活塞环扩张器拆下两道压缩环气环（图3-39），用手拆下组合油环，用铲刀清理活塞顶部积炭。

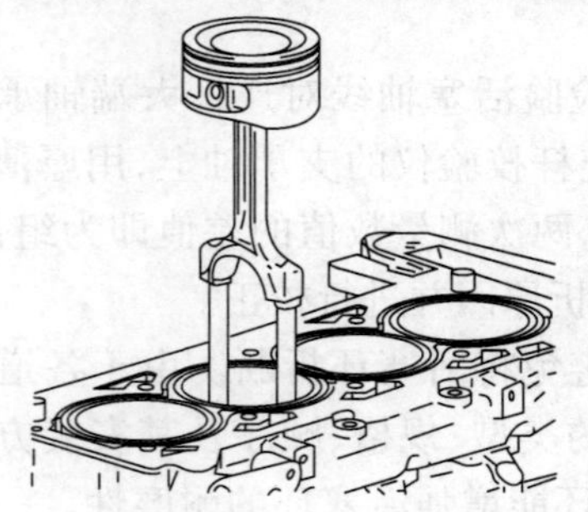
图3-38 拆卸活塞连杆总成

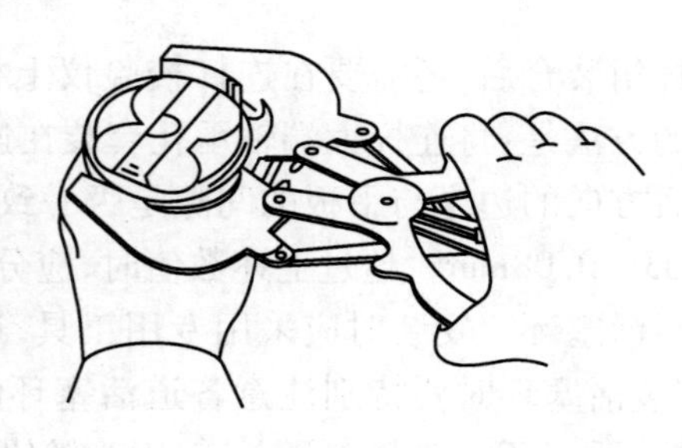
图3-39 拆卸活塞环

（6）用抹布清洁拆下的零部件，并进行各项检测。

（7）按照与上述过程相反的步骤进行活塞连杆组的装配，并注意连杆螺栓的装配力矩要求。

（8）整理工具、恢复及清洁工位。

（二）检测活塞环三隙

1. 准备工作

（1）将待测的活塞、与其配合的活塞环、汽缸体等准备好。

（2）将厚薄规、游标卡尺准备好。

（3）用抹布将各零件擦干净。

（4）查找维修资料，确认活塞环三隙的具体要求。

2. 操作步骤

（1）将活塞环置于汽缸内距离顶面约 25mm 处，通过用活塞顶部定位活塞环，确保活塞环与汽缸轴线垂直。

（2）用厚薄规测量活塞环的端隙，如图 3-26 所示。

（3）围绕活塞环槽旋转整个活塞环。若因活塞环变形造成任何卡滞，则活塞环侧隙不符合要求，若旋转顺畅则进行第（4）步，测量活塞环侧隙。

（4）用厚薄规测量活塞环的侧隙，如图 3-27 所示。

（5）将活塞环装入活塞环槽内，用深度游标卡尺测出环外圆柱面沉入环岸的数值，即为活塞环的近似背隙。

（6）将所测得的端隙、侧隙、背隙数值与维修资料中要求的数据进行对比，确认是否符合要求。

（7）整理工具、恢复及清洁工位。

三 评价与反馈

1. 自我评价及反馈

（1）通过本学习任务的学习，你是否已经知道以下问题：

①活塞连杆组由哪些零件组成？

____

____

②活塞环的“三隙”具体指的是哪三隙？

____

____

（2）实训过程完成情况如何？

____

____

（3）通过本任务的学习，你认为自己的知识和技能还有哪些欠缺？

____

____

签名：__________ ______年____月____日

2. 小组评价与反馈

小组评价与反馈见表3-3。

小组评价与反馈表 表3-3

序号	评价项目	评价情况
1	着装是否符合要求	
2	是否能合理规范地使用仪器和设备	
3	是否按照安全和规范的流程操作	
4	是否遵守学习、实训场地的规章制度	
5	是否能保持学习、实训场地整洁	
6	团结协作情况	

参与评价的同学签名：＿＿＿＿＿　＿＿＿＿＿年＿＿月＿＿日

3. 教师评价与反馈

＿＿＿＿＿＿＿＿＿＿＿＿＿＿＿＿＿＿＿＿＿＿＿＿＿＿＿＿＿＿＿＿＿＿＿

＿＿＿＿＿＿＿＿＿＿＿＿＿＿＿＿＿＿＿＿＿＿＿＿＿＿＿＿＿＿＿＿＿＿＿

＿＿＿＿＿＿＿＿＿＿＿＿＿＿＿＿＿＿＿＿＿＿＿＿＿＿＿＿＿＿＿＿＿＿＿

签名：＿＿＿＿＿　＿＿＿＿＿年＿＿月＿＿日

四 技能考核标准

技能考核标准见表3-4。

技能考核标准表 表3-4

项目	操作内容	规定分	评分标准	得分
活塞连杆组的拆装	查找维修资料，确定连杆螺栓的拧紧力矩	10分	依据查找维修资料的熟练及准确程度进行评判	
	拆卸油底壳	20分	维修资料的查找正确得10分； 按维修资料要求顺序拆卸螺栓正确得10分	
	拆卸连杆螺栓及轴瓦	20	检查或设置装配标记正确得10分； 拆下的零件按次序摆放正确得10分	
	推出活塞连杆总成	10分	推出方法正确，无连杆卡滞及汽缸壁划伤得10分	
	拆卸活塞环	10	正确使用活塞环扩张器得10分	
	装配	20	正确使用活塞环压缩器得10分； 正确使用扭力扳手得10分	
	工具整理、工位清扫	10分	认真完成得10分	
总分		100分		

学习任务4　曲轴飞轮组的构造与检修

学习目标

1. 掌握曲轴飞轮组的构造；
2. 理解发动机工作循环表的原理；
3. 了解扭转减振器及发动机平衡轴的作用；
4. 熟悉曲轴飞轮组常见的故障及检修方法。

任务导入

一辆装配有玉柴 YC4FA120－40 发动机的卡车，大修后正常工作 100 小时左右，在工作过程中，突然产生异响，随即自动熄火，而后立即起动不着火。停机 10 多分钟后，再次起动柴油机，起动成功；但柴油机产生“啪、啪、啪”的敲击噪声。开始认为可能出现了“拉缸”故障，拆下排气管观察，没有发现问题。检查气门间隙和喷油系统，均未发现问题。然后检查机油滤芯，发现有大量的铜屑，所以判断柴油机可能出现了“烧瓦”故障。进一步分解柴油机后，不仅发现部分轴瓦有严重的磨损现象，而且出现了曲轴连杆颈断裂的重大故障。

一　理论知识准备

（一）曲轴飞轮组的构造

曲轴飞轮组是曲柄连杆机构的重要组成部分，是发动机重要的核心零部件，是汽车大修的重要依据。它的好坏直接影响发动机的动力性和经济性以及发动机运转的平稳性。

曲轴飞轮组主要由曲轴、飞轮、扭转减振器等组成，如图 4-1 所示。

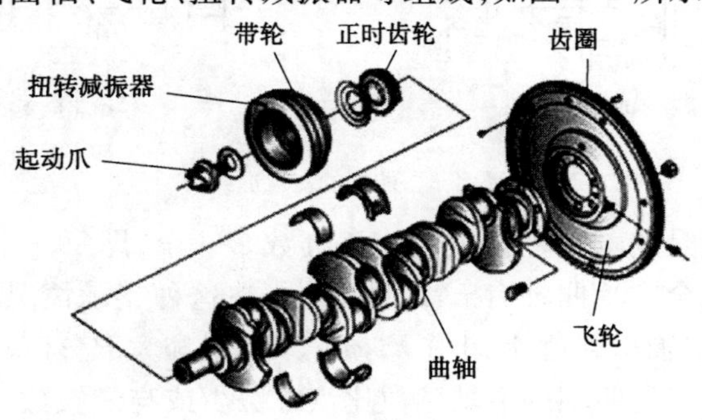

图 4-1　曲轴飞轮组

1. 曲轴

曲轴的作用是把连杆传来的气体压力转变为转矩对外输出，将作用在活塞上的气体压力变为旋转的动力，传给底盘的传动机构，同时驱动配气机构和其他辅助装置，如风扇、水泵、发电机等运转。

(1)曲轴的构造。

曲轴可分为整体式曲轴和组合式曲轴两大类。整体式曲轴是将曲轴做成一个整体零件,它具有较高的强度和刚度,结构紧凑、质量小;组合式曲轴是将曲轴分成若干个零件分别进行加工,然后组装在一起,构成完整的曲轴,它具有加工方便、便于产品系列通用等优点,其缺点是强度、刚度较差,装配复杂。

以下主要介绍整体式曲轴。曲轴一般由主轴颈、连杆轴颈、曲柄臂、前端和后端等组成,如图 4-2 所示。

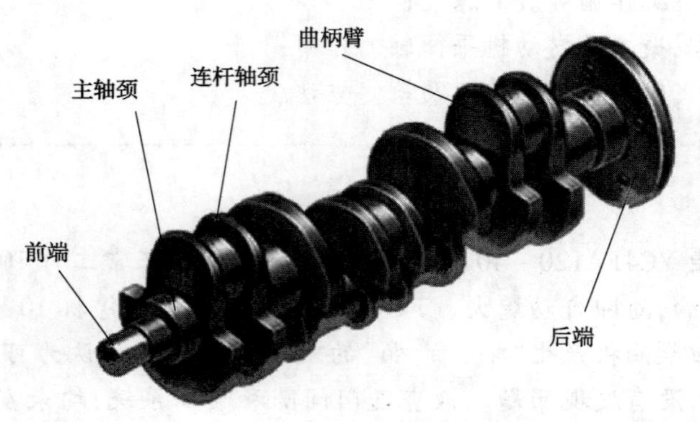

图 4-2 曲轴的组成

曲轴基本上由若干个单元曲拐构成,一个连杆轴颈(曲柄销)、左右两个曲柄臂及前后两个主轴颈组成一个单元曲拐。直列式发动机曲轴的曲拐数等于汽缸数,V 形发动机曲轴的曲拐数等于汽缸数的一半。

主轴颈是曲轴的支承部分,曲轴通过主轴承支承在曲轴箱的主轴承座中。主轴颈的数目不仅与发动机汽缸数有关,还取决于曲轴的支承方式。曲轴的支承方式一般有两种,即全支承曲轴和非全支承曲轴,如图 4-3 所示。

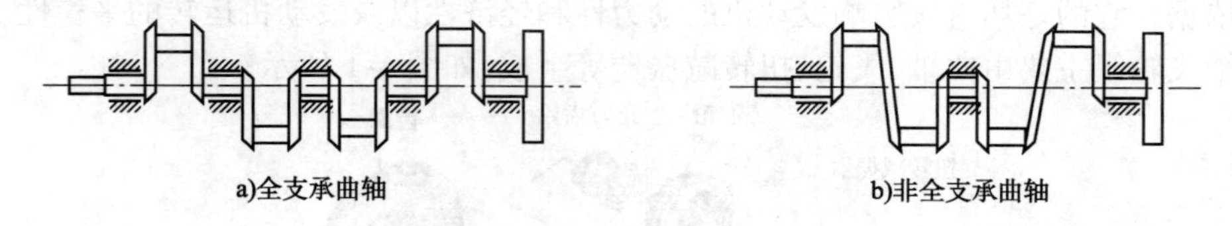

图 4-3 曲轴的支承形式

全支承曲轴的特点是曲轴的主轴颈数比汽缸数多一个,即每一个连杆轴颈两边都有一个主轴颈。四缸发动机全支承曲轴有五个主轴颈。在这种支承情况下,曲轴的强度和刚度都比较好,并且减轻了主轴承载荷,减小了磨损。柴油机和大部分汽油机采用这种形式。

非全支承曲轴的特点是曲轴的主轴颈数比汽缸数少或与汽缸数相等。这种支承的主轴承载荷较大,但缩短了曲轴的总长度,使发动机的总体长度有所减小。有些承受载荷较小的汽油机可以采用这种曲轴支承形式。

曲轴的连杆轴颈是曲轴与连杆的连接部分,通过曲柄与主轴颈相连,在连接处用圆弧过渡,以减少应力集中。直列发动机的连杆轴颈数与汽缸数相等,V 形发动机的连杆轴颈数等于汽缸数的一半。

主轴颈和曲柄销均需润滑。机油经机体上的油道(图 4-4)进入主轴承润滑主轴颈,再从主轴颈沿曲轴中的油孔(实心轴颈)进入连杆轴承润滑曲柄销;或沿着压入曲轴中的油管(空心轴颈)流向曲柄销。通常进入曲柄销空腔中的机油在离心力的作用下,其中的机械杂质沉积在空腔的壁面上,空腔中心的洁净机油经油管进入曲柄销工作表面。

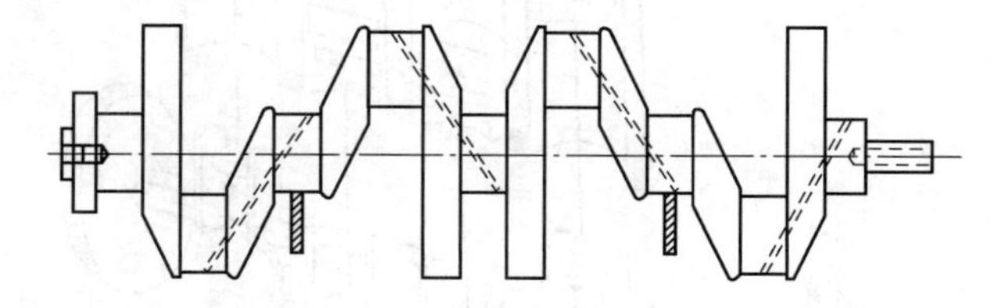

图 4-4 曲轴的润滑油道

曲轴前端装有正时齿轮、驱动风扇和水泵的带轮以及启动爪等。为了防止机油沿曲轴轴颈外漏,在曲轴前端装有一个甩油盘,在齿轮室盖上装有油封。曲轴的后端用来安装飞轮,在后轴颈与飞轮凸缘之间制成挡油凸缘与回油螺纹,以阻止机油向后窜漏。

曲轴前端多采用斜齿轮传动,工作中会产生轴向力,而使曲轴前后窜动,影响曲柄连杆机构的正常工作,另外,曲轴工作时还会受热伸长。因此,为了保证曲轴既有受热膨胀的余地,又不致产生过大的轴向冲击和保证曲柄连杆机构的正确位置,必须对曲轴进行轴向定位,使其轴向间隙保持在一定范围内。曲轴轴向定位通常是在主轴承结构上采取限位措施,较多的是在曲轴的前部或中部、后部主轴承上制作凸肩或安装推力垫圈。

(2)曲拐的布置与多缸发动机的工作顺序。

多缸发动机曲轴一般都是整体式的,但对于主轴承采用滚动轴承或某些小型汽油机连杆大头为整体式时,则曲轴必须采用组合式。

曲轴的形状和曲拐相对位置(即曲拐的布置)取决于汽缸数、汽缸排列方式和发动机的点火做功顺序。安排多缸发动机的做功顺序应注意使连续做功的两缸相距尽可能的远,以减轻主轴承的载荷,同时避免可能发生的进气重叠现象。做功间隔应力求均匀,也就是说发动机在完成一个工作循环的曲轴转角内,每个汽缸都应做功一次,而且各汽缸做功的间隔时间以曲轴转角表示,称为做功间隔角。四冲程发动机完成一个工作循环曲轴转两圈,其转角为 720°,在 720°的曲轴转角内发动机的每个汽缸应该做功一次,且做功间隔角是均匀的,因此四冲程发动机的做功间隔角为 $720°/i$,即曲轴每转动 $720°/i$ 角度就应有一缸做功,以保证发动机运转平稳。

常见多缸发动机的曲拐布置和工作顺序有如下方面。

①四冲程直列四缸发动机的点火顺序和曲拐布置。

四冲程直列四缸发动机的点火间隔角为 $720°/4=180°$,曲轴每转半圈(180°)做功一次,四个缸的做功行程是交替进行的,并在 720°内完成。对于每一个汽缸来说,其工作过程和单缸机的工作过程完全相同,只不过是要求它按照一定的顺序工作,这个顺序即为发动机的工作顺序,也称为发动机的点火顺序。可见,多缸发动机的工作顺序(点火顺序)就是各缸完成各行程的次序。四缸发动机四个曲拐布置在同一个平面内,如图 4-5 所示,1、4 缸在上,2、3 缸在下,互相错开 180°,其点火顺序的排列只有两种可能,即 1-2-4-3 或 1-3-4-2,两种工作顺序的发动机工作循环表分别见表 4-1 和表 4-2。

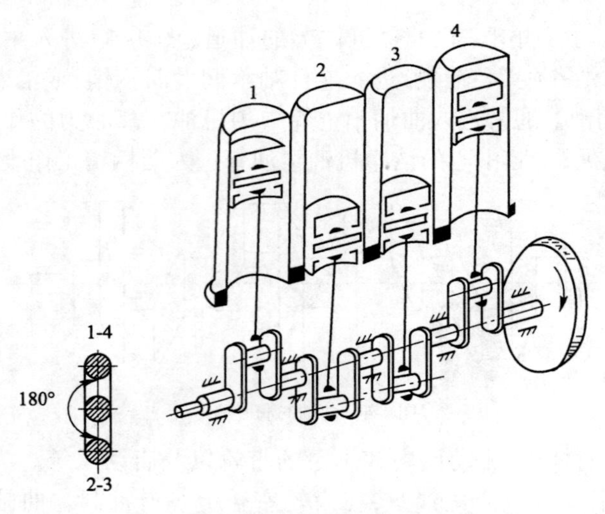

图 4-5　直列四缸发动机曲拐布置

四缸发动机工作循环表（工作顺序 1-2-4-3）　表 4-1

曲轴转角(°)	第 1 缸	第 2 缸	第 3 缸	第 4 缸
0 ~ 180	做功	压缩	排气	进气
180 ~ 360	排气	做功	进气	压缩
360 ~ 540	进气	排气	压缩	做功
540 ~ 720	压缩	进气	做功	排气

四缸发动机工作循环表（工作顺序 1-3-4-2）　表 4-2

曲轴转角(°)	第 1 缸	第 2 缸	第 3 缸	第 4 缸
0 ~ 180	做功	排气	压缩	进气
180 ~ 360	排气	进气	做功	压缩
360 ~ 540	进气	压缩	排气	做功
540 ~ 720	压缩	做功	进气	排气

②四冲程直列六缸发动机曲拐布置。

四冲程直列六缸发动机的做功间隔角为 720°/6 = 120°。六个曲拐均匀分布于互成 120°的三个平面，如图 4-6 所示。发动机的工作顺序为 1-5-3-6-2-4 或 1-4-2-6-3-5。前者应用较多，其工作循环见表 4-3。

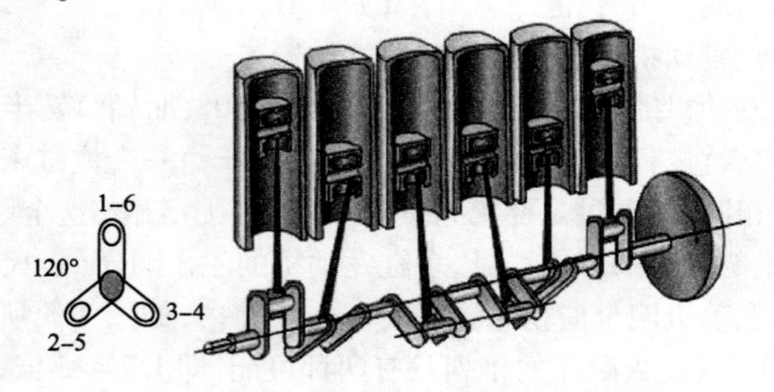

图 4-6　直列六缸发动机曲拐布置

直列六缸发动机的工作循环表(工作顺序1-5-3-6-2-4)　　表4-3

<table>
<tr><th colspan="2">曲轴转角(°)</th><th>第1缸</th><th>第2缸</th><th>第3缸</th><th>第4缸</th><th>第5缸</th><th>第6缸</th></tr>
<tr><td rowspan="3">0~180</td><td>60</td><td rowspan="3">做功</td><td rowspan="2">排气</td><td>进气</td><td>做功</td><td rowspan="2">压缩</td><td rowspan="3">进气</td></tr>
<tr><td>120</td><td rowspan="3">压缩</td><td rowspan="3">排气</td></tr>
<tr><td>180</td><td rowspan="3">进气</td><td rowspan="3">做功</td></tr>
<tr><td rowspan="3">180~360</td><td>240</td><td rowspan="3">排气</td><td rowspan="3">压缩</td></tr>
<tr><td>300</td><td rowspan="3">做功</td><td rowspan="3">进气</td></tr>
<tr><td>360</td><td rowspan="3">压缩</td><td rowspan="3">排气</td></tr>
<tr><td rowspan="3">360~540</td><td>420</td><td rowspan="3">进气</td><td rowspan="3">做功</td></tr>
<tr><td>480</td><td rowspan="3">排气</td><td rowspan="3">压缩</td></tr>
<tr><td>540</td><td rowspan="3">做功</td><td rowspan="3">进气</td></tr>
<tr><td rowspan="3">540~720</td><td>600</td><td rowspan="3">压缩</td><td rowspan="3">排气</td></tr>
<tr><td>660</td><td rowspan="2">进气</td><td rowspan="2">做功</td></tr>
<tr><td>720</td><td>排气</td><td>压缩</td></tr>
</table>

2. 飞轮

对于四冲程发动机来说,每个活塞在四个行程中只做一次功,即只有做功行程做功,而排气、进气和压缩三个行程都要消耗功。因此,曲轴对外输出的转矩呈周期性变化,曲轴转速也不稳定。为了改善这种状况,在曲轴后端装置飞轮。

飞轮是转动惯量很大的盘形零件,其作用如同一个能量存储器。在做功行程中发动机传输给曲轴的能量,除对外输出外,还有部分能量被飞轮吸收,从而使曲轴的转速不会升高很多。在排气、进气和压缩三个行程中,飞轮将其储存的能量放出来补偿这三个行程所消耗的功,从而使曲轴转速不致降低太多。

除此之外,飞轮还有下列功用:飞轮是摩擦式离合器的主动件;在飞轮轮缘上镶嵌有供起动发动机用的飞轮齿圈;在飞轮上还刻有上止点记号,用来校准点火正时或喷油正时以及调整气门间隙(图4-7)。

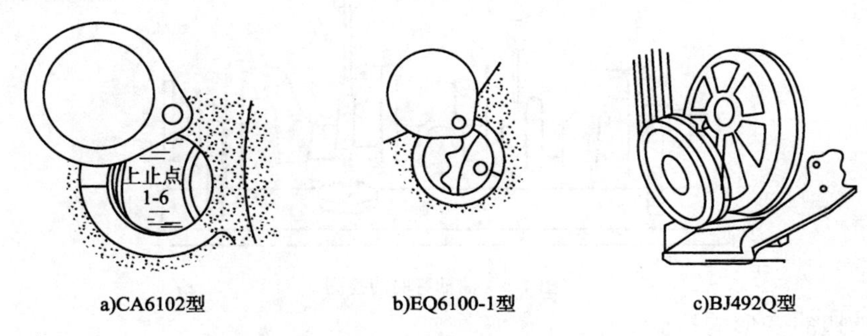

图4-7　发动机点火正时记号

(二)曲轴飞轮组常见故障及检修方法

1. 曲轴的损耗

曲轴常见的损耗形式有轴颈磨损、弯扭变形和裂纹等。

(1)轴颈的磨损。曲轴主轴颈和连杆轴颈的磨损是不均匀的,且磨损部位有一定的规律性。通常,各主轴颈的最大磨损部位靠近连杆轴颈一侧,而连杆轴颈的最大磨损部位靠近主轴颈一侧。另外,曲轴轴颈沿轴向还有锥形磨损。曲轴轴颈表面除磨损外还可能出现擦伤和烧伤。擦伤主要是由于机油不清洁,其中较大的机械杂质在轴颈表面划成沟痕。烧伤是由烧瓦引起的,烧瓦后,轴颈表面会出现严重的擦伤划痕,轴颈表面被烧灼变成蓝色。

(2)曲轴弯曲与扭曲变形。曲轴主轴颈的同轴度误差大于0.05mm称为曲轴弯曲;若连杆轴颈分配角误差大于0°30′,则称为曲轴扭曲。

(3)曲轴的裂纹。曲轴的裂纹多发生在曲柄与轴颈之间的过渡圆角处以及油孔处。前者是横向裂纹,危害极大,严重时会造成曲轴断裂,如有裂纹应更换曲轴;后者多为轴向裂纹,沿斜置油孔的锐边顺轴向发展,必要时也应更换曲轴。

(4)曲轴的其他损伤。曲轴的其他损伤有启动爪螺纹孔的损伤、曲轴前后油封轴颈的磨损、曲轴后凸缘固定飞轮的螺栓孔损伤、凸缘盘中间轴支承孔磨损以及皮带轮轴颈和凸缘圆跳动误差过大等。

2. 曲轴的检验

曲轴在工作过程中,由于轴承间隙过大、发动机爆燃、突然外载荷、轴承松紧度不一致、个别汽缸不工作或活塞卡死在汽缸中、个别轴承烧坏“抱轴”等原因,都可能导致曲轴受力不均,而产生弯曲。曲轴弯曲后,若不及时维修继续使用,可能使曲轴产生裂纹甚至断裂。因此,维修曲轴以前,一定要先对其进行认真检验。

(1)曲轴弯曲变形的检验。

以两端主轴颈的公共轴线为基准,检查中间主轴颈的径向圆跳动误差。将曲轴的两端用V形块支承在平板上,用百分表的触头抵在中间主轴颈表面,如图4-8所示,然后转动曲轴一周,表上指针的最大与最小读数之差,即为中间主轴颈对两端主轴颈的径向圆跳动误差。其误差如小于0.15mm时,可光磨曲轴主轴颈加以修正;当径向跳动度误差大于0.15mm时,应校正曲轴。

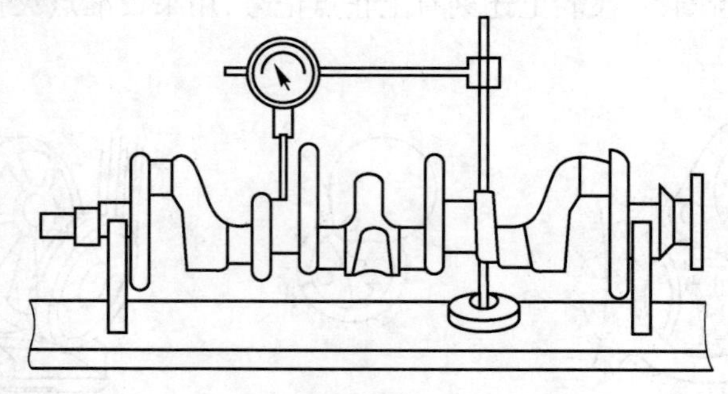

图4-8 曲轴弯曲的检测

(2)曲轴扭曲变形的检验。

曲轴扭曲变形的检验与弯曲检验一样,将曲轴两端主轴颈置于检验平板的V形铁块上,使曲轴两端同曲柄平面内的两个连杆轴颈位于水平位置,用百分表测量两轴颈最高点至平板的高度差ΔA,据此求得曲轴主轴线的扭曲角θ为:

$$\theta = \frac{360\Delta A}{2\pi R} = \frac{57\Delta A}{R}$$

式中:R——曲柄半径,mm。

曲轴扭曲变形的校正:曲轴扭曲变形量一般较小,可直接在曲轴磨床上结合对连杆轴颈磨削时予以修正。

注意:曲轴既有弯曲又有扭曲时,应先校正扭曲,后校正弯曲。

(3)曲轴裂纹的检验。

曲轴的裂纹一般出现在应力集中部位,通常在主轴颈或连杆轴颈与曲柄臂相连的过渡圆角处,表现为横向裂纹。也有在轴颈中的油孔附近出现沿轴向延伸的裂纹。

曲轴裂纹常用磁力探伤仪或浸油敲击法检验。用磁力探伤仪检查时,让磁力线通过被检查部位,如有裂纹,在裂纹处磁力线会偏散而形成磁极,撒在表面上的铁粉会被磁化并吸附在裂纹处,显示裂纹的位置和大小。用浸油敲击法检查是将曲轴置于煤油中浸一会,取出后擦净并撒上白粉,然后分段用小锤轻轻敲击非工作表面,如有油迹出现,说明该处有裂纹。

曲轴轴颈表面不允许有横向裂纹。对于轴向裂纹,其深度如在曲轴轴颈修理尺寸以内,可通过磨削曲轴消除,否则应予以报废。

(4)曲轴轴颈磨损的检验。

曲轴主轴颈和连杆轴颈的磨损是不均匀的,磨损部位有一定的规律性。主轴颈和连杆轴颈的径向磨损部位是相互对应的,即主轴颈的最大磨损部位是靠近连杆轴颈的一侧,连杆轴颈的最大磨损部位是靠近主轴颈的一侧。一般情况曲轴轴颈磨损后径向成不规则的椭圆形。

主轴颈的径向磨损主要受连杆、连杆轴颈和曲柄臂离心力的影响,致使靠近连杆轴颈一侧的轴颈表面磨损严重;连杆轴颈的径向磨损是由于作用在轴颈上的力沿径向分布不均所引起的,同时,连杆轴颈的负荷较大,润滑条件较差,所以连杆轴颈磨损比主轴颈磨损大。

另外,曲轴的主轴颈和连杆轴颈沿轴向方向也有不均匀磨损,连杆轴颈磨损严重。由于曲轴倾斜油道内的润滑油中杂质在曲轴旋转时的离心力作用下,偏积连杆轴颈一侧,致使连杆轴颈沿轴向磨损严重,形成锥形。

对曲轴进行轴颈磨损检验时,首先检查有无划痕、裂纹等明显缺陷,再检测曲轴有无变形,在没有上述缺陷的情况下,进行曲轴轴颈磨损的检验。

轴颈磨损检验的目的是确定曲轴是否需要磨修及磨修的修理尺寸大小。检验曲轴轴颈磨损量,是用外径千分尺测量主轴颈及连杆轴颈的圆度和圆柱度误差。测量时,用外径千分尺先在油孔两侧测量,然后在同一横断面旋转90°再测量,最大直径与最小直径之差的一半为圆度误差。在整个轴颈上测出磨损最小处的最大直径与磨损最大处的最小直径,它们差值的一半为圆柱度误差。当曲轴主轴颈与连杆轴颈的圆度或圆柱度误差大于0.025mm时,应按规定的修理尺寸进行修磨。

3. 曲轴的修理

曲轴的弯扭变形超过一定限度时,应进行校正。通常的校正方法有冷压校正、火焰校正和表面敲击校正。曲轴弯曲采用冷压校正时,将曲轴两端主轴颈置于V形块上,用油压机沿曲轴弯曲相反方向加压,在压头与主轴颈间垫以铜皮,如图4-9所示。由于钢质曲轴的弹性作用,压弯量应为曲轴弯曲量的10~15倍,保持2~4min后即可基本校直。如果弯曲量较大,校正应分多次进行,以防曲轴折断,对球墨铸铁曲轴应特别注意这一点。为减小弹性后

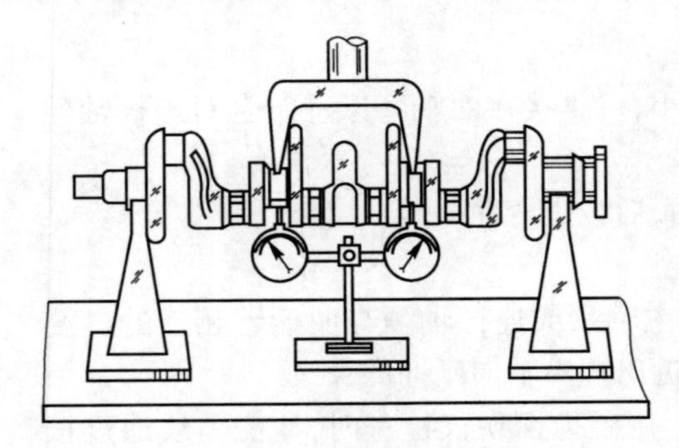
图 4-9　曲轴弯曲冷压校正

效作用,校正后的曲轴应进行人工时效处理:将校直的曲轴加热到 573 ~ 773K,保温 0.5 ~ 1h,以消除冷压时的内应力。

火焰校正是利用气焊炬对变形工件弯曲凸起处的一点或几点迅速局部加热和急剧局部冷却,靠冷缩应力得到校正。

表面敲击校正是通过敲击曲柄表面,使其发生变形,从而改变曲轴轴线的位置而得到校正。

曲轴若发生轻微的扭曲变形,可直接在曲轴磨床上结合连杆轴颈磨削进行修正。扭曲变形严重时,可采用液压校正仪校正。

二　任务实施——曲轴弯曲变形的检测

1. 准备工作

(1)参考本学习任务相关知识,理解曲轴弯曲、扭转变形检测的基本原理。

(2)将磁性表架、百分表、曲轴、V 形块等放置到检测平台上。

2. 实训注意事项

(1)往检测平台上放置零件、量具时要轻拿轻放,以免损坏。

(2)曲轴不能随意放置,应放在专用支架上。

3. 操作步骤

(1)将曲轴两端主轴颈分别放置到 V 形块上。

(2)将百分表触头垂直地抵在中间主轴颈上。

(3)慢慢转动曲轴一圈,百分表指针所指示的最大读数与最小读数之差的一半即为曲轴的弯曲变形值。

(4)整理工具、恢复及清洁工位。

三　评价与反馈

1. 自我评价及反馈

(1)通过本学习任务的学习,你是否已经知道如下问题:

①曲轴飞轮组由哪些零件构成?

____

____

②四冲程直列四缸发动机的做功顺序有哪两种?

____

____

(2)实训过程完成情况如何?

____

____

(3)通过本任务的学习,你认为自己的知识和技能还有哪些欠缺?

____

____

签名:__________　________年____月____日

2. 小组评价与反馈

小组评价与反馈见表4-4。

小组评价与反馈表　　表4-4

序号	评价项目	评价情况
1	着装是否符合要求	
2	是否能合理规范地使用仪器和设备	
3	是否按照安全和规范的流程操作	
4	是否遵守学习、实训场地的规章制度	
5	是否能保持学习、实训场地整洁	
6	团结协作情况	

参与评价的同学签名:__________　________年____月____日

3. 教师评价与反馈

____

____

____

签名:__________　________年____月____日

四　技能考核标准

技能考核标准见表4-5。

技能考核标准表　　表4-5

项目	操作内容	规定分	评分标准	得分
曲轴弯曲变形的检测	将曲轴两端主轴颈放置到V形块上	20分	放置正确得20分	
	将百分表触头垂直地抵在中间主轴颈上	20分	百分表垂直主轴颈放置正确得20分	
	慢慢转动曲轴一圈,记录并计算结果	40分	转动一圈,并且动作缓慢得10分; 记录结果正确得15分; 计算结果正确得15分	
	工具整理、工位清扫	20分	认真完成得20分	
总分		100分		

项目三　柴油发动机配气机构的检修

学习任务5　气门间隙的检查与调整

学习目标

1. 了解配气机构的作用、组成、工作原理、分类、零件和组件；
2. 了解配气机构的气门间隙和配气相位；
3. 掌握配气机构的气门间隙的检查与调整方法。

任务导入

现有一发动机怠速运转时，发出连续不断的、有节奏的“嗒、嗒”异响声；继续踩下油门踏板使转速升高时，响声也随之升高；对发动机进行断火试验后，响声不变化。

经维修技师检查，异响部位在发动机的汽缸盖，可能是气门脚异响，需对汽缸盖及配气机构进行检修。

一　理论知识准备

（一）配气机构的功用、组成及工作原理

1. 配气机构的功用

配气机构是进、排气管道的控制机构，它按照汽缸工作顺序和工作过程的要求，准时地开闭进、排气门，向汽缸供给新鲜空气并及时排出废气；当进、排气门均关闭时，保证汽缸的封闭性。

配气机构首先要保证进气充分，进气量尽可能多，同时，废气要排除干净，因为汽缸内残留的废气越多，进气量将会越少。其次，配气机构的运动件应该具有较小的质量和较大的刚度，以使配气机构具有良好的动力特性。

2. 配气机构的总体组成

发动机配气机构基本可分成两部分：气门组和气门传动组，如图5-1所示。

气门组是用来封闭进、排气道，主要零件包括气门、气门座、气门弹簧和气门导管等。

气门传动组是从正时齿轮开始至推动气门动作的所有零件，作用是使气门定时开启和关闭，它的组成视配气机构的形式不同而异，主要零件包括正时齿轮（正时链轮和链条或正

时带轮和正时带)、凸轮轴、挺杆、推杆、摇臂轴和摇臂等。

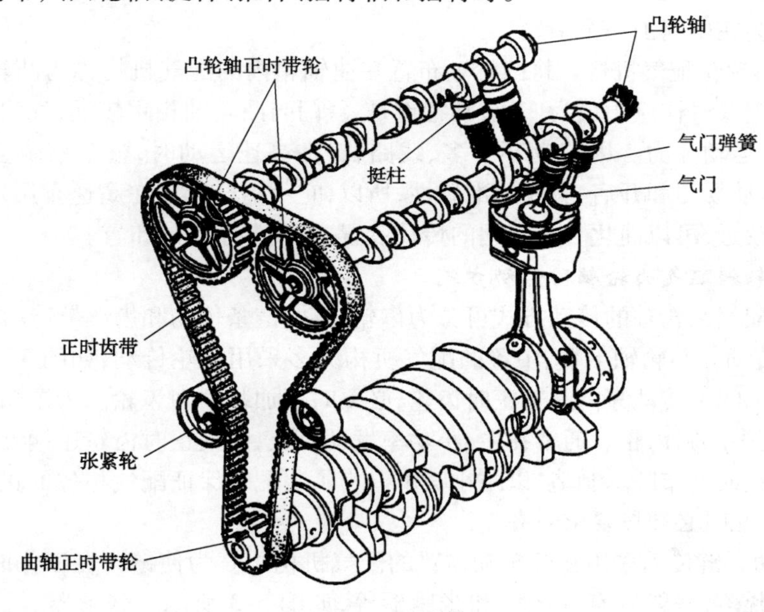

图 5-1 配气机构

3. 配气机构工作原理

气门打开。需要气门打开换气时,由曲轴通过正时齿轮驱动凸轮轴旋转,使凸轮的凸起部分顶起挺柱、推杆、气门间隙调整螺钉,推动摇臂的短臂摆转,使摇臂的长臂一端推开气门,同时进一步压缩弹簧。

气门关闭。当凸轮凸起部分的最高点转过挺柱接触面以后,推杆回落,摇臂的长臂一端向上摆转,气门受到弹簧的张力作用,开度逐渐减小,直至关闭落座。

四冲程发动机每完成一个工作循环,各缸的进、排气门需要各开、闭一次,即需要凸轮轴转过一圈,而曲轴需要转过两圈。曲轴转速与凸轮轴转速之比(传动比)为2:1。

(二)配气机构的分类

1. 根据气门的位置

根据气门的位置可分为气门顶置式配气机构和气门侧置式配气机构两种。

2. 根据凸轮轴布置位置

按凸轮轴布置位置分,有顶置凸轮轴、中置凸轮轴和下置凸轮轴三种。

(1)顶置凸轮轴配气机构参见图 5-1,它将凸轮轴直接布置在汽缸盖上,直接通过摇臂或凸轮来推动气门的开启和关闭。这种传动机构没有推杆等运动件,通过同步齿形带或链条传动,系统往复运动构件的质量大大减小,非常适合现代的高速发动机。但由于凸轮轴离曲轴中心线更远,因此,正时传动机构更为复杂,而且拆装汽缸盖也比较困难,汽缸颈较小的柴油机的凸轮轴上置时给安装喷油器也带来困难。

(2)中置凸轮轴配气机构。为了减小气门传动机构的往复运动惯性力,某些高速发动机将凸轮轴位置移至汽缸体上部,由凸轮轴经过挺柱直接驱动摇臂,而省去推杆,这种结构称为凸轮轴中置式配气机构。此结构凸轮轴的中心线距离曲轴中心线较远时,若用一对齿轮来传动,齿轮的直径就会过大,这不但会影响发动机的外形尺寸,并会使齿轮的圆周速度过大,因此,一般会在中间加一个惰轮。

(3)下置凸轮轴配气机构。将凸轮轴布置在曲轴箱内的配气机构称为凸轮轴下置式配气机构。这种配气机构应用最为广泛,其特点是,气门与凸轮轴相距较远,气门是通过挺柱、推杆、摇臂传递运动和力。因传动环节多、线路长,在高速运动时,整个系统会产生弹性变形,影响气门运动规律和开启、关闭的准确性,所以,它不适合应用在高速车用发动机。但因凸轮轴离曲轴较近,可以简化二者之间的传动装置,有利于整体的布置。

3. 根据曲轴和配气凸轮轴的传动方式

按曲轴和配气凸轮轴的传动方式可分为齿轮传动、链条传动和齿形带传动三种。

(1)齿轮传动。凸轮轴下置、中置的配气机构大多采用齿轮传动,如图 5-2 所示。一般从曲轴到凸轮轴间的传动只需一对正时齿轮,必要时可加装中间齿轮。为了啮合平稳,减小噪声,正时齿轮多用斜齿轮。通常在中、小功率发动机上,曲轴正时齿轮用钢制造,凸轮轴正时齿轮则用铸铁或夹布胶木制造,以减小噪声。为了装配时保证配气相位的正确,齿轮上都有正时记号,装配时必须按要求对齐。

(2)链传动。链传动多用在凸轮轴顶置的配气机构中。为使链条在工作时具有一定的张力而不至于脱落,一般装有导链板和张紧器等,如图 5-3 所示。张紧器有机械式和液压式,液压式利用液压腔内的机油压力推动内部活塞向外移动,使张紧轮压紧链条。这种传动的优点是布置容易,若传动距离较远时,还可用两级链传动。缺点是传统的链传动结构质量及噪声较大,链的可靠性和耐久性不易得到保证。

(3)齿形带传动。现代高速发动机配气机构中广泛采用齿形带传动(图 5-1),齿形带又称同步带、齿形带、齿带、正时带。同步齿形带用氯丁橡胶制成,中间夹有玻璃纤维和尼龙织物,以增加强度。同步齿形带的张力可以由张紧轮进行调整。这种传动方式可以减小噪声,减少结构质量和降低成本。

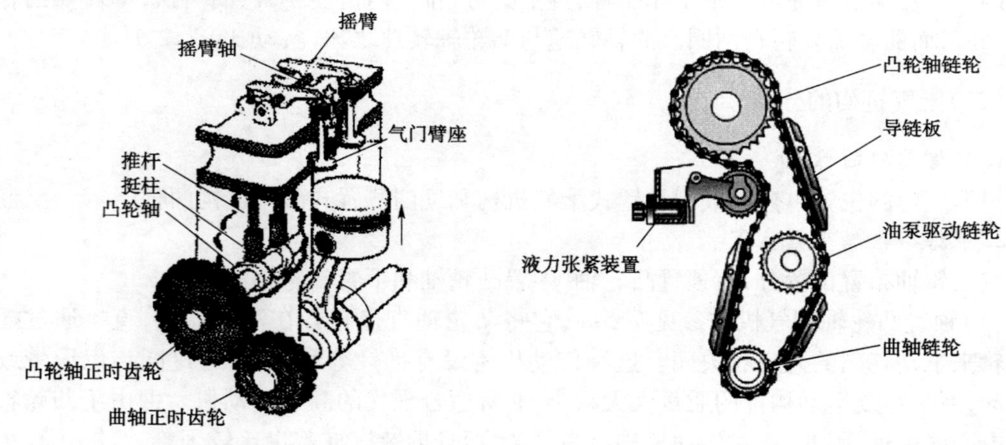

图 5-2　凸轮轴的齿轮传动　　图 5-3　凸轮轴的链传动

4. 根据每缸气门的数目

按每个汽缸的气门数可分为双气门式、三气门式(两进一排)、四气门式(两进两排)和五气门式(三进两排)等。

（三）气门间隙

所谓气门间隙是指发动机在冷状态时，在气门传动机构中，留有一定的间隙。以补偿气门及传动机构受热后的膨胀量，如图 5-4 所示。

发动机工作时，气门将因温度升高而膨胀。如果气门及其传动件之间，在冷态时无间隙或间隙过小，则在热态下，气门及其传动件的受热膨胀势会将气门自动顶开引起气门关闭不严，造成发动机在压缩和做功行程中的漏气，而使功率下降，严重时使发动机甚至不易起动。为消除上述现象，通常在发动机冷态装配时，在气门与其传动机构中，留有适当的间隙，以补偿气门受热后的膨胀量。

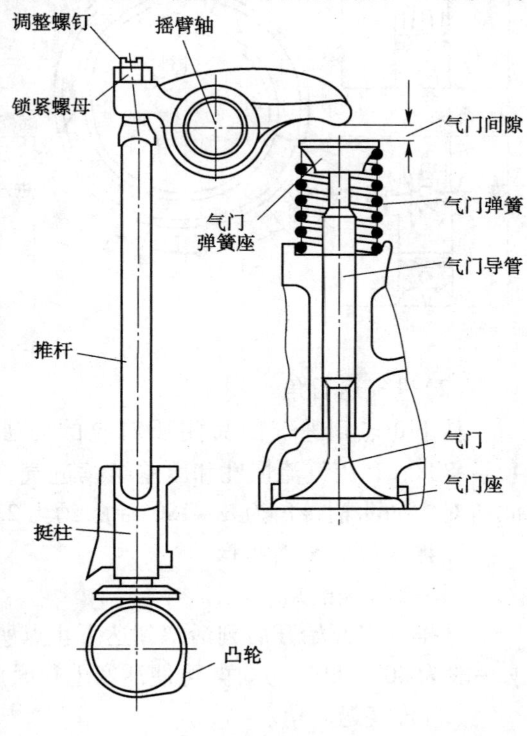

图 5-4　气门间隙

气门间隙的大小由发动机制造厂根据试验确定。如果气门间隙过小，发动机在热态下可能关闭不严而发生漏气，导致功率下降，甚至烧坏气门。如果气门间隙过大，则使传动零件之间以及气门与气门座之间撞击声增大，并加速磨损。同时，也会使气门开启的延续角度变小、汽缸的充气及排气情况变坏。发动机工作中，由于气门、驱动机构及传动机构零件磨损，会导致气门间隙产生变化，因此设有气门间隙调整螺钉或调整垫片等气门间隙调整装置，应注意检查调整。现代高级轿车多采用了液压挺柱，则无须调整气门间隙。

（四）配气相位

气门从开始开启到最后关闭的曲轴转角，称配气相位，通常用配气相位图表示，如图 5-5 所示。如果设计四冲程发动机的进气门在当曲拐处在上止点时开启，在曲拐转到下止点时关闭，排气门则在当曲拐在下止点时开启，在上止点时关闭。进气时间和排气时间各占 180°曲轴转角，但是实际上由于发动机转速很高，活塞每一行程时间很短（0. 005s/5600r/min），在这样短促的时间内换气，势必造成进气不足和排气不净，影响发动机功率。另外，气门开启也需要一个过程。因此，现代发动机气门的开启和关闭时刻不是活塞处在上、下止点的时刻，而是提前开启、延迟关闭一定的曲轴转角，即气门“早开晚闭”，从而改善进、排气状况，提高发动机功率。

1. 进气门的配气相位

（1）进气提前角。

从进气门开始开启到活塞到达上止点所对应的曲轴转角称为进气提前角，用 α 表示，α 一般为 10°～30°。进气门早开能使新鲜空气多一些进入汽缸。

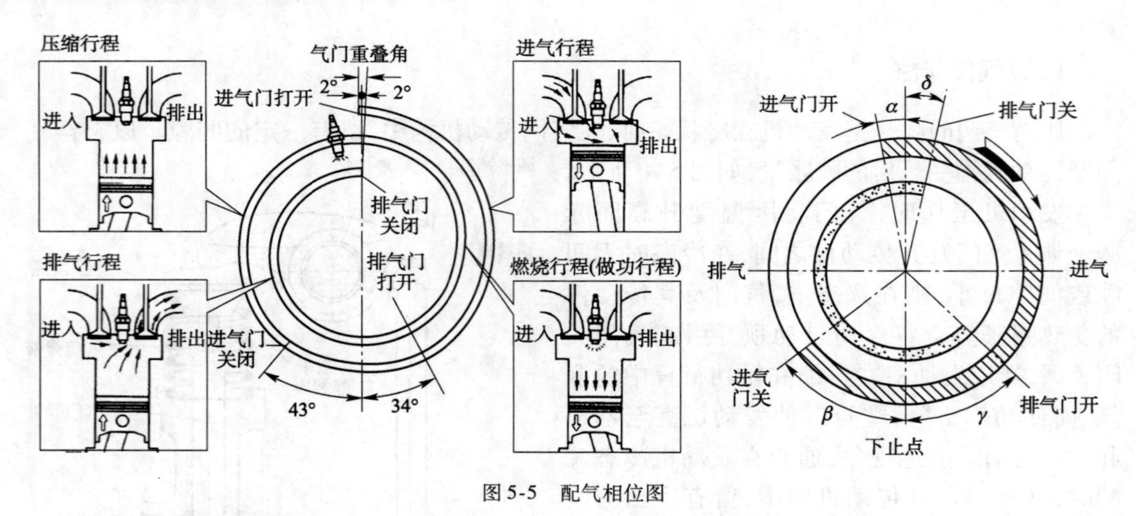

图 5-5　配气相位图

(2)进气迟后角。

从下止点到进气门关闭所对应的曲轴转角称为进气迟后角,用 β 来表示,β 一般为 40°～80°。利用气流惯性和压差继续进气,有利于充气。进气持续角即进气门实际开启时间所对应的曲轴转角为 $\alpha+180°+\beta$,约为 230°～290°。

2. 排气门的配气相位

(1)排气提前角。

从排气门开始开启到活塞到达下止点所对应的曲轴转角称为排气提前角,用 γ 来表示,γ 一般为 40°～80°。这样,可使活塞上行时所消耗的功率大为减小,防止发动机过热。

(2)排气迟后角。

从上止点到排气门关闭所对应的曲轴转角称排气迟后角,用 δ 来表示,δ 一般为 10°～30°。利用气流的惯性和压差可以把废气排放得更干净。排气持续角即排气门实际开启时间所对应的曲轴转角为 $\gamma+180°+\delta$,约为 230°～290°。注意不同发动机的配气相位是不同的。

3. 气门重叠角

由于进、排气门的早开和迟闭,就会有一段时间内进、排气门同时开启的现象,这种现象称为气门重叠,重叠的曲轴转角称为气门重叠角。适当的气门重叠角,可以利用气流压差和惯性清除残余废气,增加新鲜充量,称此为燃烧室扫气。非增压发动机气门重叠角一般为 20°～80°,增压发动机一般为 80°～160°,所以增压发动机可以有效提高充气量。发动机的结构不同,转速不同,配气相位也就不同,最佳的配气相位角是根据发动机性能要求,通过反复试验确定的。

在使用中,由于配气机构零部件磨损、变形或安装调整不当,会使配气相位产生变化,应定期进行检查调整。

(五)气门间隙的检查调整方法

在汽车的维护与修理中,发动机气门间隙的检查与调整是一项重要的作业内容。发动机工作过程中,由于配气机构零件的磨损或松动,或是气门在工作时因温度升高而膨胀都会导致原有气门间隙发生变化。除了采用液力挺柱式(其液力挺柱的长度能通过油压进行自动调整，可随时补偿气门的热膨胀量）气门机构的发动机不需要调整气门间隙以外，其他发动机一般在行驶一万公里左右进行二级维护时，应检查和调整气门间隙，使之符合技术要求。

1. 气门间隙调整的目的

气门间隙的大小对发动机各方面的性能影响极大：间隙过小，发动机在热态下由于气门杆膨胀可能会造成气门漏气，导致功率下降，甚至烧坏气门；间隙过大，传动零件之间以及气门与气门座之间容易产生冲撞，同时使气门开启的持续时间减少，进气和排气不充分，也会直接影响发动机的正常工作。因此，为了保证发动机的正常工作，必须调整好气门间隙。

2. 气门间隙调整的注意事项

气门间隙必须在该气门处于完全关闭的状态下才能进行调整。这点非常关键，否则气门间隙调整是不准确的。不同的汽车生产厂家对气门间隙的调整一般都有具体的规定和不同的技术要求，如是否在冷态或热态下调整、调整的间隙值应为多大等。

3. 两次检调法

气门间隙的两次检调法有如下步骤。

（1）从汽缸盖罩上拆下曲轴箱通风软管，拆下汽缸盖罩。

（2）从离合器外壳上拆下点火正时检查窗橡皮塞。

（3）拆下分电器盖。

（4）顺时针方向转动曲轴（从发动机前端看），当分火头将要指向分电器盖第一缸高压线位置时，再慢转曲轴，使飞轮上的冲印标记直线与离合器外壳上的直线标记对齐，如图5-6所示，此即第一缸压缩行程上止点位置。如发动机无分电器，观察第一缸进气门完全关闭时，即是第一缸压缩上止点附近，也可以进行调整。

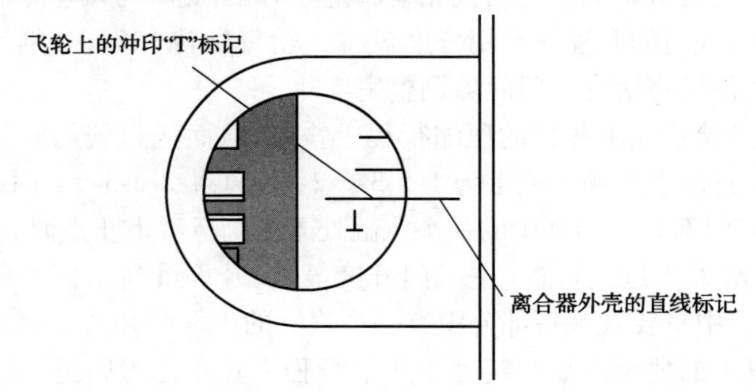

图5-6　对标记，使第一缸处在压缩行程上止点位置

（5）将气门编号，以四缸发动机为例，点火顺序为1-3-4-2，如若将气门按如图5-7所示的顺序编号，则此时可检调气门1、2、5和7的气门间隙，即第一缸进、排气门均可调，第二缸可检调进气门，第三缸可检调排气门（如是六缸机，点火顺序为1-5-3-6-2-4，按气门顺序则可检调1、2、4、5、8、9气门间隙）。

（6）旋转曲轴360°，未调的气门3、4、6和8这时均可检调，即第二缸可检调排气门，第三缸可检调进气门，第四缸进、排气门均可检调（六缸机检调3、6、7、10、11、12气门间隙）。

（7）气门间隙检查，用规定厚度的塞尺片塞入气门间隙中，拉动时应有一定的阻力，如图5-8所示。

（8）经检查如气门间隙不符合规定，则应进行调整。调整时，应先用扳手松开锁紧螺母，再利用旋具调整螺钉。旋入调整螺钉时,气门间隙减小;反之,旋出调整螺钉时,气门间隙增大。气门间隙值调整至规定值后,应一面用旋具固定住调整螺钉,一面将锁紧螺母以15~19N·m的拧紧力矩拧紧。

图5-7　气门编号

图5-8　气门间隙的检查

(9)用塞尺复查气门间隙值,如不合格,应重新进行调整。

(10)装上汽缸盖罩,并按规定力矩拧紧其固定螺栓,再装上曲轴箱通风软管和分电器盖。

4. 逐缸调整法

逐缸调整法只要求将所需调整的各缸摇转到该缸压缩行程上止点(此时进、排气门完全处于关闭状态)即可对该缸气门间隙进行调整。这种方法要求找到各缸压缩行程上止点,并记住各种车型发动机的做功次序(汽油机是点火次序,而柴油机为喷油次序)。例如点火次序为1-2-4-3的汽油机在具体调整时,先将曲轴摇转到第一缸活塞处于压缩行程上止点位置,使正时皮带轮与正时带轮罩或发动机壳上的记号对正,此时可调整第一缸的进、排气门,然后可通过观察各缸气门的升程或利用分度盘将飞轮每旋转120°,分别使各缸活塞处于压缩行程上止点位置,便可将所有气门间隙调整完毕。

有时还可使用经验法找出各缸的压缩行程上止点,从而进行气门间隙调整。例如直列式六缸汽油发动机,它的点火顺序通常为1-5-3-6-2-4或1-4-2-6-3-5。因此可将发动机分为1、2、3缸和4、5、6缸两部分。当其中的一个汽缸处于压缩行程上止点时,该部分里的另外两个汽缸必有一个汽缸处于进气行程(进气门开度最大、升程最高),而另一汽缸处于排气行程。在摇转曲轴过程中只要发现每部分中有一个汽缸的进气门和另一个汽缸的排气门同时升至最高点时,则剩下的那个汽缸必定处于压缩行程上止点位置附近,此时该缸进、排气门均可调整。例如东风EQ1090发动机其点火次序为1-5-3-6-2-4,若要对第2缸的气门进行调整,此时可转动曲轴,当第1缸的进气门和第3缸的排气门同时打开到最大时,则表明第2缸处于压缩行程上止点位置附近,则可调整该缸的气门间隙。

由此可见,对于多缸发动机而言,用逐缸调整法时需摇转曲轴数次,总的时间花费较多。但对于只需调整发动机一个缸的气门间隙此种方法则最为简捷,而对于磨损较严重的发动机用此法调整气门间隙较为准确。

5.“双排不进”调整法

逐缸调整法需多次旋转曲轴,工效较低。两次调整法,要对多种型号不同的发动机进行记忆,容易忘记,尤其是目前车型种类越来越多,原有的这些老方法显得不适用了,现有一种调整气门间隙的新方法——“双排不进”调整法,其方法简单,不用死记硬背,不易忘记,适用于各种型号的发动机的调整。

（1）“双排不进”调整法的基本原理。

该调整法的基本原理可用虚拟分电盘图示法来描述，图5-9为6缸发动机的虚拟分电盘示意图，图中小圆周围均布的数字1、5、3、6、2、4为发动机的缸号（按发动机的点火顺序填写），大圆外的箭头表示分火头的旋转方向。图的左、右两侧以一条直线对称区分。根据此图，可将发动机各气门的调整分为4种情况：当第1缸处于压缩行程上止点时，直线上方的缸号（即第1缸）的进、排气门均可调，记为“双”；直线右侧的缸号（即第5、3缸）的排气门可调，记为“排”；直线下方的缸号（即第6缸）的进、排气门都不可调，记为“不”；直线左侧的缸号（即2、4缸）的进气门可调，记为“进”。按顺时针排列，就得到了“双排不进”的调整规律。同理，当第6缸处于压缩行程上止点时，从第6缸开始计算，按箭头方向，第6缸进、排气门均可调，记为“双”；直线左侧的缸号（即第4、2缸）的排气门可调，记为“排”；其余汽缸的可调气门，同样可按“双排不进”的规律找出来，见表5-1。

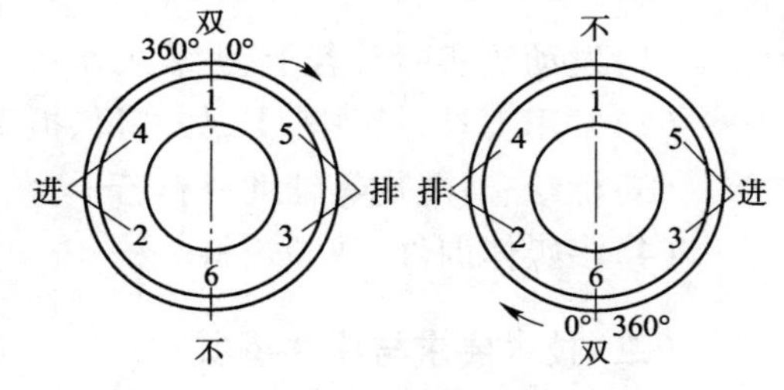

图5-9　6缸发动机虚拟分电盘示意图

6缸发动机可调气门排列表　　　　表5-1

第一遍时汽缸调整顺序	1	5	3	6	2	4
第二遍时汽缸调整顺序	6	2	4	1	5	3
第一遍（一缸在压缩上止点）	双	排		不	进	
第二遍（六缸在压缩上止点）	双	排		不	进	

（2）“双排不进”调整法的应用。

根据上述原理，不管什么型号的多缸发动机，不论其缸数为多少，都可按上述方法，画出一个虚拟分电盘示意图，然后按“双排不进”规律对该发动机的气门同隙进行调整。如常见的4缸发动机，可用图5-10表示。

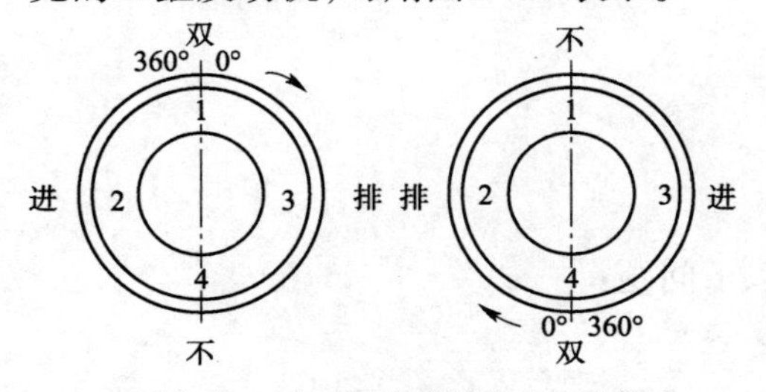

图5-10　4缸发动机虚拟分电盘示意图

对于缸数为奇数的发动机，只要在与第1缸缸号对称的位置上虚设一个为“0”的缸号（实际上是不存在的）就可以了，如图5-11为5缸发动机虚拟分电盘示意图；图5-12为3缸发动机虚拟分电盘示意图。另外，对于多缸柴油机来讲，也可以虚拟一个分电盘示意图，同样可按“双排不进”的方法进行气门间隙调整。

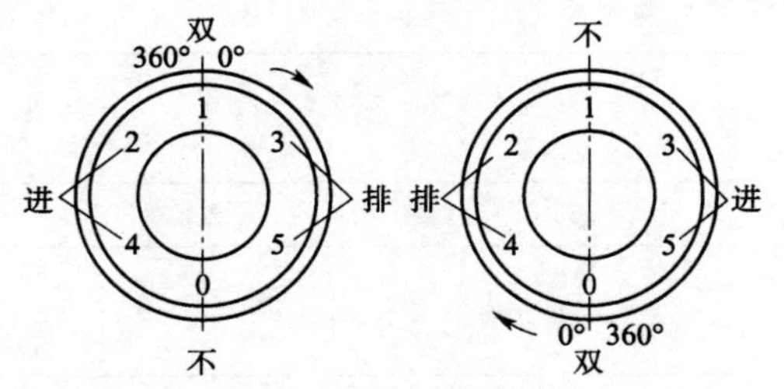

图5-11　5缸发动机虚拟分电盘示意图

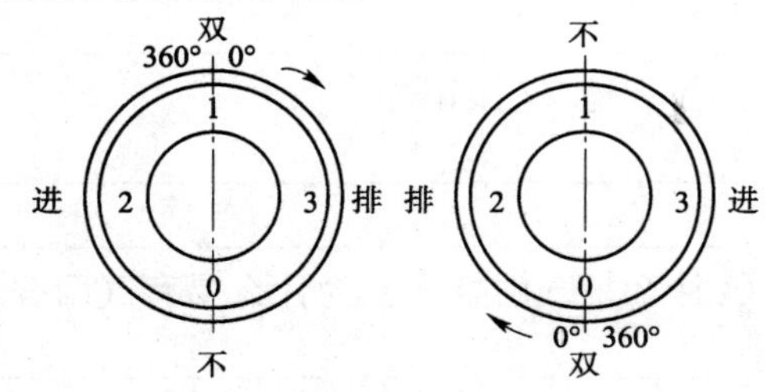

图5-12　3缸发动机虚拟分电器示意图

二 任务实施

(一)准备工作

(1)发动机实验台若干、拆装工作台、零件架。
(2)常用工具、量具若干,如塞尺、扳手、螺丝刀等工具、维修手册。
(3)棉纱、清洗剂等辅助材料若干。
(4)多媒体课件、视频资料。

(二)技术要求与注意事项

检查和调整气门间隙必须在气门关闭的状态下进行。四缸发动机八个气门分两次可以调完,俗称两次调整法。调整时,先按逐缸调时确定上止点的方法,使第一缸活塞处于压缩上止点,调整1、2、3、6四个气门的间隙。注意1、3是进气门,2、6是排气门,选用塞规片厚度时不要弄错。调好后,将曲轴旋转一圈,调整4、5、7、8四个气门(4、8是排气门,5、7是进气门)。调好后,摇转曲轴一圈,复查1、2、3、6四个气门的间隙,如有不正确的,重新调整。再摇转曲轴一圈,复查4、5、7、8四个气门的间隙。

(三)操作步骤

(1)拆下气门罩盖。
(2)转动飞轮,使其上的上止点刻线对正散热器上的刻线,使活塞处于压缩位置。
(3)用规定间隙的塞尺塞入气门杆和摇臂之间,能轻轻抽动塞尺且略有阻滞感。
(4)如不符合,松开锁紧螺母,用螺丝刀旋动调整螺钉调整到规定数值。
(5)紧固锁紧螺母。
(6)抽出塞尺,转动飞轮,再复查一次。

三 评价与反馈

1. 自我评价

(1)通过本学习任务的学习,你是否已经知道以下问题:
①简述配气机构的组成。

____

____

②什么是气门间隙?

____

____

③什么是气门叠开?为什么要有气门叠开?

____

____

④什么是配气相位？

____

____

(2)实训过程完成情况如何？

____

____

(3)通过本学习任务的学习，你认为自己的知识和技能还有哪些欠缺？

____

____

签名:____________ ________年____月____日

2. 小组评价与反馈

小组评价与反馈见表5-2。

小组评价与反馈表 表5-2

序号	评价项目	评价情况
1	着装是否符合要求	
2	是否能合理规范地使用仪器和设备	
3	是否按照安全和规范的流程操作	
4	是否遵守学习、实习场地的规章制度	
5	是否能保持学习、实习场地整洁	
6	团结协作情况	

参与评价的同学签名:____________ ________年____月____日

3. 教师评价与反馈

____

____

____

签名:____________ ________年____月____日

四 技能考核标准

技能考核标准见表5-3。

技能考核标准表 表5-3

项目	操作内容	规定分	评分标准	得分
发动机配气相位检查与调整	着装规范，作业前整理工位并检查工具是否齐全	10分	酌情扣分	
	正确使用工具、仪器及使用前后的清洁	10分	工具使用错误、未清洁、工具零件落地酌情扣分	
	检查配气正时	20分	曲轴、凸轮轴正时各10分	

续上表

项目	操作内容	规定分	评分标准	得分
发动机配气相位检查与调整	找出1缸压缩上止点	15分	操作方法不正确扣10分；操作不熟练扣5分	
	用塞尺测量并调整可调气门间隙	20分	选择气门不正确每处扣2分；测量结果不正确每处扣2分	
	转动曲轴360°，检查并调整剩余气门的间隙	10分	操作方法不正确每处扣1分；操作结果不正确每处扣1分	
	对所有气门间隙进行复检	5分	检查方法不正确每处扣1分；未做该项不得分	
	遵守安全操作规程，整理工具、清理现场	5分	每项扣2分，扣完为止	
	按时完成	5分	未按规定时间完成该项不得分	
	安全用电，防火，无人身、设备事故		因违规操作发生重大人身和设备事故，此题按0分计	
总分		100分		

学习任务6　气门组零件的检修

学习目标

1. 了解发动机气门组的组成；
2. 掌握发动机气门组的拆装步骤。

任务导入

客户反映某车发动机工作时异响，经维修技师检查，故障现象为：怠速时，汽缸盖罩内发出有节奏的“嗒、嗒”的响声；发动机转速升高，响声增大；发动机温度变化或做断火试验，响声不变。

经维修技师初步诊断，确定为气门脚响。该故障可能由如下原因产生：气门间隙调整不当；气门杆尾端与气门间隙调整螺钉磨损；气门间隙调整螺钉的锁紧螺母松动；凸轮磨损或摇臂圆弧工作面磨损。

一　理论知识准备

（一）气门组零件的组成

配气机构主要组件由气门组件、凸轮轴组件、凸轮轴传动机构和气门驱动机构组成。

气门组件由气门、气门座、气门导管、油封、气门弹簧、气门锁夹等零件组成,如图6-1所示。

(二)气门组各零部件的结构

1. 气门

气门分为进气门与排气门两种,其作用是密封进、排气道。

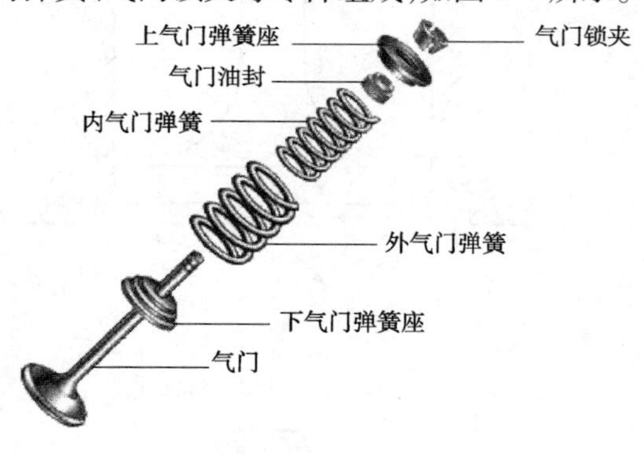

图6-1 气门组的基本组成

气门由头部、杆身和带密封锥面的气门盘组成,如图6-2所示。头部用来封闭进、排气道,杆身用来在气门开闭过程中起导向作用。气门头部与具有腐蚀介质的高温燃气接触,并在关闭时承受很大的落座冲击力。气门杆身润滑困难,处于半干摩擦状态下工作。由于气门的工作条件很差,要求气门材料必须有足够的强度、刚度、耐高温、耐腐蚀和耐磨损。进气门一般采用中碳合金钢,排气门多采用耐热合金钢。

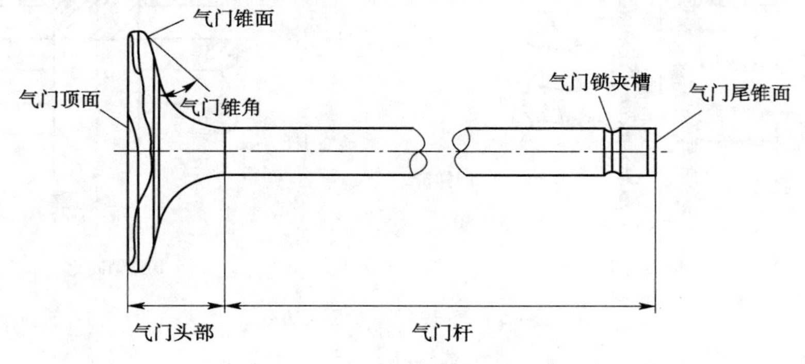

图6-2 气门结构

如图6-3所示,气门头有一密封锥面 b,它与气门座密封锥面配合,起到密封气道的作用。气门密封锥面与顶平面之间的夹角 α 称为气门锥角,其锥角 α 一般为45°,有些车为了增大气流的流通面积,使进气充分,将进气门锥角做成30°。工作中,由于气门与气门座之间的撞击及高温气体作用,使密封锥面容易产生磨损和凹陷,应注意修磨或更换。多数发动机的进气门的头部直径比排气门的大。气门头的边缘厚度 a 一般为1~3mm,以减少工作中由于气门与气门座之间的冲击损坏或高温气体烧蚀。

为保证良好密合,装配前应将气门头与气门座的密封锥面互相研磨,使其接触时不漏气。研配好的气门不能互换。

气门头顶面的形状有平顶、凹顶和凸顶(图6-4)。凹顶适合做进气门,不宜做排气门,凸顶适合于排气门;平顶结构简单,制造方便,吸热面积小,质量也小,应用最多。

气门杆与气门导管配合,气门杆为圆柱形,气门开、闭过程中,气门杆在气门导管中上、下往复运动,因此,要求气门杆与气门导管有一定的配合精度和耐磨性,气门杆表面须经过热处理和磨光。气门杆与弹簧连接有两种方式。一种是锁夹式[图6-5a)],在气门杆端部的沟槽上装有两个半圆形锥形锁夹,弹簧座紧压锁夹,使其紧箍在气门杆端部,从而使弹簧座、锁夹与气门连接成一整体,与气门一起运动;另一种是以锁销代替锁夹[图6-5b)],在气门杆端有一个用来安装锁销的径向孔,通过锁销进行连接。

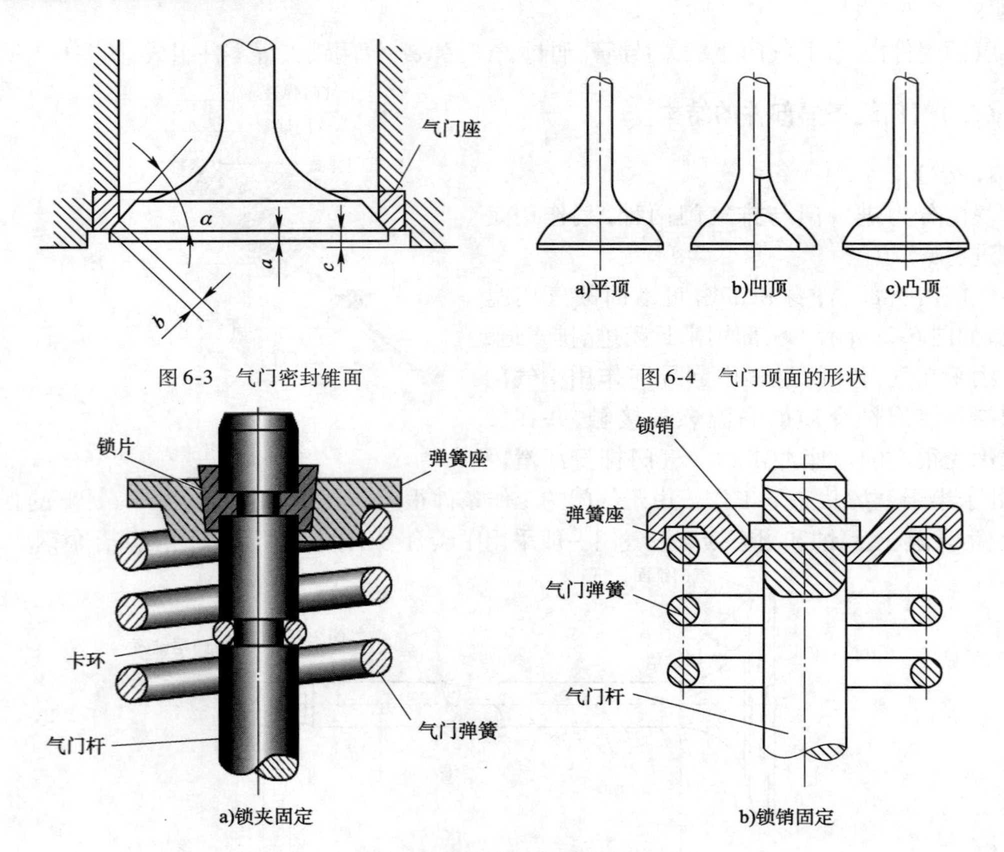

图6-3　气门密封锥面　　图6-4　气门顶面的形状

图6-5　气门弹簧座的固定方式

2. 气门座

汽缸盖的进、排气道与气门锥面相贴合的部位称为气门座。它与气门锥面紧密贴合以密封汽缸，同时接收气门头部传来的热量，起到对气门散热的作用。气门座可在汽缸盖上直接镗出，但大多数发动机的气门座是用耐热合金钢单独制成座圈，称气门座圈，压入汽缸盖（体）中，以提高使用寿命和便于维修更换，缺点是导热性差，如与汽缸盖上的座孔配合过盈量选择不当，工作时座圈可能脱落，造成重大事故。

气门座的锥角由三部分组成（图6-6），其中45°（30°）的锥面与气门密封锥面贴合。要求密封锥面的贴合宽度 b 为1～3mm，以保证一定的座合压力，使密封可靠，同时又有一定的导热面积。

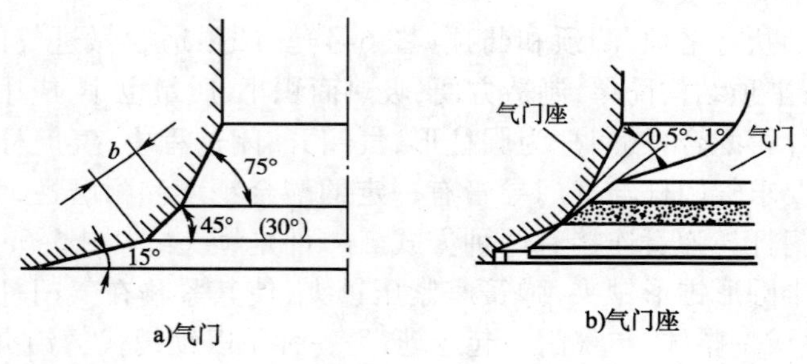

图6-6　气门座锥角与密封干涉角

有些发动机的气门锥角比气门座锥角小0.5°~1°,该角称为密封干涉角。密封干涉角有利于磨合期加速磨合。磨合期结束,干涉角逐渐消失,恢复了全锥面接触。

3. 气门导管和油封

气门导管的作用是在气门做往复直线运动时进行导向,以保证气门与气门座之间的正确配合与开闭,如图6-7所示。另外,气门导管还在气门杆与汽缸盖之间起导热作用。气门导管多用灰铸铁、球墨铸铁或粉末冶金制成。当凸轮直接作用于气门杆端时,承受侧向作用力。气门导管与汽缸盖上的气门导管孔为过盈配合,气门导管内、外圆柱面经加工后压入汽缸盖中,然后精铰内孔。为防止气门导管在工作中松落,有的采用卡环定位。

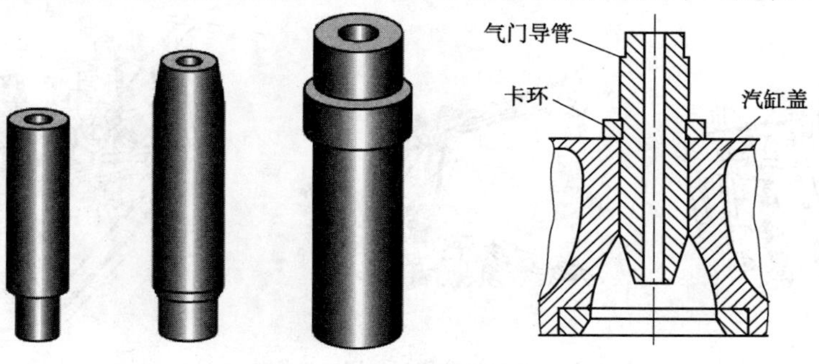

图6-7　气门导管

气门与气门导管间留有0.05~0.12mm的微量间隙,使气门能在导管中自由运动,适量的由配气机构飞溅出来的润滑油由此间隙对气门杆和气门导管进行润滑。该间隙过小,会导致气门杆受热膨胀与气门导管卡死;间隙过大,会使润滑油进入燃烧室燃烧,产生积炭,加剧活塞、汽缸和气门磨损,增加润滑油消耗,同时造成排气冒蓝烟。为了防止过多的润滑油进入燃烧室,很多发动机在气门导管上安装有橡胶油封。

4. 气门弹簧

气门弹簧的作用是保证气门复位。在气门关闭时,保证气门及时关闭和紧密贴合,同时防止气门在发动机振动时因跳动而破坏密封;在气门开启时,保证气门不因运动惯性而脱离凸轮。气门弹簧多为圆柱形螺旋弹簧,发动机装一根气门弹簧时,可采用变螺距弹簧(图6-8),以防止共振。现在有些车装两根弹簧(图6-9),弹簧内、外直径不同,旋向不同,它们同心安装在气门导管的外面,不仅可以提高弹簧的工作可靠性,防止共振的产生,还可以降低发动机的高度,而且当一根弹簧折断时,另一根还能继续维持工作,不致使气门落入汽缸中。

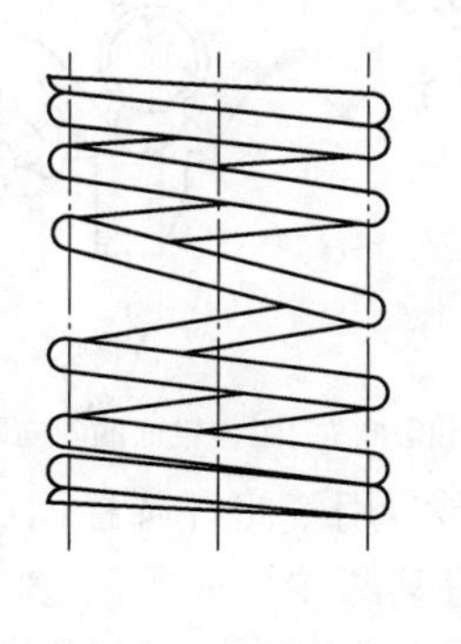

图6-8　变螺距弹簧

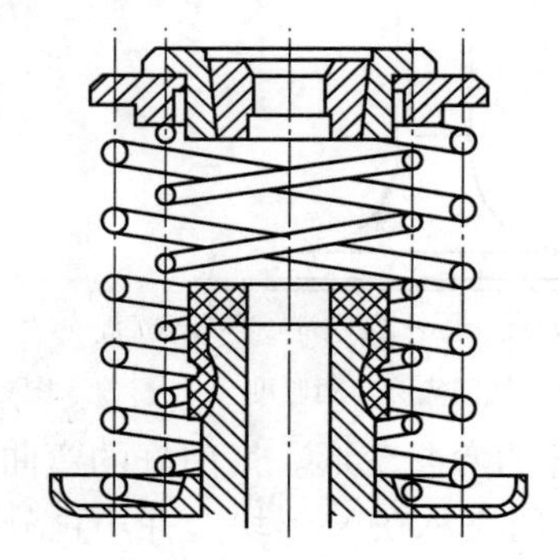

图6-9　双气门弹簧

(三)气门组零件的检修

发动机工作过程中,当气门受冲击性交变载荷而使气门出现跳动或当配气机构间隙过大时,载荷将显著增加。在高机械负荷下,易造成气门杆及气门头部变形、漏气及严重磨损。特别是排气门还承受高热负荷。气门常见损坏有:气门及气门座工作面磨损和烧蚀、气门杆弯曲和磨损、气门杆端面磨损、气门杆与导管配合松旷等。

1. 气门的检修

(1)通常用如图6-10所示的专用工具拆装气门和气门弹簧。

图6-10　几种拆装气门专用工具的使用方法

(2)清除气门头上的积炭。检视气门锥形工作面及气门杆的磨损、烧蚀及变形程度,视情况更换气门。

(3)检查气门头圆柱面的厚度 H,如图6-11所示。轿车一般进气门应大于0.60mm,排气门应大于1mm。

(4)检查气门尾部端面。该端面在工作时经常与气门摇臂碰擦,需检视此端面的磨损情况,有无凹陷现象。不严重时,可用油石修磨。如果修磨量超过0.5mm,则需更换气门。

(5)检查气门工作锥面的斜向圆跳动。使用百分表、V形铁和平板,如图6-12所示检查每个气门工作锥面的斜向圆跳动值。测量时,将V形铁置于平板上,使百分表的触头垂直于气门的工作锥面,轻轻转动气门一周,百分表读数的差值即为气门工作锥面的斜向圆跳动。为使检测准确,需测量若干个斜面,取其中的最大差值作为气门工作锥面的斜向圆跳动值。其极限值为0.08mm,如果测量值超过极限值,则需更换气门。

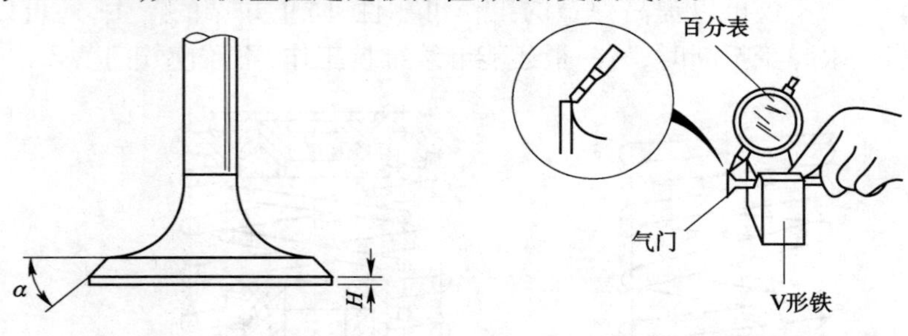

图6-11　气门头圆柱面厚度　　　图6-12　检查气门工作锥面的斜向圆跳动

(6)检查气门杆的弯曲变形。气门杆的弯曲变形常用气门杆圆柱面的素线直线度表示,如图6-13所示将气门支承在V形块上并用百分表将其两端校成等高,然后检测气门杆外圆素线的最高点。当素线是中凸中凹时,各测量部位的读数中,最大与最小读数差值之半即为该轴向截面的素线直线度误差。当素线不是中凸中凹时,转动气门杆,按上述方法测量若干条素线,取其中的最大误差值的一半,作为气门素线的直线度误差。直线度误差值应不大于0.02mm,否则应用手压机校正或更换气门。

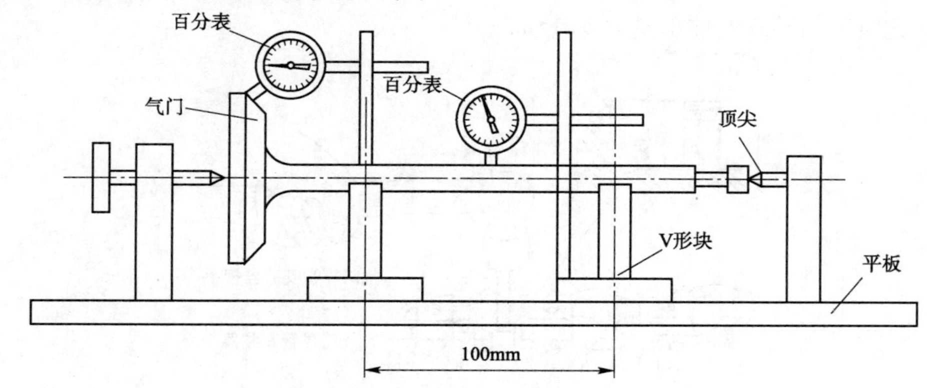

图6-13　检查气门杆的弯曲变形

2. 气门导管的检修

(1)清洗气门导管。

(2)检查气门杆与气门导管的间隙(在气门的弯曲检验合格后进行)。用外径千分尺测量气门杆的直径,用内径百分表测量气门导管的直径,如图6-14所示。为使测量准确,需在气门杆和气门导管长度方向测得多个测量值,并注意气门和气门导管的对应性,不得装错。气门杆与气门导管直径及其配合间隙应符合原厂要求。

该间隙的大小亦可通过百分表测量气门杆尾部的偏摆量间接地判断。如图6-15所示,按原装车要求装好气门,用百分表触头顶住气门杆尾部,按1↔2的方向推动气门的尾部,观察百分表指针的摆差。气门杆尾部偏摆使用极限:进气门为0.12 mm,排气门为0.16 mm。如气门杆与气门导管配合间隙或气门杆尾部偏摆超限,则应根据测量的气门杆直径和气门导管内径情况,更换气门或气门导管。

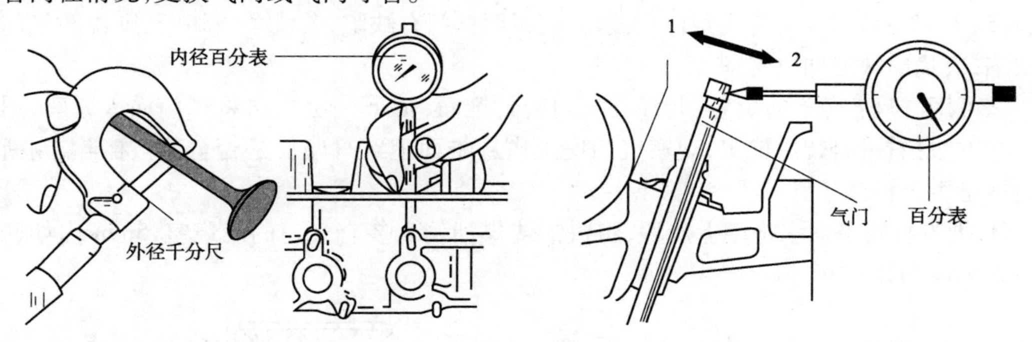

图6-14　检查气门杆与气门导管直径及配合间隙　　图6-15　检查气门尾部的偏摆量

(3)气门导管的更换。如经上述检测需更换气门导管,应先选用与气门导管尺寸相适应的铳头,将旧导管在压床上压出或用气门导管拆卸器和锤子拆下,把导管拆下后,使用气门导管座铰刀铰大导管座孔,除去毛边。

因新导管的外径与汽缸盖上的导管孔有一定的过盈量,为便于导管压入和防止汽缸盖产生变形，在新导管外壁上应涂以发动机机油，并均匀地把汽缸盖加热至80～100℃，再在压床上将气门导管压入或利用气门导管安装工具及锤子将气门导管轻轻敲入气门导管座孔内，如图6-16所示。上述操作应迅速进行，以便所有气门导管在较均衡的温度下被压进汽缸盖内。此时气门导管的伸出量H为15mm。

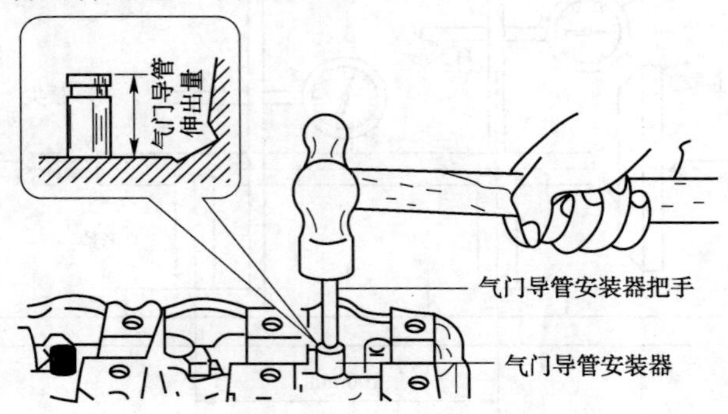

图6-16　气门导管的伸出量

3. 气门座的检修

（1）气门座外观的检查。

外观检视气门座，气门座如松动、下沉则需更换，新座圈与座孔一般有0.075～0.125mm的过盈量，将气门座圈镶入座圈孔内，通常采用冷缩和加热法，冷缩法是将选好的气门座圈放入液氮中冷却片刻，使座圈冷缩；加热法是将汽缸盖加热100℃左右，迅速将座圈压入座孔内。气门座表面如有斑痕、麻点，则需用专用铰刀或砂轮进行铰削或磨削。

（2）气门与气门座密封性的检查。

外观检视如良好，则应检查气门与气门座的密封性。常用的检查方法有如下方面。

①用软铅笔在气门密封锥面上，顺轴向均匀地画上直线，如图6-17a）所示，然后将气门对号入座插入导管中，用气门捻子（橡皮制）吸住气门顶面，将气门上下拍击数次取出，观察铅笔线是否全部被切断，如图6-17b）所示。如发现有未被切断的线条，可将气门再插入原座，转动1～2圈后取出，若线条仍未被切断，说明气门有缺陷，若线条被切断，则说明气门座有缺陷，应找出缺陷加以修理。

②可用红丹着色检查，将红丹涂在气门密封锥面（薄薄一层），再将气门插入原座，用上述同样方法拍打、研转后取出，观察气门座上密封锥面上红丹印痕是否全部被擦除，判断基密封性是否合格。

③ 把汽缸盖平面水平朝上放置，将汽油或煤油倒入装有气门的燃烧室，5min内如密封环带处无渗漏，即为合格。

图6-17　用铅笔画线法检查气门密封面

要求进、排气门接触环带宽度 W 一般为 1 ~ 2.5mm，如图 6-18 所示，排气门大于进气门宽度，柴油机的宽度大于汽油机宽度。如气门与气门座不能产生均匀的接触环带，或接触环带宽度不在规定的范围内，如密封带宽度过小，将使气门磨损加剧；宽度过大，容易烧蚀。这时必须铰削或磨削气门座，并最后研磨。

4. 气门弹簧的检查

(1)检查气门弹簧的自由长度。用游标卡尺测量气门弹簧的自由长度(图 6-19)。其检查亦可用新旧弹簧对比的经验方法进行。自由长度小于使用限度 1.3 ~ 2mm 时，应换用新件。

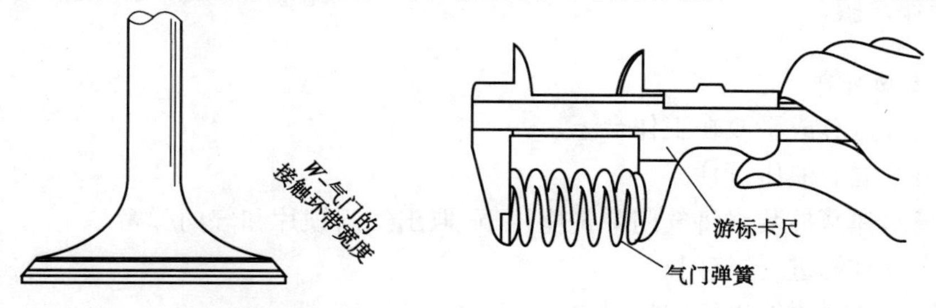

图 6-18　检查气门的接触环带宽度　　图 6-19　检查气门弹簧的自由长度

(2)检查气门弹簧的弹力。气门弹簧的弹力可用弹簧弹力试验器进行检查，将弹簧压缩至规定长度，如果弹簧弹力的减小值大于原厂规定弹力的 10%，则应换用新件。

(3)检查气门弹簧端面与其中心轴线的垂直度。将气门弹簧直立置于平板上，用直角尺检查每根弹簧的垂直度。气门弹簧上端和直角尺之间的间隙即为垂直度的大小。其极限值为 2.0mm，如该间隙超限，则必须更换气门弹簧。

二　任务实施——气门组的拆装

(一)准备工作

(1)发动机实验台若干、拆装工作台、零件架。

(2)检查拆装台架完整情况、是否安全固定。

(3)准备好所需的拆装工具、物品等。

(4)维修手册、多媒体课件、视频资料。

(5)实训前先将每台汽缸盖一组气门拆解开。

(二)技术要求与注意事项

(1)拆卸时不要把气门座圈刮伤了，气门油封要换用新的。

(2)拆卸时将液压挺柱做上标记，液压挺柱不可互换。

(3)拆卸时将气门必须做上标记，气门不可互换。

(4)安装气门导管前，应检查座孔和导管是否合格；导管安装为过盈配合，最好用专业工具压入。

(5)安装气门油封时应检查气门油封规格是否符合要求。

(6)安装气门时，检查气门是否符合规格要求，区分进排气门，不要装错；如若使用原车旧气门,应注意各缸气门不可互换。

(7)气门弹簧安装前检查弹簧高度是否符合要求,检查气门弹簧是否有变形、裂纹和折断等损坏情况。

(8)安装弹簧锁片前,应检查弹簧垫、锁片是否有磨损、变形、裂纹等损坏情况,使用新锁片应检查尺寸规格是否符合要求。

(9)安装液压挺柱时注意顺序不可互换。

(三)操作步骤

1. 气门组的拆卸

(1)将汽缸盖总成平放在工作台上。

(2)取出各缸的液压挺柱。

(3)用气门弹簧拆装钳将气门弹簧座压下,取出气门锁片和气门弹簧。

(4)取出各缸的进、排气门。

(5)用气门油封钳取出气门油封。

(6)用专用工具取出气门导管。

2. 气门组的安装

(1)将气门导管涂上机油后用专用工具从凸轮轴端压入汽缸盖到规定位置。

(2)将气门油封涂上油用专用工具安入气门油封。

(3)在气门杆上涂上油装入气门。

(4)装入气门弹簧。

(5)装入气门弹簧垫片。

(6)专用工具将气门弹簧垫压下。

(7)装入气门锁片。

(8)装液压挺柱。

三 任务实施——检修气门组零件

(一)准备工作

(1)发动机实验台若干、拆装工作台、零件架。

(2)检查拆装台架完整情况、是否安全固定。

(3)准备好所需的拆装工具、物品等。

(4)维修手册、多媒体课件、视频资料。

(5)实训前,先将每台汽缸盖一组气门拆解开。

(二)技术要求与注意事项

(1)严格遵守操作规范,注意防火、防击伤,确保实训安全。

(2)严格按照拆装操作步骤操作,并做好拆装标记,预防机械事故。

(三)操作步骤

1. 清洗气门及气门导管

(1)用衬垫刮刀将气门头上的碎屑、炭粉刮净,如图6-20所示。

(2)用钢丝刷将气门彻底刷干净。

(3)用清洁剂清洗气门导管,如图6-21所示。

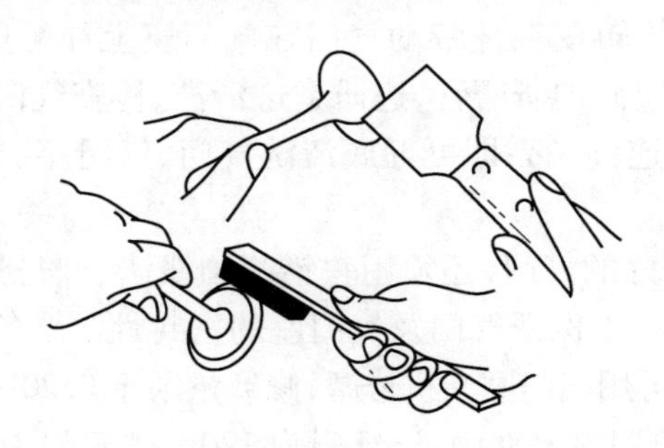

图6-20　清洗气门

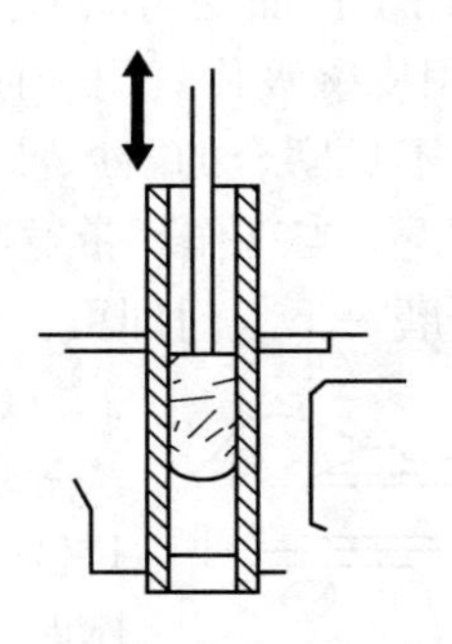

图6-21　清洗气门导管

2. 检测气门的弯曲、磨损和长度

(1)检测气门杆的弯曲度,如图6-22所示。

(2)检测气门杆部外径,如图6-23所示。用外径千分尺按图示方法和部位进行检测。

(3)检测气门杆的长度,如图6-24所示。用游标卡尺检测气门长度。进气门标准值应查询维修手册。

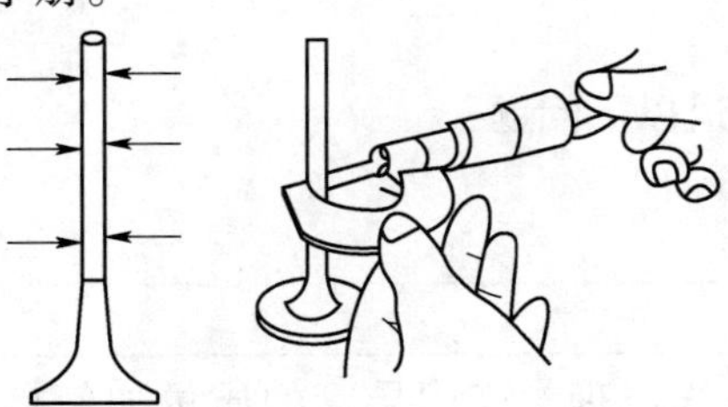

图6-22　检测气门杆的弯曲

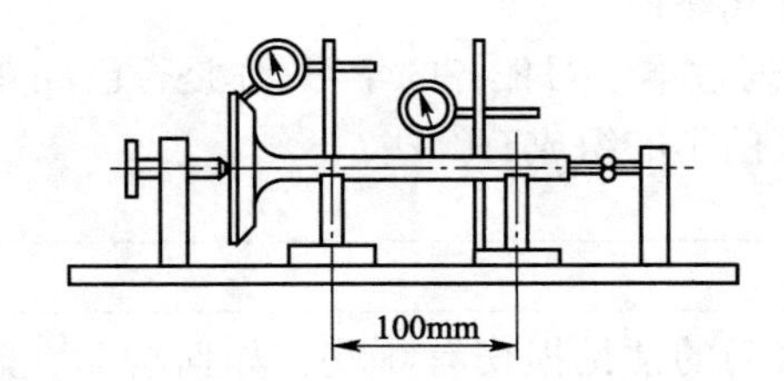

图6-23　检测气门杆的磨损

3. 检查气门杆与气门导管的配合间隙

(1)可用千分尺测量气门杆外径,用塞规测量气门导管内径,如图6-25所示。

(2)计算出其配合间隙,进、排气门导管尺寸见维修手册。

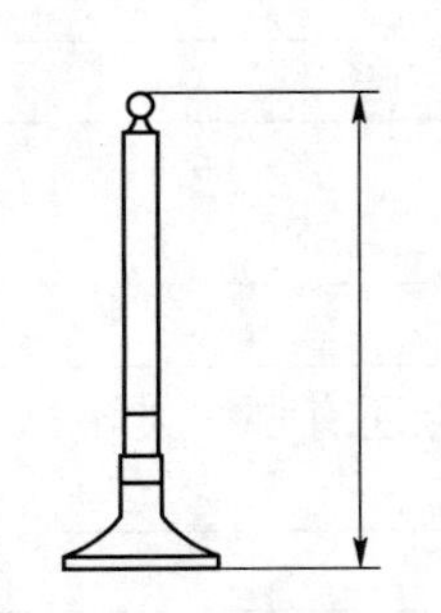

图6-24　检测气门杆的长度

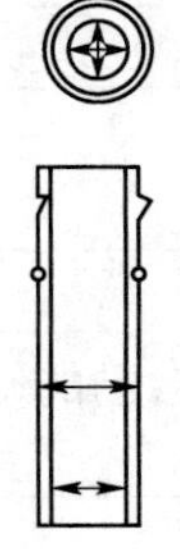

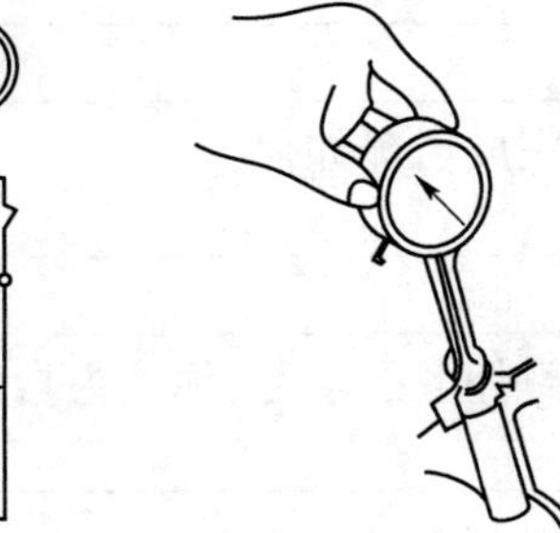

图6-25　检测气门导管内径

4. 气门及气门座圈的修磨

气门及气门座工作表面若有轻微烧蚀、接触线弯窄、小斑点等情况，则可以用研磨气门及气门座圈组进行修复。具体方法有如下方面。

(1)将气门座圈、气门及气门导管积炭清除并洗净，视情况用气门座饺刀削阀座工作面后进行。

(2)在气门工作面均匀涂上少许气门研磨膏(凡尔砂)，气门杆上抹上少许稀机油，插入气门导管内，用皮碗吸住气门顶面，用手捻转皮碗杆带动气门在气门座上往复磨合，辅以轻微压力。当听不见磨合的“沙、沙”声时，应添加研磨膏，边研磨边清洗、检查气门工作面环带修磨成形的情况，当工作环带宽窄合适，连续光亮即可彻底清洗气门、气门座、导管，再用机油当研磨膏研磨一下气门即可。

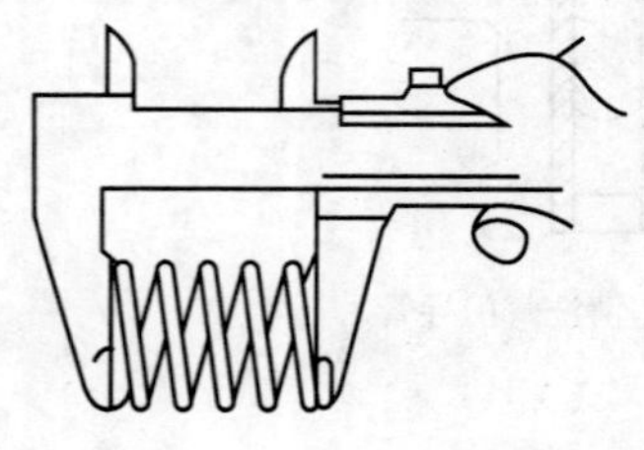

图 6-26 检测气门弹簧

(3)研磨好的气门，还须用软铅笔画线法、红丹油印法、渗漏法等进行检查，以保证气门及气门座的密封性。当气门工作表面烧蚀严重，则可用气门磨光机修磨，修磨量限于 0.20 ~ 0.40mm，修磨时气门夹角调整要准确，进气门为 120°，排气门为 90°，修磨后的气门仍要与其相配合的气门座进行研磨。

5. 检测气门弹簧

用游标卡尺检测气门弹簧各部尺寸，如图 6-26 所示。

四 评价与反馈

1. 自我评价

(1)通过本学习任务的学习，你是否已经知道以下问题：

①气门组的组成有哪些？

____

____

②气门的常见损伤有哪些？如何检验？怎样修理？气门导管的质量如何检验？怎样修理？

____

____

③气门零件怎样安装？有什么要求？

____

____

(2)实训过程完成情况如何？

____

____

(3)通过本学习任务的学习，你认为自己的知识和技能还有哪些欠缺？

____

____

签名：____________ ________年____月____日

2. 小组评价与反馈

小组评价与反馈见表6-1。

小组评价与反馈表　　表6-1

序号	评价项目	评价情况
1	着装是否符合要求	
2	是否能合理规范地使用仪器和设备	
3	是否按照安全和规范的流程操作	
4	是否遵守学习、实习场地的规章制度	
5	是否能保持学习、实习场地整洁	
6	团结协作情况	

参与评价的同学签名：____________　________年____月____日

3. 教师评价与反馈

____

____

____

签名：____________　________年____月____日

四　技能考核标准

1. 气门组的拆装

气门组拆装的技能考核标准见表6-2。

气门组拆装的技能考核标准表　　表6-2

项目	操作内容	分值	评分标准	得分
气门组的拆装	正确使用工具	10分	工具使用不当酌情扣分，并指正	
	气门弹簧拆装钳的使用	10分	按要求酌情扣分，并指正	
	取出液压挺柱	5分	按要求酌情扣分，并指正	
	取出气门锁片	10分	按要求酌情扣分，并指正	
	取出气门弹簧	5分	按要求酌情扣分，并指正	
	取出气门油封	5分	按要求酌情扣分，并指正	
	取出气门	5分	按要求酌情扣分，并指正	
	装气门	10分	进、排气门装错扣10分，并指正	
	装气门油封	5分	按要求酌情扣分，并指正	
	装气门弹簧	5分	按要求酌情扣分，并指正	
	装气门锁片	10分	未按要求，装错扣10分，并指正	
	装液压挺柱	10分	按要求酌情扣分，并指正	
	整理工具、清理现场	10分	每项扣2分，扣完为止	
	遵守相关安全操作规范		因违规操作发生人身和设备事故，终止考核，成绩按0分计； 超时每分钟扣1分，超时10分钟终止考核	
	总分	100分		

2. 检修气门组零件

检修气门组零件的技能考核标准见表6-3。

检修气门组零件的技能考核标准表　　表6-3

项目	操作内容	分值	评分标准	得分
检修气门组零件	拆卸气门组件	20分	操作方法不正确扣10分； 操作不熟练扣5分	
	正确检查气门及气门导管	20分	操作方法不正确扣10分； 操作不熟练扣5分	
	正确检验气门座	20分	操作方法不正确扣10分； 操作不熟练扣5分	
	进行气门弹簧的检查	20分	操作方法不正确扣10分； 操作不熟练扣5分	
	气门的铰销、研磨和密封检查	20分	操作方法不正确扣10分； 操作不熟练扣5分	
	总分	100分		

学习任务7　气门驱动组零件的检修

学习目标

1. 掌握气门传动组主要零件的检验方法；
2. 掌握凸轮轴、正时链、挺柱的检修方法；
3. 熟悉修理设备、仪具的结构和使用。

任务导入

一辆汽车进厂修理，客户反映该车发动机工作时异响，经维修技师检查，故障现象为：在发动机上部发出有节奏较钝重的"嗒、嗒"声，中速时明显，高速时响声杂乱或消失。

经维修技师初步诊断，确定为凸轮轴响。该故障可能由以下原因产生：凸轮轴轴向间隙过大，产生轴向窜动；凸轮轴有弯、扭变形；凸轮工作表面磨损；凸轮轴轴颈磨损，径向间隙过大。

一　理论知识准备

（一）气门传动组各零部件的结构

1. 凸轮轴组件

凸轮轴组件如图7-1所示。由正时齿轮、偏心轮、轴颈、斜齿轮、凸轮等组成。有些顶置凸轮轴式发动机，不采用衬套，轴颈直接与汽缸盖上镗出的承孔配合。

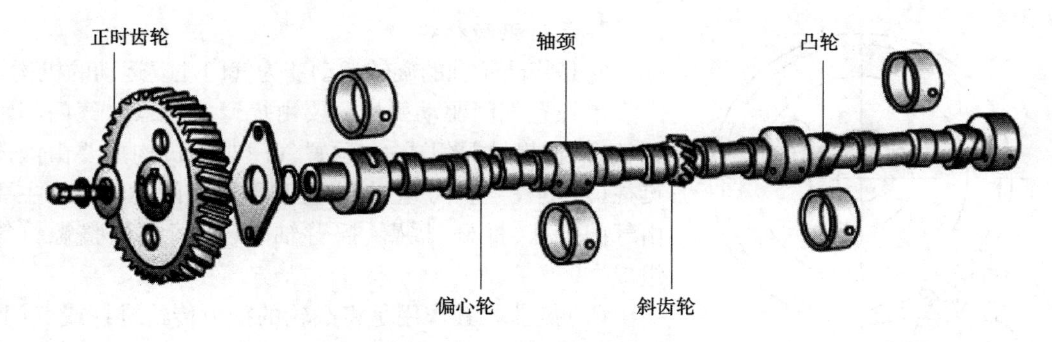

图 7-1 凸轮轴组件

凸轮轴上加工有进、排气凸轮，用以保证各缸进、排气门按一定的工作次序和配气相位及时开闭。凸轮的轮廓决定了气门升程、气门开闭的持续时间和运动规律。凸轮磨损，直接影响到气门开闭特性和发动机的动力经济等性能。凸轮轴一般用优质钢模锻而成，也有采用合金铸铁或球墨铸铁铸造的。凸轮和轴颈表面经热处理后精磨，所以具有足够的硬度和耐磨性。

从各缸进、排气凸轮的排列，可以判断出发动机的工作顺序。若 4 缸机凸轮轴各缸的进(排)气凸轮排列如图 7-2 所示（从凸轮轴前端看），转动方向为逆时针，根据依次打开的进(排)气门，则可判断出该发动机的工作顺序为 1-2-4-3。

对于下置凸轮轴，还加工有驱动机油泵、分电器的螺旋齿轮和驱动汽油泵的偏心轮。凸轮轴由正时齿轮驱动，曲轴每旋转两圈，凸轮轴转一圈，每个汽缸要进行一次进气和排气，且各缸进气或排气间隔相等。为了防止凸轮轴轴向窜动，需要进行轴向定位。常见的定位装置如图 7-3 所示，推力片安装在正时齿轮和凸轮轴第一轴颈之间，且留有一定间隙。调整推力片的厚度，可控制其轴向间隙大小。

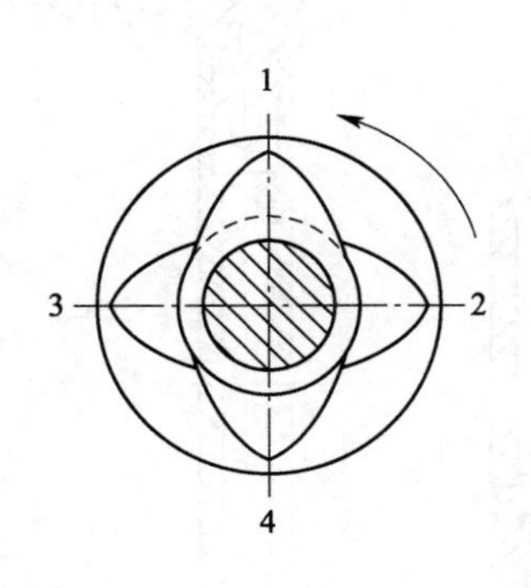

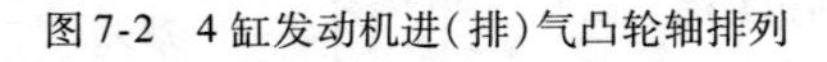
图 7-2 4 缸发动机进(排)气凸轮轴排列

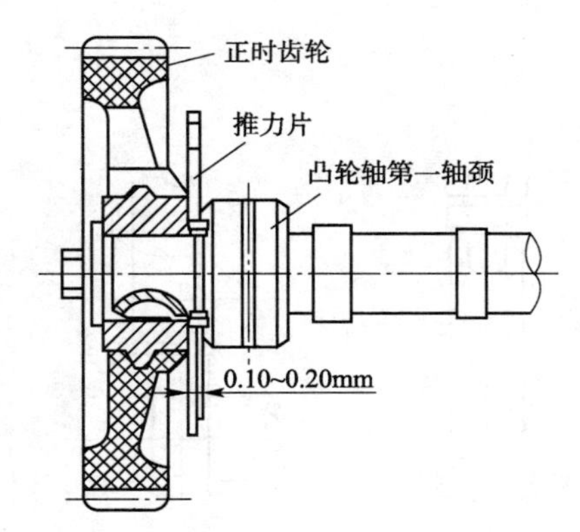

图 7-3 凸轮轴的轴向定位

2. 凸轮轴传动机构

凸轮轴传动机构是指驱动凸轮轴转动的机构，有齿轮传动、链传动和同步齿形带传动。传动机构安装时，应特别注意曲轴正时齿轮（或链轮、带轮）与凸轮轴正时齿轮（或链轮、带轮）的相互位置关系。若安装不当，将严重影响发动机的动力经济性能，甚至无法进行工作。一般制造厂出厂时都打有配对记号，应严格按要求安装，如图 7-4 所示。

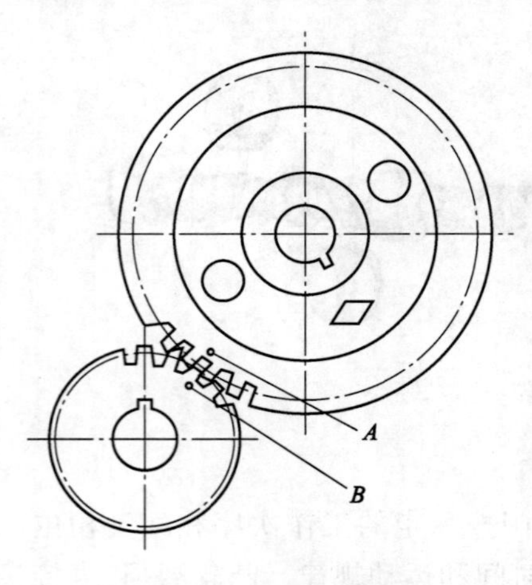

图7-4　正时齿安装记号

3. 气门驱动机构

它是将凸轮轴的旋转运动变为气门往复运动的机构。

单顶置气门驱动机构主要由摇臂、摇臂轴、气门间隙调整螺钉、挺柱等组成；双顶置气门驱动机构主要由液压挺柱（或挺柱、垫片）组成；中置和下置气门驱动机构主要由气门挺柱、推杆、摇臂、摇臂轴、气门间隙调整螺钉等组成。

（1）挺柱。其作用是将凸轮的推力传给推杆或气门，承受凸轮旋转时传来的切向力，并传给发动机机体。

常用的有菌形挺柱、平面挺柱和桶形挺柱，如图7-5所示。挺柱工作时，挺柱的底面与凸轮滑动摩擦，圆柱面与挺柱导向孔滑动摩擦，受到的摩擦力都很大。为了减小这种单面摩擦及磨损，一般采取以下方法：

①将挺柱工作面制成球面［图7-5a)］。这样，可使挺柱在工作时绕其中心线稍有转动，达到磨损均匀的目的。

②挺柱相对凸轮偏心安置［图7-5b)］。工作时，挺柱可绕其中心线稍作转动。

③挺柱外表面做成桶形，与凸轮接触的表面镶有耐磨材料或放入耐磨垫片［图7-5c)］。当挺柱在座孔中歪斜时由于它的定位作用，仍可保证凸轮型面全宽与挺柱表面相接触，从而减小接触应力，并使磨损均匀。

（2）推杆。推杆（图7-6）位于挺柱与摇臂之间，作用是将挺柱传来的推力传给摇臂，其上端的凹槽与摇臂上的球头相接触，下端的凸头与挺柱的凹槽相接触。

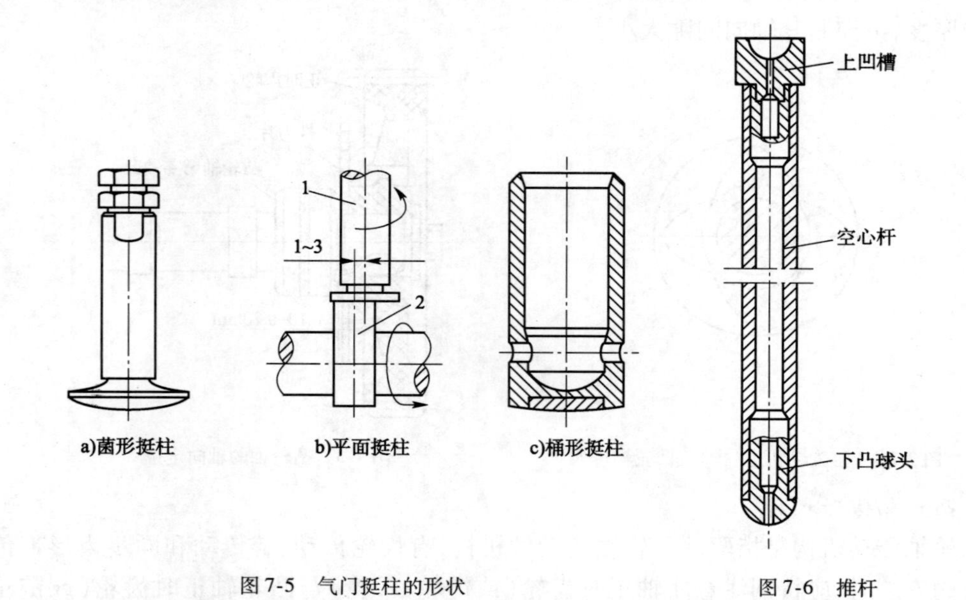

图7-5　气门挺柱的形状

图7-6　推杆

（3）摇臂组与摇臂。摇臂组（图7-7）主要由摇臂、摇臂轴、摇臂轴支座及定位弹簧等组成。摇臂轴为空心轴，安装在摇臂轴支座孔内，支座用螺栓固定在汽缸盖上。为防止摇臂轴转动，在图示结构中是利用摇臂轴紧固螺钉将摇臂轴固定在支座上的。中间支座上有油孔和汽缸盖上的油道及摇臂轴上的油孔相通。机油可进入空心的摇臂轴内，然后又经摇臂轴上正对着摇臂处的油孔进入到轴与摇臂衬套之间润滑，并经摇臂上的油道对摇臂的两端进行润滑。在摇臂轴上的两个摇臂之间套装着一个定位弹簧，以防止摇臂轴向窜动。

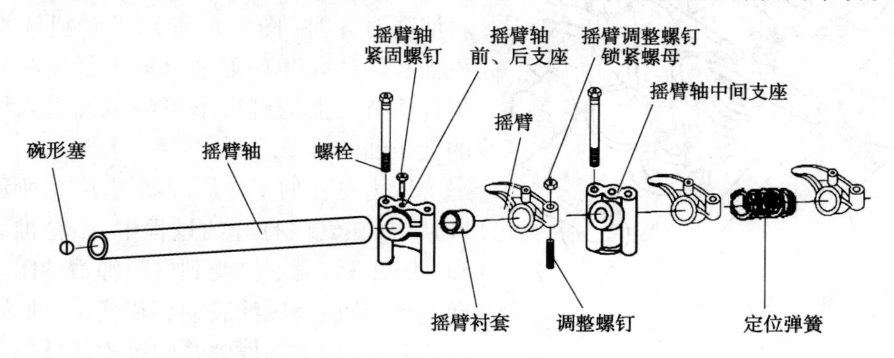

图7-7 摇臂组

摇臂(图7-8)实际上是一个双臂杠杆，其作用是将挺柱传来的运动和作用力改变方向，作用到气门杆端，开闭气门。同时，利用两边臂的比值(称摇臂比)来改变气门的升程。摇臂与气门杆端接触部分接触应力高，且有相对滑移，磨损严重，因此在该部分常堆焊有硬质合金。摇臂通过青铜衬套或滚针轴承支承在空心的摇臂轴上，再一起固定在摇臂轴支座上与汽缸盖相连。

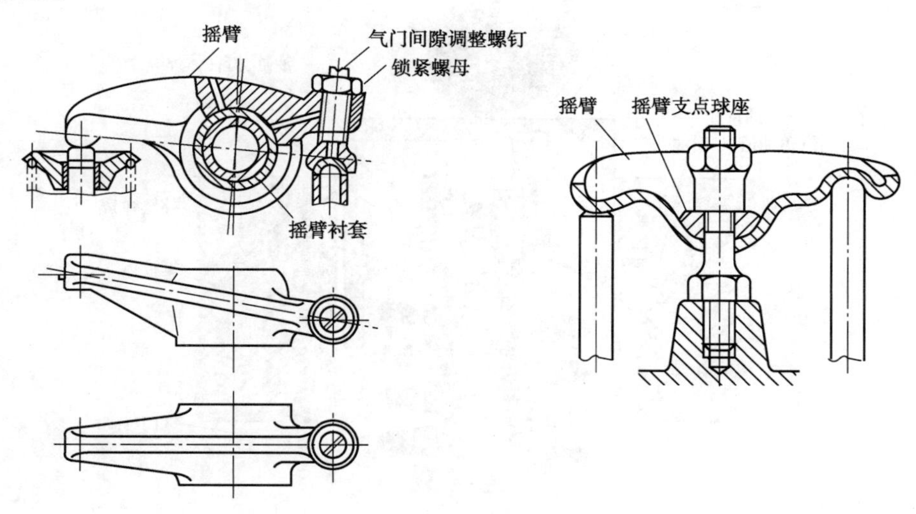

图7-8 摇臂的结构

(4)气门间隙调整螺钉。在摇臂一端安装有气门间隙调整螺钉(图7-9)，用来调整气门间隙。

(5)液压挺柱。图7-10所示为桑塔纳和捷达轿车发动机采用的液压挺柱。挺柱体由上盖和圆筒焊接成一体，可以在汽缸盖的挺柱体孔中上下运动。油缸的内孔和外圆都经过精加工研磨，外圆与挺柱内导向孔相配合，内孔则与柱塞配合，两者都可以相对运动。油缸底部装有一个补偿弹簧，把球阀压靠在柱塞的阀座上，它还可以使挺柱顶面和凸轮表面保持紧

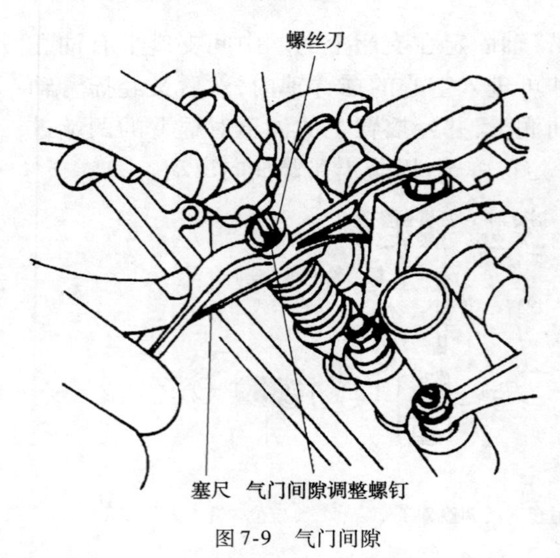

图 7-9　气门间隙

密接触，以消除气门间隙。当球阀关闭柱塞中间孔时，可将挺柱分成两个油腔，即上部的低压油腔和下部的高压油腔；球阀开启后，则形成一个通腔。当圆筒挺柱体上的环形油槽与缸盖上的斜油孔对齐时（图中位置），发动机润滑系中的机油经斜油孔和环形油槽流入低压油腔。位于挺柱体背面上的键形槽可将机油引入柱塞上方的低压油腔。

液力挺柱的工作原理如图 7-11 所示。图 7-11a）中，在气门打开的过程中，凸轮推动挺柱体和柱塞下移，而油缸受到气门弹簧的阻力不能立即下移，致使高压油腔的容积变小，油液被压缩，油压升高，加上补偿弹簧的推力使球阀紧压在阀座上。于是，高低压油腔被球阀分隔开。由于液体的不可压缩性，整个挺柱如同一个形状不变的刚体一样，下移推开气门并保证了气门应达到的升程。虽然在此期间，高压油腔会有少量机油从柱塞和油缸之间的间隙处漏入低压油腔，使凸轮和气门杆间的挺柱长度稍有缩短，但不会影响气门的正常打开。此时，挺柱上的环形油槽已和缸盖上的斜油孔错开，低压油腔进油道被切断，停止了进油。

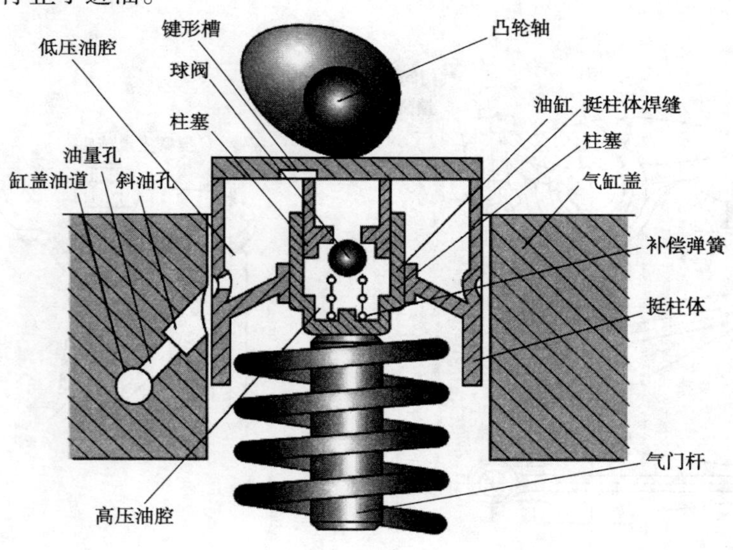

图 7-10　液压挺柱

图 7-11b）中，在气门关闭的过程中，气门弹簧推动气门及挺柱上移，由于仍受到凸轮和气门杆上、下两方面的顶压，高压油腔仍保持高压，球阀仍处于关闭状态，液力挺柱仍相当于一个尺寸不变的刚体，直至气门落座关闭为止。

气门关闭以后，补偿弹簧将柱塞和挺柱体继续向上推移一个微小的行程，以补偿因油液泄漏而缩短的那一段挺柱长度。与此同时，挺柱体上的环形油槽与汽缸盖上的斜油孔对齐，球阀打开，润滑系的油液经低压油腔进入高压油腔内，补充高压油腔中泄漏掉的油液。

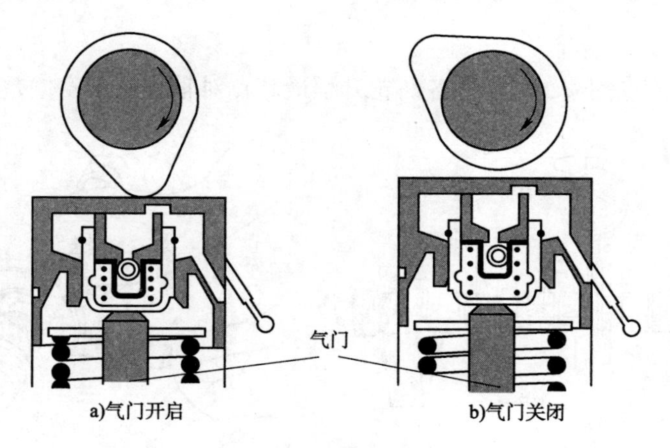

图 7-11 液压挺柱的工作原理

在气门受热膨胀伸长时,向上挤压油缸,高压油腔中的油通过柱塞与油缸之间的间隙向低压油腔泄漏一部分,油缸相对于柱塞上移,从而使挺柱自动缩短,保证气门关闭严密。当气门冷却收缩时,补偿弹簧将油缸向下推动,挺柱自动伸长,保证不出现气门间隙。

采用液压挺柱,消除了配气机构中的间隙,减小了各零件的冲击和噪声。同时凸轮轮廓可设计得陡一些,以便气门开启和关闭得更快,减小进、排气阻力,改善发动机的换气,提高发动机的性能,特别是高速性能。但液压挺柱结构复杂,加工精度要求较高。

(二)气门驱动组各零件的检修方法

1. 凸轮轴和凸轮的磨损与检修

(1)凸轮轴和凸轮的磨损。

凸轮轴由于结构特点和工作特点,使它在工作中发生轴径和衬套的磨损,导致不圆和整个轴线的弯曲。

由于凸轮轴上的凸轮与配气机件的相对运动,使凸轮外形和高度方向受到磨损。凸轮轴轴套磨损松旷,将加剧轴线的弯曲。轴线的弯曲又将促使机油泵传动齿轮、分电器轴传动齿轮、正时齿轮及凸轮轴轴径和轴套的磨损,甚至造成正时齿轮工作时的噪声和齿牙的断裂;凸轮轴轴向间隙过大,使凸轮轴前后移动。

(2)凸轮轴的检修。

①凸轮轴弯曲的检测。将凸轮轴安放在 V 形铁上,并置于平板平面,用百分表检测各中间轴颈的弯曲(图 7-12)。若最大同轴度超过 0.025mm(即百分表读数总值为 0.05mm)时,应进行校正。扭转极微小,可不计。

②凸轮轴轴颈的检测。凸轮轴各轴颈轴线应一致,所有轴颈的圆柱度误差不大于 0.01mm。圆跳动量:中间各支承轴颈不大于 0.025mm,各凸轮基圆部分不大于 0.04mm,安装正时齿轮的轴颈不大于 0.02mm。推力垫块的端面跳动量不大于 0.03mm。

③凸轮升程的检测。用千分尺测量凸轮顶尖与底部和基圆直径(图 7-13),两者之差即为凸轮的升程。

④凸轮磨损的检测。用样板或外径千分尺进行。凸轮顶端的磨损超过 1 mm 时,予以堆焊修复,凸轮尖端的圆弧磨损不应超过允许限度。各凸轮顶端斜度,即大小头尺寸相差

0.08 ~ 0.12mm，小头应朝前。

各凸轮开闭角偏差不大于 ±2°，各凸轮升程最高点对轴线的角度偏差不大于 ±1°。

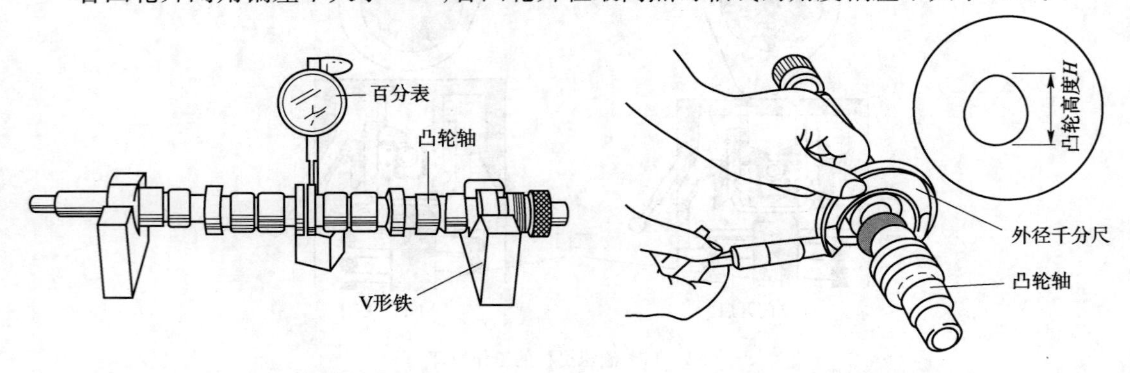

图 7-12　凸轮轴弯曲的检测　　　　图 7-13　凸轮升程的检测

驱动汽油泵的偏心轮表面磨损深度及机油泵、分电器驱动齿轮齿厚磨损均不应超过 0.50mm。

⑤凸轮轴轴颈的维修。在汽缸体承孔内压有可拆换的凸轮轴轴承时，可将轴颈尺寸磨小，配以相应尺寸的凸轮轴轴承（一般有四级修理尺寸，每级为 0.25mm）。

⑥凸轮的维修。凸轮的表面如有击痕及不均匀磨损时，应用凸轮轴专用磨床进行修复。

凸轮高度磨损到一定限度时，应在凸轮轴专用磨床上进行光磨。

2. 摇臂与摇臂轴的检修

（1）摇臂的检查。检查摇臂轴孔的磨损，有无过热损坏的痕迹；检查摇臂长端与气门端部接触面有无缺口、凹陷、沟槽、麻点、划痕和磨损；检查摇臂短端调整螺钉球头孔一端的损伤和磨损。

（2）摇臂的修理。摇臂轴孔磨损若超过极限，应予以更换，油孔应疏通。摇臂气门杆端接触面磨损，可适当修整接触表面。

如果在拆卸摇臂调整螺钉时所用力矩低于规定值，说明有松旷，应换用新件，再检查。若力矩仍旧过低，则须换摇臂。

摇臂调整螺母在拆卸时，所需转动的阻力矩如果很小或没有，应更换螺母。

（3）摇臂轴的检修。检查摇臂轴装置摇臂的表面是否有磨损和损坏，是否有弯曲和凹陷现象。检查机油孔是否有阻塞现象，油槽是否积有污垢，必须清理干净，确保油路畅通。摇臂轴轴颈磨损不大于 0.02mm，直线度误差在 1.00mm，长度上不超过 0.03mm。

3. 气门挺柱的检修

应首先检查挺柱的破损情况并采取相应的修理方法。

（1）挺柱表面不应有裂纹。

（2）挺柱的主要缺陷是挺柱球面（或平面）的磨损、挺柱直径的磨损。

（3）挺柱的直径磨损可用外径千分尺测量，圆度及圆柱度误差均不应超过 0.01mm，径向跳动量不应超过 0.05mm，过大时应换用新件。

（4）气门挺柱与承孔的配合间隙如超过 0.10mm 时应予以修复。配合间隙一般为 0.020 ~ 0.035mm。

4. 气门推杆的检修

不同的发动机有不同形式的推杆，端头形状多样。主要应检查推杆两端有无隆起或剥落现象，端头与摇臂接触部分有无磨损。

检查测量气门推杆的同轴度，最大同轴度一般不超过0.30mm，如超过应校正或更换。

二 任务实施

（一）准备工作

（1）发动机6台，拆装工作台、零件架。

（2）常用工具和丰田轿车专修工具等专用工具各6套。

（3）塞尺、千分尺、百分表与磁力表架等量具、检测设备各6套。

（4）棉纱、汽油、清洗剂等辅助材料若干。

（5）多媒体课件、视频资料。

（二）操作步骤及技术要求

1. 气门摇臂及摇臂轴的检修

（1）检视气门摇臂与气门顶端接触处以及摇臂与凸轮接触工作面的磨损情况。若磨损轻微，刮痕、磨蚀较浅，则可用油石或磨光机修磨。若磨损严重，则应换用新摇臂。

（2）检测摇臂和摇臂轴的配合间隙：移动和摇动每个摇臂，若感到松旷，则应分别进行测量。其方法是：用内径千分尺测出摇臂的内径，用外径千分尺测出摇臂轴的外径，二者之差即为摇臂和摇臂轴的配合间隙，如图7-14所示。标准间隙为0.02～0.05mm，使用极限为0.15mm。根据摇臂衬套及摇臂轴的磨损情况，决定是否更换摇臂衬套或摇臂轴。

（3）检查并疏通摇臂润滑油孔。

（4）检查摇臂调整螺栓的螺纹是否完好，紧固是否可靠，若滑丝则应予以更换。

（5）检查摇臂定位弹簧是否失效或损坏，否则应予以更换。

2. 凸轮轴及轴承的检修

（1）检测凸轮轴的弯曲度，将凸轮轴两端轴颈架在V形铁上，用千分表测量凸轮轴各轴颈的径向跳动，如图7-15所示。若凸轮轴任一轴颈的径向跳动量超过0.10mm，则应用压力机校正或更换凸轮轴。

（2）检查凸轮工作表面损伤情况。凸轮工作表面若有轻度磨蚀，则可用精细油石修复使用；若凸轮工作表面有明显台阶或严重磨蚀、剥落，则应更换凸轮轴。

（3）测凸轮升程，如图7-16所示。用外径千分尺分别检测凸轮凸顶部分的高度和凸轮基圆直径，此二者之差即为凸轮升程，其标准值为9.60mm，许用最小值为9.00mm。若不能满足此要求，则应予以更换。

（4）检查凸轮轴轴颈及轴承孔的磨损情况。用外径千分尺测量凸轮轴轴颈磨损量、圆度及锥度：用量缸表测量轴颈支承孔的磨损量、圆度及锥度。轴颈尺寸与支承孔径之差即为二者配合的径向间隙，其标准值为0.03～0.07mm，极限值为0.15mm，若间隙超过极限值，则应更换凸轮轴和修复汽缸盖凸轮轴颈支承座孔。

(5)检测凸轮轴轴向间隙。用厚薄片或千分表测量凸轮轴轴向窜动量,即轴向间隙。标准值为0.05~0.20mm,使用极限为0.25mm,若超过极限值则可更换推力垫片来调整,如图7-17所示。

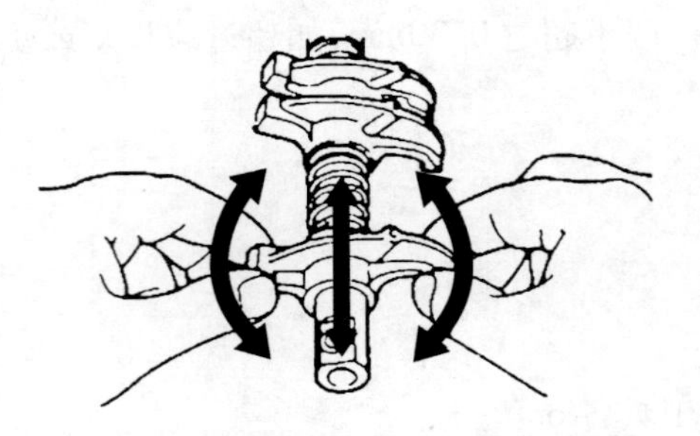

图7-14　检测摇臂与摇臂轴的间隙

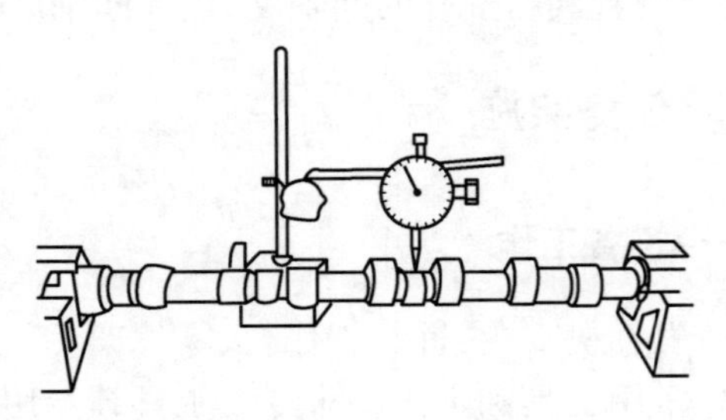

图7-15　检测凸轮轴弯曲度

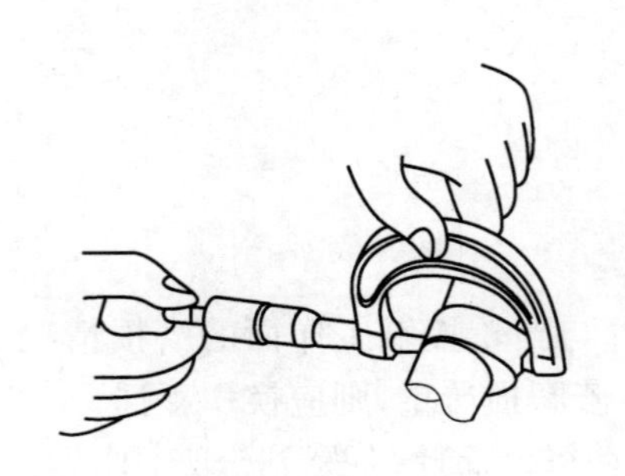

图7-16　检测凸轮升程

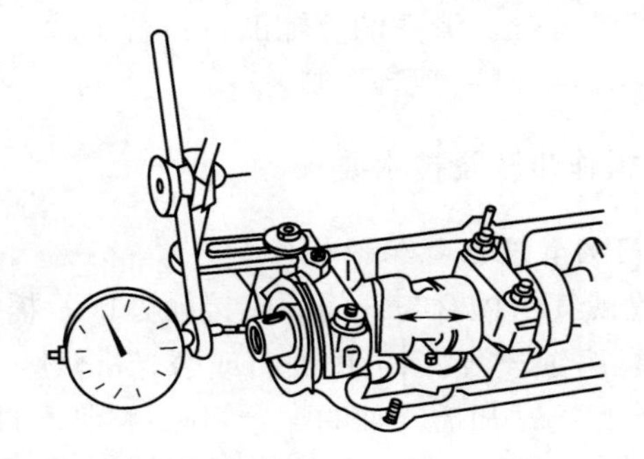

图7-17　检测凸轮轴的轴向间隙

三 评价与反馈

1. 自我评价

(1)通过本学习任务的学习,你是否已经知道以下问题:

①凸轮轴的常见损伤有哪些？如何检验？怎样修理？凸轮轴衬套怎样修配？

____

____

②气门驱动机构的安装应遵循什么顺序？

____

____

(2)实训过程完成情况如何？

____

____

(3)通过本学习任务的学习,你认为自己的知识和技能还有哪些欠缺？

____

____

签名:__________　　________年____月____日

2. 小组评价与反馈

小组评价与反馈见表7-1。

小组评价与反馈表 表7-1

序号	评价项目	评价情况
1	着装是否符合要求	
2	是否能合理规范地使用仪器和设备	
3	是否按照安全和规范的流程操作	
4	是否遵守学习、实习场地的规章制度	
5	是否能保持学习、实习场地整洁	
6	团结协作情况	

参与评价的同学签名:__________ ________年____月____日

3. 教师评价与反馈

____

____

____

签名:__________ ________年____月____日

四 技能考核标准

技能考核标准见表7-2。

技能考核标准表 表7-2

项目	操作内容	分值	评分标准	得分
气门驱动组零件检修	凸轮轴弯曲度检测	10分	操作方法不正确扣5分; 操作不熟练扣2分	
	凸轮轴轴颈磨损检测	10分	操作方法不正确扣5分; 操作不熟练扣2分	
	推力凸缘定位的凸轮轴轴向间隙检测	20分	操作方法不正确扣10分; 操作不熟练扣5分	
	轴承定位的凸轮轴轴向间隙检测	20分	操作方法不正确扣10分; 操作不熟练扣5分	
	液压挺柱防漏试验	10分	操作方法不正确扣5分; 操作不熟练扣2分	
	检查摇臂与摇臂轴配合	10分	操作方法不正确扣5分; 操作不熟练扣2分	
	测量摇臂与摇臂轴配合间隙	10分	操作方法不正确扣5分; 操作不熟练扣2分	
	凸轮磨损检测	10分	操作方法不正确扣5分; 操作不熟练扣2分	
	总分	100分		

项目四 柴油发动机燃油供给系统的检修

学习任务8 喷油器的检查与调试

学习目标

1. 理解喷油器的作用和类型；
2. 懂得喷油器的工作原理和构造；
3. 学会喷油器的常用检测方法；
4. 学会进行喷油器性能调试。

任务导入

一辆1491型号斯太尔重载卡车，装配WD615型柴油发动机，近期在使用过程中出现起动困难，排气冒黑烟，并伴有突爆声，经过维修技师监测，属于喷油器故障，需对喷油器进行维修。

一 理论知识准备

喷油器是燃料供给系的重要部件，燃油的雾化质量和混合气的良好形成，与喷油器有直接关系。由于喷油器的喷油嘴直接和高温燃气接触，工作条件极为恶劣，所以在使用过程中容易出故障和损坏。喷油器在汽缸盖座孔内的安装方法，多利用螺栓固定，也可用螺钉旋紧在汽缸盖上。

(一)喷油器的作用

喷油器的功用有两个：使一定数量的燃油得到良好的雾化，以促进燃油着火和燃烧；使燃油的喷射按燃烧室的类型合理分布，以便使燃油与空气得到迅速而完善的混合，形成均匀的可燃混合气。为此，喷油器需要满足以下要求。

(1)喷油器应具有一定的喷射压力和射程，以及合适的喷雾锥角和喷雾质量。

(2)喷停要迅速，不发生燃油的滴漏，以免恶化燃烧过程。

(3)最好的喷油特性是在每一循环的供油量中，开始喷油少，中期喷油多，后期喷油少，以减少备燃期的积油量和改善燃烧后期的不利情况。

(二)喷油器的分类

喷油器有开式和闭式两种。开式喷油器是高压油路通过喷油器直接与燃烧室相通，中间没有针阀隔断，当喷油泵供油压力超过汽缸压力时，即将燃油喷入燃烧室。它要求喷油泵与喷油器直接连接在一起，没有高压油管，所以开式喷油器只适用于油泵喷油器，但是也有高压油泵与喷油器分开的开式喷油器，例如济南柴油机厂早期生产的45kW柴油机上匹配的喷油器就是这种类型。

闭式喷油器是由针阀偶件将高压油路与喷油器隔开，当供油达到一定压力后针阀将燃油喷入燃烧室。目前这种喷油器被广泛应用。在闭式喷油器中有PT喷油器、共轨喷油器、电控喷油器、双弹簧喷油器、液力关闭喷油器等。

由于柴油机采用不同的燃烧室，因此对燃油喷雾特性的要求也不同。为了满足不同燃烧室燃烧过程的要求，对影响喷雾特性主要因素之一的针阀偶件，其设计了不同的结构，可分为孔式和轴针式，如图8-1所示。

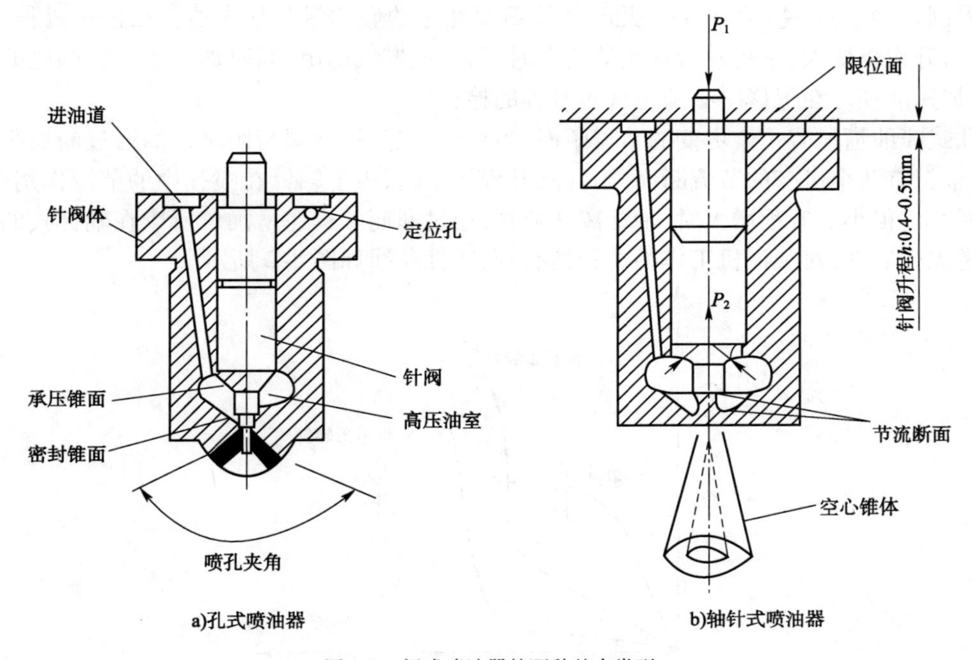

图8-1　闭式喷油器的两种基本类型

(三)喷油器的材料

喷油器的主要零件是喷油嘴(针阀和针阀体)。因燃烧室内温度较高，必须用耐热强度好的材料，一般采用优质轴承钢。针阀及针阀体是不能互换的高压精密偶件，其配合间隙为0.001～0.003mm。配合间隙太大则造成漏油，太小又影响针阀的往复运动。喷油嘴的使用寿命应超过1000h，使用过程中要正确地校验和注意燃油的滤清。

(四)喷油器的工作原理

如图8-1所示，厚壁针阀体中装有针阀，针阀的上端有短销与弹簧的推杆球面接触传力，以免推杆被顶弯后产生侧向力而使针阀卡死。圆柱形的针阀杆较粗，起密封导向作用。下端有两个圆锥形面，大的锥形面位于针阀体的高压油室中，小的锥形面坐落在阀座上，形成一个锥形密封面。针阀的上端用调压弹簧压紧，产生关闭压力 P_1。当针阀尺寸一定时，P_1 的大小决定于调压弹簧的预紧力。燃油从进油道进入环形高压油室，油压作用在锥形承压面上，形成一个向上的轴向推力 P_2，称为开启压力。当针阀尺寸一定时，P_2 的大小决定于产生的喷油压力的大小。喷油时，当油压提高到一定程度使 P_2 克服调压弹簧的预紧力 P_1 时，针阀就开始上移打开喷孔，高压燃油就喷出。当喷油泵停止供油时，高压油路中的油压迅速下降，使 P_2 迅速小于 P_1，针阀在调压弹簧的作用下，迅速回位，切断供油。

由此可见，针阀的开启取决于喷油压力、调压弹簧的压力、针阀与针阀体之间的摩擦力及针阀的惯性力的大小。由于机械负荷和热负荷的影响，喷油嘴在使用过程中常造成雾化不良、滴油、积炭、堵塞、卡死等故障。

应该注意，在喷油过程中，针阀升程是一个重要参数。针阀的升程 h 受针阀上面壳体平面的限制，一般为0.4～0.5mm。此时截流断面通过的燃油量为最大值。在使用过程中，由于磨损，升程将变大，它将延缓针阀的闭合时间，造成燃气回窜，同时加大了对针阀座的冲击载荷，加速磨损。在保修时必须重视对升程的检查。

孔式喷油嘴只有一个可变的节流断面，当针阀升起后，针阀与阀座处的通过断面很快增大，而轴针有两个可变的节流断面，当针阀升程较小时，由于轴针在喷孔中的节流作用较大，通过断面仍很小。升程增大时，轴针离开喷孔，通过断面才迅速增加。所以在轴针式的喷油特性是先少后多，对柴油机工作的柔和性有利，特性曲线如图8-2所示。

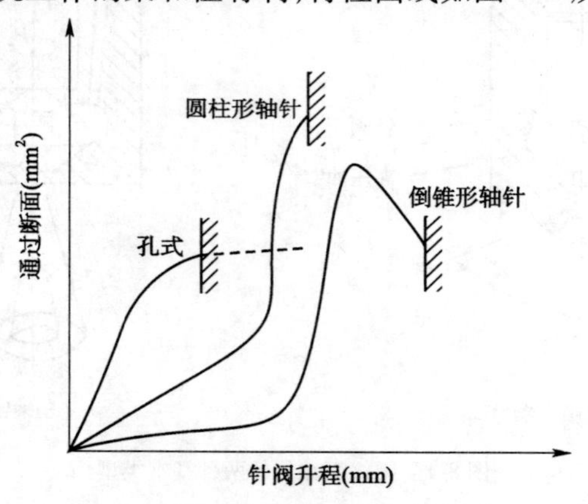

图8-2　喷油时通过断面的特性曲线

(五)喷油器的构造

1. 孔式喷油器的构造

孔式喷油器主要用于直接喷射式燃烧室中，它的针阀不伸出针阀体外，没有轴针，针阀只起喷孔的开启作用。燃油的喷射状况主要由针阀体下部喷孔的大小、方向和数目来控制。喷孔分单孔式、双孔式和多孔式，一般为1～7个喷孔，喷孔直径为0.25～0.5mm。它可以喷出一个或几个锥角不大、射程较远的油束。孔越多则孔径越小，雾化越好，分布越均匀。但小孔径使用中易结发堵塞，同时需要较高的喷油压力。

在高速强化的柴油机上，广泛地使用了长型孔式喷油嘴。这种喷油嘴加长了针阀密封锥面到承压锥面之间的圆柱长度。这样的好处是：精密配合的导向面和高压油室上移，远离燃烧室，可防止受热膨胀卡死；针阀下部四周有燃油包围，加强了对针阀及密封锥面的冷却，从而改善了工作条件，防止了变形；同时，使阀杆下部弹性较好，有点轻微的变形，也能保持较好的密封性。

图 8-3 所示为长型孔式喷油器。它由喷油嘴、喷油器壳体和调压装置三部分组成。

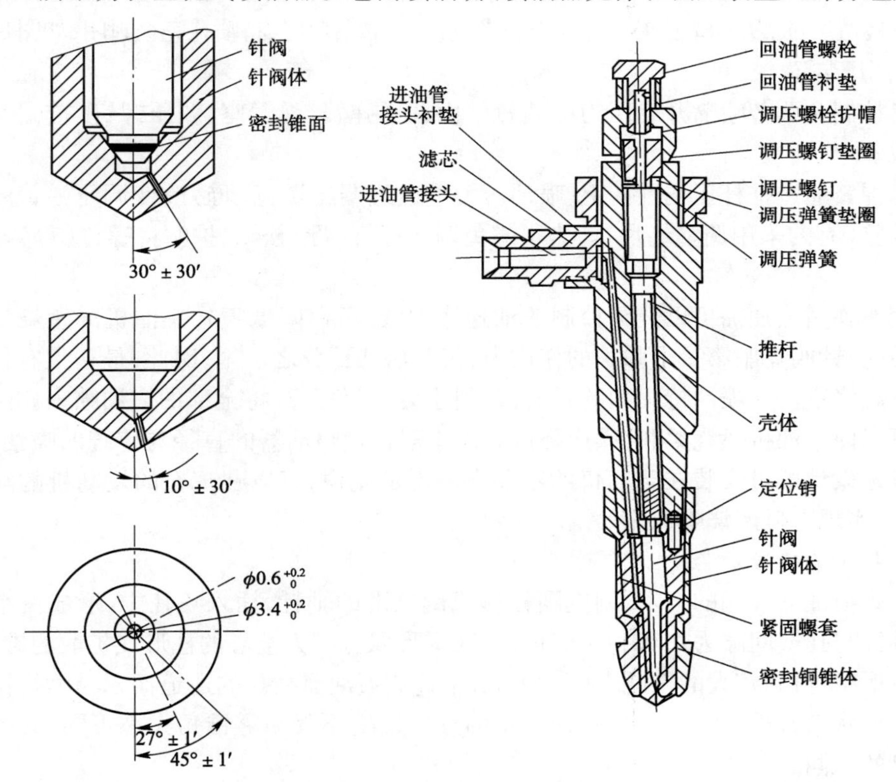

图 8-3　孔式喷油器

(1)喷油嘴。

它是喷油器的主要部件，由针阀和针阀体组成。喷油嘴是用螺套固装在壳体上，并借助定位销使喷孔在汽缸中保持所定的方位。为了使汽缸得到良好的密封，在针阀体上套有铜锥体，它还可帮助喷油嘴散热。

(2)壳体。

它用来安装调压装置和进油管路，并利用其定位销正确地使螺栓和压板固装在汽缸盖的座孔内。为防止细小杂质堵塞喷孔，在高压油管接头中装有缝隙滤芯。

滤芯有进油端的两个油道、棱边及出油端的两个油道组成。油道不是直通的槽，棱边与内孔的配合间隙为 0.02 ~ 0.40mm。高压柴油从进油道进入，必须经过棱边才能通向出油道。在过棱边时，杂质颗粒便留在缝隙中。此外，滤芯具有磁性，可以吸住金属磨屑。壳体下平面与针阀体上平面是精密加工贴合，它是限制针阀升程的限位面，同时防止高压进入针阀上端空间，影响针阀运动。在喷油期间有极少量柴油从针阀与针阀体的间隙漏出。部分柴油可以起润滑作用，但应排出体外，以免积少成多使针阀因背压增高而无法运动。回油空心螺栓上所接的回油道就是将这部分柴油引回柴油滤清器或油箱中。如漏泄的柴油增多时,意味着喷油嘴配合间隙的增大,应及时进行更换。

传统喷油嘴的针阀体锥面上的盲孔通过油嘴的喷孔与发动机的燃烧室相连。当针阀关闭时,残留的燃油聚集在盲孔中。由于它的蒸发,当再次喷射针阀打开时,残留的燃油进入发动机燃烧室中,产生不完全燃烧,未燃烧的部分以碳氢化合物的形式排出。使用无压力室喷油嘴以减少残留燃油,从而降低碳氢化合物的排放,当针阀落座时,将喷孔完全封闭,如图8-3所示。

(3)调压装置。

它是控制和调节喷嘴开启压力的装置。由调压弹簧、弹簧座、调压螺钉、护帽及推杆等零件组成。

调压弹簧通过推杆压在针阀上,喷油压力可通过调压螺钉(母)改变调压弹簧的预紧力来进行调整(有的采用调整垫片)。为了避免调压螺钉(母)松动,护帽将螺钉(母)紧固在一定位置上。

采用双弹簧喷油嘴可以分级控制喷油速率曲线,可以降低喷式集油机的燃烧噪声。在喷油开始时,针阀克服第一个弹簧的作用力,仅开启几百分之一米,因此,最初仅有很少量的柴油喷入燃烧室。在喷油持续期的后期,针阀才会全部打开,将全部的燃油喷入燃烧室。分级喷射可以使柴油机燃烧柔和,噪声降低。由于双弹簧喷油器的直径与传统的喷油器相同,不需要改进设计即可安装在柴油机的缸盖上。也就是说,可以在现在的发动机的缸盖结构的基础上,实现降低燃烧噪声。

2. 轴针式喷油器的构造

轴针式喷油器针阀的下端,制成圆柱形或倒锥形的轴针,插入喷孔中,形成一个圆环形喷孔。轴针与孔壁间隙为0.02~0.06mm。喷雾形状分别为空心的柱形或扩散的锥形,以配合燃烧室形状,得到较大的接触表面。可见,轴针式喷油器喷孔的通道面积与喷雾锥角取决于轴针的形状与升程的大小。这两种形状的轴针结构不仅喷雾锥角大小不同,其供油规律也有明显的不同。

(1)圆柱形轴针的轴针较短,喷孔壁较薄,轴针在喷孔中(露出喷孔较少)。当升程较小时,轴针有一定的节流作用,喷出油量较少。当升程增大时,轴针离开喷孔,通过断面和喷油量显著增大。

(2)倒锥形轴针的轴针较长,喷孔壁较厚,轴针在喷孔之外,喷油时轴针始终不脱离喷孔,所以称节流轴针式喷油器。它在喷油的初期,由于升程较小,通过断面 B 几乎没有变化,轴针的节流作用较大,喷油量较少。随着轴针进一步上移,间隙 C 开始控制喷孔的通过面积。当间隙 $A=C$ 时,喷孔的通过面积达到最大,喷油量迅速增多,此为主喷射阶段。当针阀再线续上升时,间隙 C 控制的通过面积变小,喷油量减少,直到停止喷油。

可见,此种轴针式喷油器能较好地满足前期少、中期多、后期少的喷油特性的要求,使燃烧过程较为合理。

轴针式喷油器的喷孔较大(1~3mm),油束的贯穿能力较强,孔内有轴针上下运动,所以喷孔不易被积炭堵塞,工作可靠。此外,由于孔径较大,喷油压力较低,一般为10~12MPa,适用于喷雾要求不高的涡流室式燃烧室,预燃室燃烧室及U形燃烧室中。轴针式喷油器的壳体结构和调压装置与孔式喷油器相同。

各式喷油器有以下普遍规律。

(1)结构形状各异,主要是喷油嘴构造不同,其进油和回油路线基本相同。调压弹簧的调压件不用螺钉就用垫片。喷油性能都需在专门的试验台上进行校验。

(2)由于喷油器是一个密封系统的重要部件,接合部位除精密配合处,都有铜制或铝制的密封件。

(3)对有喷油方向要求的双孔以上的喷油器,喷嘴与壳体间的相对位置都需要有定位销,以保证正确的喷油方向。同时体外与座孔之间也有定位措施。

(4)利用弹簧关闭喷嘴,又利用液压打开喷嘴弹簧的预紧力只能保持一定大小。但由于柴油机转速范围变化很大,喷油压力将随着变化,工况改变时满足了高速区的喷油特性,就满足不了低速区的喷油特性。低速时,控制油压最易波动,使针阀产生振动,造成怠速工况出现滴油断续喷射或隔次喷射等不利现象,这是弹簧关闭式喷油器的普遍弊病。

(5)为了减少喷油器往复运动件的质量,以减小针阀和推杆惯性所产生的断续喷射现象,在国外出现了无推杆喷油器和液压关闭式喷油器。

二 任务实施——喷油器的常用检测

(一)准备工作

(1)喷油器检测器(图8-4)。
(2)实验用喷油器。
(3)试验用0号柴油。
(4)常用实验工具。
(5)试验台。

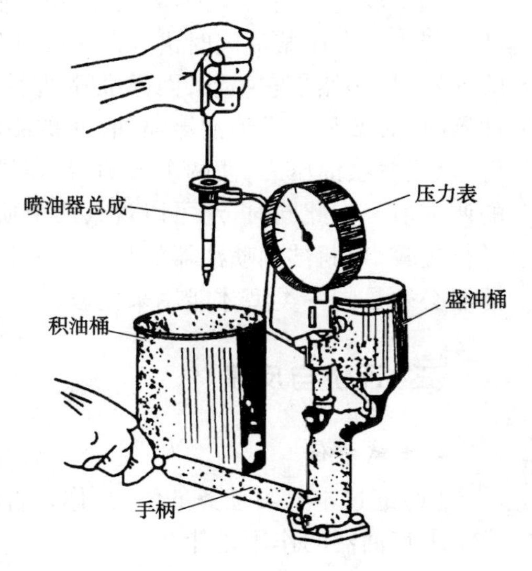

图8-4 喷油器检测器

(二)技术要求与注意事项

(1)实验过程中严禁烟火,以防止火灾发生。
(2)实验前检查高压油管,确保安全可靠。

(三)操作步骤

对于装配好的喷油器或使用一段时间后的喷油器应进行检查和调试,在进行试验和调试之前,首先应进行检测器本身密封性的检查。检查的方法是堵死高压油管出口(不装喷油器),用手柄压油至压力表值为29.4MPa,观察各接头处,不应有漏油现象,在3min内其压力下降不应超过0.98MPa。

1. 针阀偶件密封性的检验

将喷油器的调压螺钉往下旋,使其压力达到19.6MPa,且不喷油。如果压力表指针由19.6MPa下降到17.7MPa时,所经历的时间在9~20s的范围内,就表明针阀偶件密封性良好。如果针阀偶件磨损大,漏油多,可能达不到这个标准。如果下降很快,则说明油管接头处有漏油现象,或者存在其他故障,应当排除后,再进行下一个项目试验。

2. 喷油压力的检验与调试

用手柄压油，当开始喷油时，压力表所指的数值即为喷油压力数值。如果喷油压力数值不符合规定要求，则需要进行调整。旋松锁紧螺母，如果拧入调压螺钉，可以增加调压弹簧的预紧压力，可提高喷油压力；反之，则降低喷油压力。喷油器的喷油压力应按照各种配套柴油机的规定数值进行调整，并且一台柴油机上所有喷油器的喷油压力值应尽量调整一致，一般相差不得超过245kPa。

3. 喷雾质量的检验

在喷油器试验器上以每分钟60～70次的速度压动试验器手柄，使喷油器喷油，喷雾质量应符合下列要求。

（1）喷出的柴油应成雾状，没有明显可见的油滴和油流以及油束不均匀的现象。

（2）喷油开始和停止时，不应有滴油现象，喷油干脆并伴有清脆的响声。

（3）喷油器喷出的柴油雾化呈锥形，而且不应偏斜，其锥角应符合规定。喷雾锥角可用印痕法进行测量：在距喷孔100～200mm处放一张白纸（或涂有润滑脂的金属网），进行一次喷射，使油雾喷射在白纸上（或金属网上），量出喷孔到油迹的距离A和白纸上的油迹直径，根据h和D的数值计算出锥角φ的大小。

4. 对比试验

如果没有喷油器检测器，可采用喷油器对比试验方法进行调整与检查。其方法是使喷油泵产生的高压柴油同时进入两个喷油器中。如果需要被测的喷油器的喷油压力低于标准喷油器时，必然是它喷油，而标准喷油器不喷油；如果需要被测的喷油器的压力高于标准喷油器时，必然是标准喷油器喷油，而被测的喷油器不喷油，因此需调整被测喷油器的压力螺钉，以改变喷油压力，使两个喷油器同时喷油，则表示两个喷油器压力相同，从而得到了正确的调整值。与此同时，还可以观察两个喷油器所喷出的油束形状、角度大小、雾化情况等，以进行比较，判断被测喷油器的情况。此法简单易行，便于判断。采用此方法时，所使用的喷油器必须是同一类型才能用来比较。

三 评价与反馈

1. 自我评价

（1）通过本学习任务的学习，你是否已经知道以下问题：

①喷油器的作用是什么？

____

____

②闭式喷油器有几种类型？

____

____

③喷油器的使用要求是什么？

____

____

(2)实训过程完成情况如何?

____

____

(3)通过本学习任务的学习,你认为自己的知识和技能还有哪些欠缺?

____

____

签名:__________ ______年____月____日

2. 小组评价与反馈

小组评价与反馈见表8-1。

小组评价与反馈表 表8-1

序号	评价项目	评价情况
1	着装是否符合要求	
2	是否能合理规范地使用仪器和设备	
3	是否按照安全和规范的流程操作	
4	是否遵守学习、实习场地的规章制度	
5	是否能保持学习、实习场地整洁	
6	团结协作情况	

参与评价的同学签名:__________ ______年____月____日

3. 教师评价与反馈

____

____

____

签名:__________ ______年____月____日

四 技能考核标准

技能考核标准见表8-2。

技能考核标准表 表8-2

项目	操作内容	规定分	评分标准	得分
喷油器性能检测	着装规范,作业前整理工位并检查工具是否齐全	10分	酌情扣分	
	正确使用工具、仪器及使用前后的清洁	10分	工具使用错误、未清洁、工具零件落地酌情扣分	
	正确判断喷油器的故障	20分	诊断结果正确得20分	
	正确进行喷油器检测	20分	操作方法不正确扣10分; 操作不熟练扣5分	
	正确操作喷油器检测仪	20分	操作方法不正确扣10分; 操作不熟练扣5分	

续上表

项目	操作内容	规定分	评分标准	得分
喷油器性能检测	遵守安全操作规程，整理工具、清理现场	5分	每项扣2分，扣完为止	
	按时完成	5分	未按规定时间完成该项不得分	
	安全用电，防火，无人身、设备事故	10分	因违规操作发生重大人身和设备事故，此题按0分计	
总分		100分		

学习任务9 柱塞式喷油泵结构的认识

学习目标

1. 理解柱塞式喷油泵的结构和类型；
2. 懂得柱塞式喷油泵的工作原理；
3. 理解调速器的工作原理；
4. 认识柱塞式喷油泵各部分的结构。

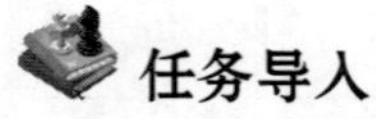

任务导入

一辆1491型号斯太尔重载卡车，装配WD615型柴油发动机，使用过程中发现加速踏板易发生卡顿，排气冒黑烟，柴油机工作转速易发生失控等情况，经维修技师检测柴油机喷油泵存在故障，需对喷油泵进行检修。

一 理论知识准备

（一）喷油泵的功用、要求和类型

喷油泵是柴油机供给系中最重要的一个总成，它的工作好坏直接影响柴油机的动力性、燃料经济性和排放性能。

1. 功用

喷油泵的功用是根据柴油机的运行工况和汽缸工作顺序，将一定量的柴油提高到一定的压力，按规定的时间和供油规律供给喷油器，进而喷入汽缸。

如果每个汽缸都有一套泵油机构，将它们装在同一个泵体上就构成了多缸发动机的喷油泵，如图9-1所示。

2. 要求

（1）定时喷油。根据柴油机燃烧过程的要求以及柴油机的不同工况应该有一定的供油时刻——供油提前角，以保证喷油准时。多缸柴油机各缸供油提前角要相同，相差不得大于

0.5°的曲轴转角。

(2)定量喷油。根据柴油机负荷的大小,供给相应数量的柴油。

(3)定压喷油。由于柴油机燃烧室形状不同,可燃混合气的形成方法也不同,应通过一定的喷油压力,保证喷油与空气有规律地混合,即均匀分布在燃烧室空间或均匀涂布在燃烧室壁上。

(4)均匀供油。各缸供油量应均匀,不均匀度不大于3% ~4%。使柴油机运转平稳并能输出最大功率。

(5)按一定规律供油。供油量与供油时间的关系,即供油量随时间(或曲轴转角)的变化关系称为供油规律。柴油机的可燃混合气的形成与燃烧过程不同,对供油规律的要求也不同。

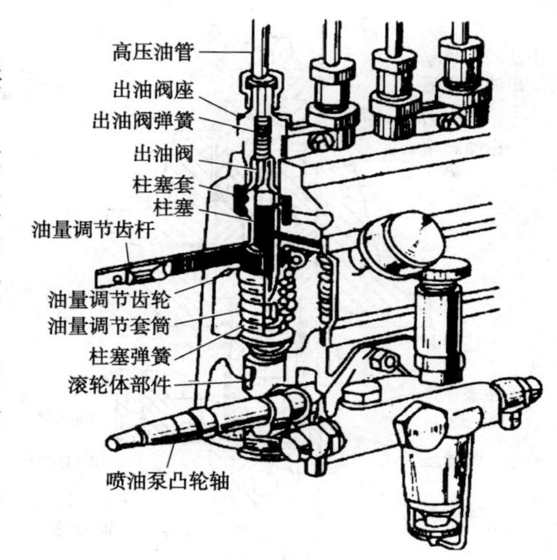

图9-1 柱塞式喷油泵的组成

(6)供油迅速,断油干脆。供油迅速可保证准确的供油开始时间。为避免喷油器出现滴油现象,喷油泵供油结束时应立即停止供油。

3. 类型

喷油泵的结构形式很多,柴油机的喷油泵按工作原理不同,可以分为以下三类。

(1)柱塞式喷油泵。柱塞式喷油泵应用的历史较长,性能良好,工作可靠,调整方便,为大多数柴油机所使用。

(2)喷油泵—喷油器。这种结构将喷油泵和喷油器合成一体后安装在汽缸盖上,省去了高压油管,能较准确地实现供油规律。但它的驱动机构比较复杂,多用在柱塞运动速度较高的二冲程柴油机上。

(3)转子分配式喷油泵。这种喷油泵只有一对柱塞副,依靠转子的转动实现燃油的分配。它具有体积小、质量小、成本低、使用方便等特点,多用于小、轻型高速柴油机。

(二)柱塞式喷油泵的结构和类型

柱塞式喷油泵主要由泵体、分泵(泵油机构)、驱动机构、油量调节机构以及出油阀等部分组成。如图9-1所示,输油泵安装在喷油泵泵体的下部外侧并由喷油泵凸轮轴驱动。

泵体一般用铝合金制成,安装于柴油机一侧的支架上。分泵是喷油泵的核心部分,每一个汽缸都对应一个分泵,由位于泵下部的喷油泵凸轮轴通过滚轮体部件驱动其上(部)端的柱塞做往复运动,压缩并供出柴油。分泵的上部,即喷油泵的出口处有出油阀。油量调节机构则用于调节供油量的大小,主要由油量调节齿条、油量调节齿杆和油量调节套筒等组成。

柱塞式喷油泵就其结构布置形式的不同,有单体泵和合成泵之分。单体泵用于单缸柴油机或多缸大中型柴油机上。在多缸高速柴油机上,通常是将各缸的泵油机构及调速器合为一体,构成合成泵(或称组合泵)。

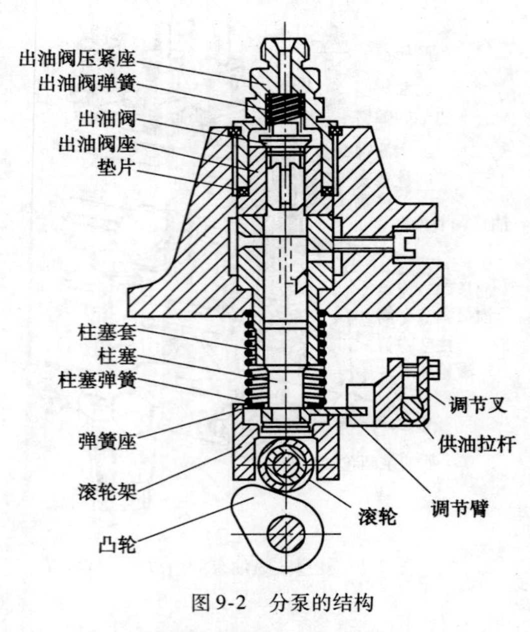

图 9-2　分泵的结构

1. 柱塞式喷油泵的分泵构造与泵油原理

合成泵中每一缸的泵油机构称为分泵，如图 9-2所示。分泵的主要零件是柱塞偶件，即柱塞套和柱塞。柱塞为一光滑圆柱体（图 9-3），在其上部铣有螺旋槽或直斜槽，螺旋槽或直斜槽与柱塞的轴向孔相通。在柱塞中部开有一环形槽，以储存少量柴油润滑工作表面。柱塞与柱塞套是燃油供给系中的精密偶件，其配合间隙为 0.001 ~0.0025mm。经研磨和选配而成，不能互换。柱塞套上部开有两个径向油孔（进油孔和回油孔），其与泵体上的低压油道相通。在柱塞套上方装有出油阀和出油阀座组成的出油阀偶件。当喷油泵凸轮转动时，即可通过滚轮、滚轮架将柱塞顶起。柱塞下落靠柱塞弹簧的弹力来实现。在泵体低压油道内的清洁柴油通过柱塞套上的进、回油孔进入柱塞腔。

柱塞式喷油泵的泵油原理如图 9-4 所示。

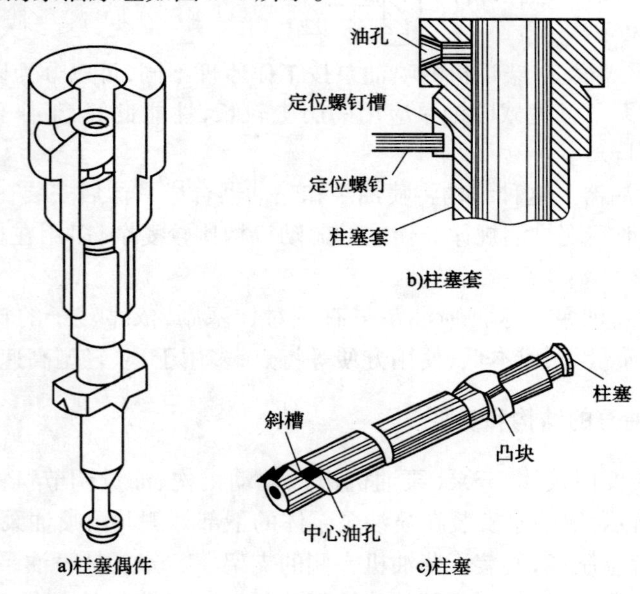

图 9-3　柱塞偶件

（1）进油过程。

凸轮转过最高位置，进入回程，在弹簧作用下，柱塞下行。当柱塞上端面与进油孔上边缘平齐时，柴油进入柱塞上方，直至柱塞到达下止点，完成进油过程，如图 9-4a）所示。

（2）压油过程。

凸轮转过最低位置后，进入升程，推动柱塞压缩弹簧上行。当柱塞上端面封闭进油孔时，在柱塞上端形成密封腔，柴油受压，使压力剧增，当压力大于出油阀弹簧的弹力和高压油管内的剩余压力之和时，推开出油阀，开始供油。当油压达到喷油压力时，柴油经喷油器喷入燃烧室。随后，柱塞继续上行，压油过程继续，如图 9-4b）所示。

（3）回油过程。

柱塞上行到斜槽与柱塞套的回油孔相通时，柱塞上方的高压腔与上体环形油槽的低压腔连通，柱塞上腔的高压油经柱塞轴向孔、径向孔及斜槽流回低压腔，油压骤然下降，出油阀在弹簧作用下迅速关闭，供油结束，如图 9-4c）所示。

（4）不供油位置。

出油阀关闭之后，柱塞继续上行到上止点为止，但不能供油，如图 9-4d）所示。

从以上泵油原理可以看出：柱塞运动的行程，即柱塞上下止点间的距离 h 是不变的。供油开始时刻由柱塞上端面遮住柱塞套上进回油孔的时间来控制，供油延续时间和供油量则由柱塞上端面遮住进回油孔至螺旋槽（或斜槽）与回油孔相通的时间来控制，即由柱塞的有效行程（供油行程）h_e 来控制。如图 9-4e）所示。

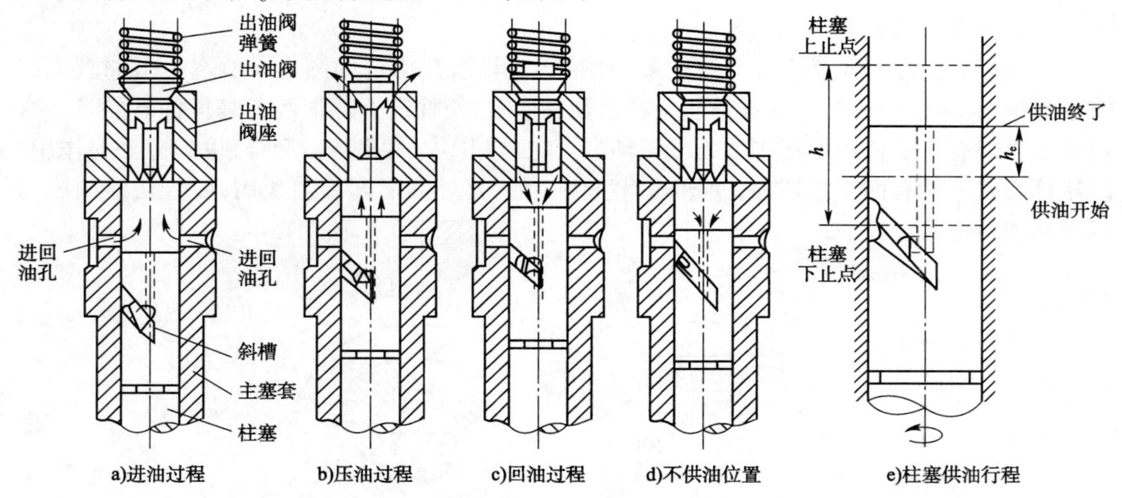

图 9-4 柱塞式喷油泵的泵油原理

柱塞由下止点开始升起到进、回油孔关闭（供油开始）的行程称为柱塞的预行程。供油时刻取决于预行程的大小，即预行程大则供油时刻延迟；反之，供油时刻则提前。改变预行程可以通过调整滚轮体的高度来实现。在分泵上调整供油时刻的方法随分泵的构造不同而异。

喷油泵每循环的供油量主要取决于柱塞的有效行程，此行程越大则供油量越大。因此，只要转动柱塞就可以改变有效行程，从而达到改变喷油泵每循环供油量的目的。转动柱塞的机构即油量调节机构一般有两种。一种是齿条式调节机构，如图 9-5b）所示。调节齿圈与调节齿杆相啮合，拉动齿杆便可带动柱塞转动。当松开齿圈的夹紧螺钉将油量调节套筒及柱塞相对于柱塞套转动一定角度时，即可调整各缸供油量的大小和均匀性。这种调节机构的优点是传动平稳、工作可靠，在柱塞式喷油泵中广泛应用。图 9-5a）为另一种拨叉式调节机构。在柱塞下端压有一个调节臂，臂的球头插入调节叉的槽内，而调节叉则用螺钉固定在供油拉杆上，推动供油拉杆就可以使柱塞转动。即可调整各缸供油量的大小和均匀性。拨叉式调节机构的优点是结构简单、制造方便。国产新系列喷油泵均采用这种调节机构。

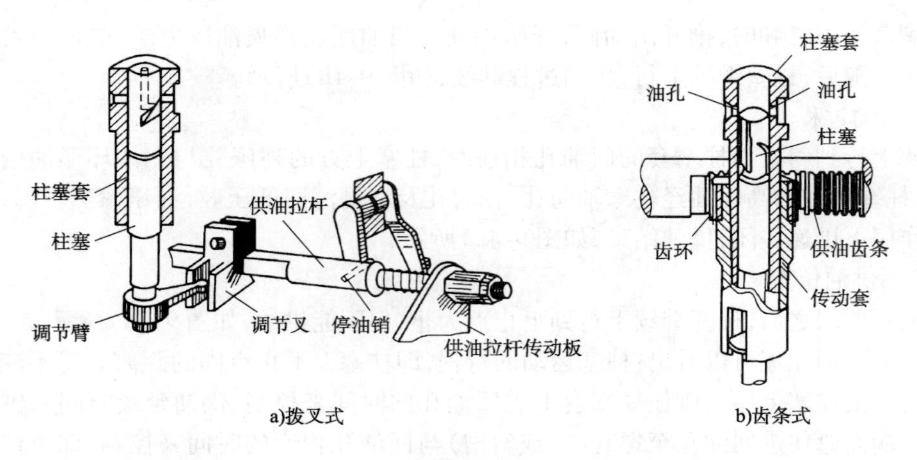

图 9-5　油量调节机构

2. 出油阀的构造和工作原理

出油阀和出油阀座是燃油系统中第三副精密偶件，其构造如图 9-6 所示。出油阀上部有密封锥面，出油阀弹簧将此锥面压紧在出油阀座上，使柱塞上部油腔与高压油管隔开。密封锥面下部有一圆柱形的环带称为减压环带。它与阀座的内孔精密配合，也具有密封作用。减压环带以下铣有四个直切槽，使槽截面呈十字形，其外圆面起导向作用，而直切槽则成为高压柴油的通路。

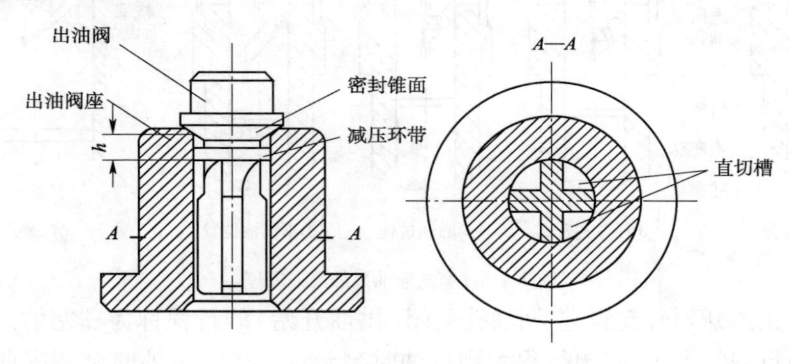

图 9-6　出油阀

当柱塞向上泵油并克服了出油阀弹簧的弹力以及高压油管的剩余压力时，出油阀开始升起，待减压环带离开出油阀座后，柴油即通过直切槽流入高压油管，如图 9-7a)、图 9-7b)所示。当柱塞螺旋槽(或斜槽)与回油孔一旦接通，高压柴油即倒流入低压油道，此时，出油阀在弹簧和高压柴油的共同作用下迅速下落。首先是减压环带的下端进入出油阀座内孔，而使柱塞上部油腔与高压油管隔开，如图 9-7c)所示，随着出油阀继续下落至出油阀座上，如图 9-7d)，出油阀便让出了一部分高压容积，使高压油管中的油压迅速降低，喷油器立即停止喷油。如果没有减压环带的减压作用，则在出油阀落座后，高压油管中仍会存在着很高的剩余压力，容易使喷油器发生滴漏、二次喷射等不正常喷射现象。此外，出油阀还起着止回阀的作用，由于出油阀密封锥面与出油阀座的密封作用，在停止喷油的间隔时间内高压油管中仍保留有一定剩余压力的柴油，这就可使每次开始供油较为迅速。

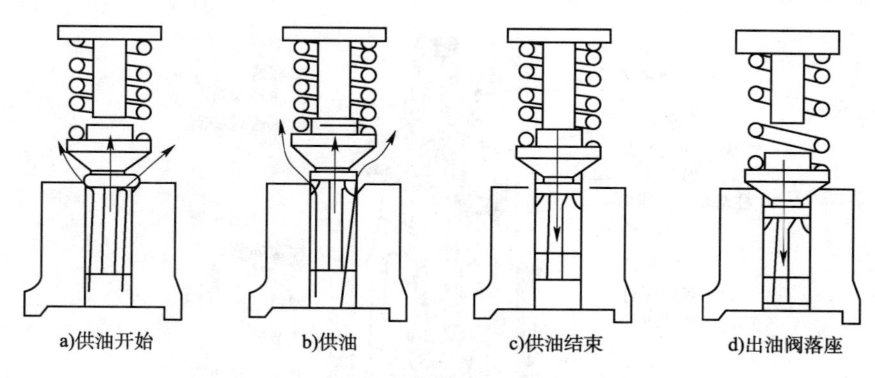

图 9-7　出油阀的工作原理

(三)国产系列喷油泵

我国中小功率高速柴油机的喷油泵已基本上形成了系列。国产喷油泵系列是根据不同柴油机单缸功率对循环供油量的要求不同,以几种柱塞行程为基础,把喷油泵分成几个系列。每个系列再配以不同直径的柱塞偶件,组成若干种最大循环供油量不等的喷油泵,以满足柴油机不同功率的要求。采用系列喷油泵后,如果柴油机单缸功率在一定范围内增加或减小,则只需更换不同直径的柱塞偶件,而不必改变其他机构,就可以达到增加或减少最大循环供油量的目的。这给喷油泵的生产和使用维修都带来了很多方便。

1. Ⅱ号喷油泵

Ⅱ号喷油泵的结构如图 9-8 所示。

(1)喷油泵体。

泵体分上、下体两部分。喷油泵下体与上体之间用四个螺栓相连,拆装维修较为方便。

上体为铸铁件以保证足够的刚度和强度,下体用铝合金铸成以减小质量。上体中有纵向的低压油道与各柱塞套的进、回油孔相通。油道一端为进油管接头,另一端装有溢油阀,其作用为保持低压油道具有一定的压力(约 50kPa)。当输油泵供给的油量过多而使油压升高时,多余的柴油则顶开溢油阀流回输油泵进口(或柴油滤清器)。上体还设有两个放气螺钉,起动时下体用水平隔板分成上下两个腔,隔板上开有垂直孔用以安装滚轮体部件。上腔一侧开有检视窗,以便检查和调整供油量。下腔的两端有轴向孔,用以安置凸轮轴轴承。下腔中部侧面开有安装输油泵的连接口,此外还开有小孔用以安装检查润滑油油面高度的油尺。下腔后端通过小孔与调速器壳体内腔相通,润滑油由调速器上的呼吸器孔加入,经此小孔流入喷油泵下腔以润滑凸轮传动机构。可拧开,以排除低压油道中的空气。

(2)分泵。

分泵由柱塞偶件、柱塞弹簧、出油阀偶件、出油阀弹簧、减容器以及出油阀紧座等零件组成。

在柱塞上部圆柱形表面上铣有与轴线成 50°的左向直斜槽,中心钻有垂直小孔与斜槽上的径向小孔相通。柱塞中部开有浅环槽,可储存少量柴油润滑柱塞偶件。柱塞下端与调节臂压配,压配时应保证一定的相对位置,否则会影响正确的供油量。柱塞套上的进、回油孔在同一水平轴线上,其中与斜槽相对的孔是回油孔,另一个为进油孔,它们均与泵体中的低压油道相通。柱塞套装入上泵体时,为了保证这两个油孔的正确位置以及避免工作时柱塞套转动,用定位螺钉加以定位。

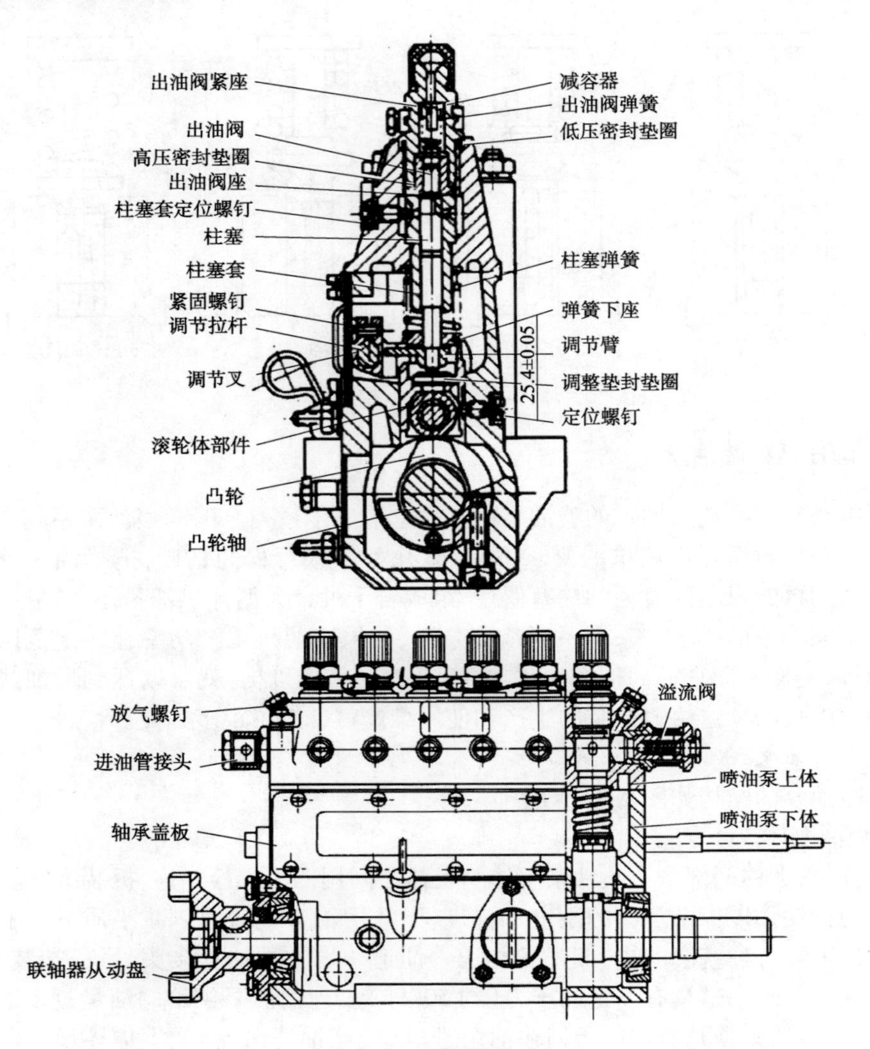

图 9-8　Ⅱ号喷油泵

出油阀紧座通过垫圈将出油阀座压紧在柱塞套上。出油阀紧座与上泵体之间的橡胶圈用作低压封油,而出油阀座上部与出油阀紧座之间的铜垫圈用作高压封油。此外,出油阀紧座中还装有减容器,其功用是减小高压油腔的容积,以改善供油特性,提高经济性。同时也用来限制出油阀的最大升程。

(3)油量调节机构。

Ⅱ号喷油泵和其他新系列泵均采用拨叉式油量调节机构。

(4)传动机构。

Ⅱ号喷油泵的传动机构主要由凸轮轴、滚轮体部件和联轴节从动盘组成(图 9-8)。凸轮轴的两端支承在圆锥滚柱轴承上,通过增减轴承盖与下泵体之间的垫片可以调整凸轮轴的轴向间隙。凸轮轴前端装有联轴节从动盘,后端与调速器的驱动盘相连。在凸轮轴上还有偏心轮用以驱动输油泵。

滚轮体一侧开有纵向长槽与定位螺钉相配合(图 9-8),防止滚轮体部件上下运动时转动。在滚轮体内还装有调整垫片,用以调整供油提前角。

喷油泵凸轮轴是曲轴通过正时齿轮驱动的。对于四冲程柴油机,凸轮轴转速等于曲轴转速的1/2,对于二冲程柴油机,其凸轮轴转速等于曲轴转速。

国产Ⅰ、Ⅱ、Ⅲ号系列喷油泵的结构基本类似,其主要优点是:结构紧凑、体积小、质量小、零件数量少;工艺性、通用性、互换性较好,使用维修也较方便。但是,新系列喷油泵也存在着一些缺点:如尺寸过于紧凑,从而使适应增大功率的潜力较小;泵体刚度差易于变形;调节机构不够灵活;少数零件磨损较严重等,使喷油泵的性能和耐久性受到影响。

2. A 型喷油泵

A 型喷油泵的结构如图 9-9 所示。

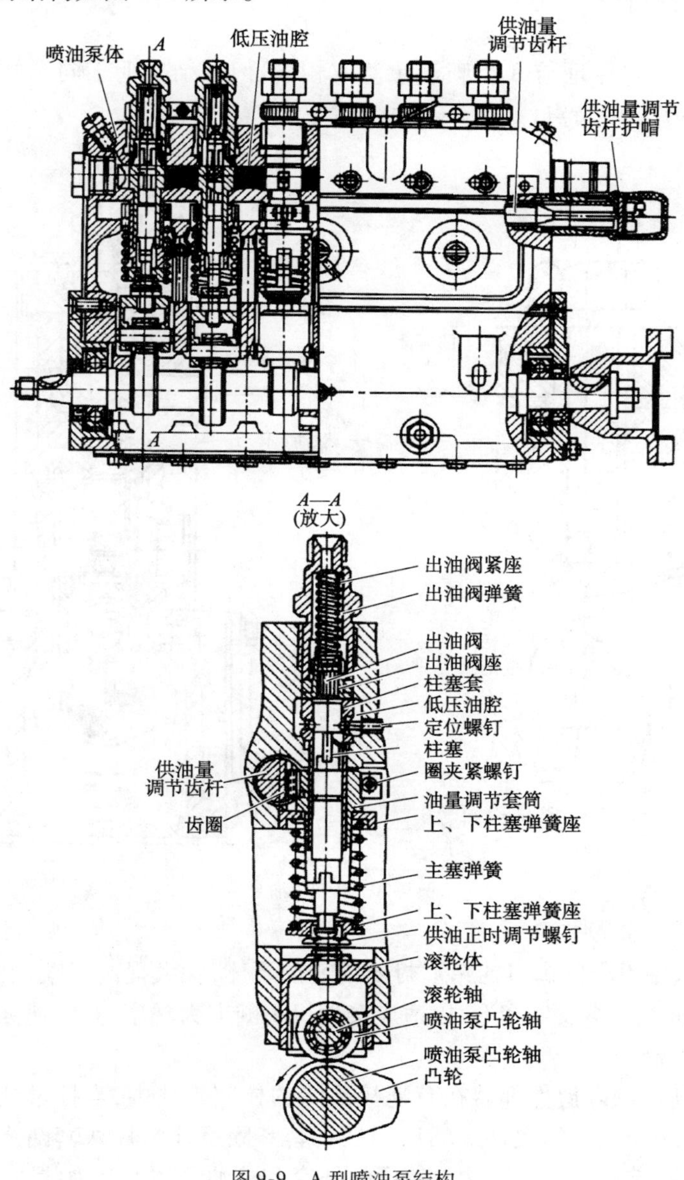

图 9-9　A 型喷油泵结构

其工作原理与Ⅱ号喷油泵基本相同。与Ⅱ号喷油泵相比,其结构上的主要区别为:

(1)A型喷油泵采用整体式泵体,其刚性较好。

(2)柱塞上部开有调节供油量的螺旋形斜槽和轴向直槽,可减小供油量随柱塞转动的变化率,但也增加了柱塞偶件的侧向磨损。

(3)油量调节机构为齿条式结构。

(4)传动机构中滚轮体部件的高度 A 用调整螺钉调节,如图9-9所示。松开锁紧螺母,旋出或旋进调整螺钉,即可改变滚轮体部件的高度从而改变相应分泵的供油提前角。这种结构不用拆开喷油泵即可调整分泵的供油提前角,比较方便,但也增加了调整工作,而且调整螺钉头部硬度的提高受到工艺上的限制,使用中容易磨损。

3. P型喷油泵

P型喷油泵的工作原理与A型喷油泵基本相同,但在结构上不同于柱塞式喷油泵的传统结构,具有一些明显的特点,如图9-10所示。

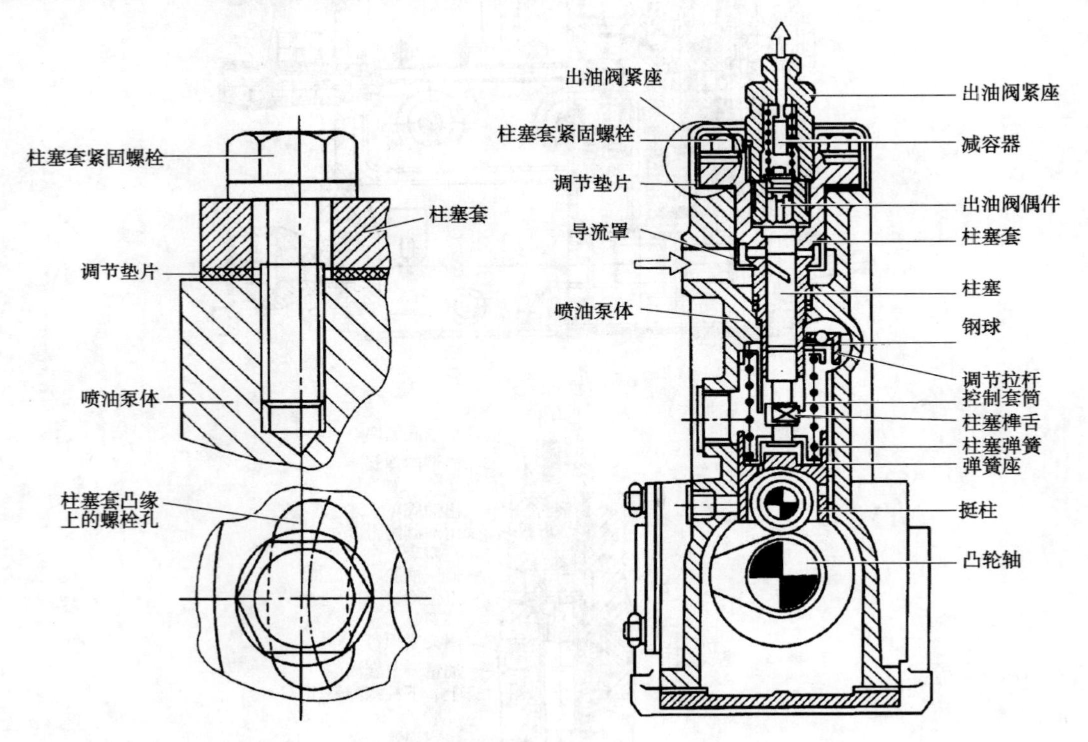

图9-10 P型喷油泵

(1)封闭箱式喷油泵体。

P型喷油泵采用不开侧窗口的箱形封闭式喷油泵体,大大提高了喷油泵体的刚度,可以承受较高的喷油压力而不发生变形,以适应柴油机不断向大功率、高转速强化的需要。

(2)吊挂式柱塞套。

喷油泵柱塞和出油阀偶件都装在有连接凸缘的柱塞套体内,当拧紧柱塞套顶部的出油阀紧座之后,构成一个独立的组件。然后用柱塞套紧固螺栓将柱塞套凸缘紧固在泵体的上端面上,形成吊挂式结构。这种结构改善了柱塞套和喷油泵体的受力状态。

(3)钢球式油量调节机构。

P 型喷油泵的油量调节机构(图 9-10)包括调节拉杆、控制套筒和嵌入调节拉杆凹槽中的钢球。柱塞上的榫舌嵌入控制套筒的豁口中,移动调节拉杆,通过钢球带动控制套筒使柱塞转动,从而改变供油量。这种油量调节机构结构简单,工作可靠,配合间隙小。

(4)采用压力润滑方式。

利用柴油机润滑系统主油道内的机油对各润滑部位施行压力式润滑。

P 型泵各缸供油提前角或供油间隔角是利用在柱塞套凸缘下面增减调节垫片(图 9-10)的方法来进行调节的。调匀各缸供油量则通过转动柱塞套来实现。柱塞套凸缘上的螺栓孔是长圆孔,拧松紧固螺栓,柱塞套可绕其轴线转动 10°左右。当转动柱塞套时,改变了柱塞套进、回油孔与柱塞的相对位置,从而改变了柱塞的有效行程,即改变了循环供油量。

(四)调速器的工作原理

由柱塞式喷油泵的工作原理可知,喷油泵的每循环供油量 g_b 可以通过转动柱塞来调节,即主要取决于油量调节齿杆(或拉杆)的位置。但是,实际的每循环供油量还受到柴油机转速的影响。从理论上讲,当柱塞上端面关闭柱塞套的进、回油孔时才开始泵油,而实际上当柱塞上端面还未完全关闭进、回油孔时,由于节流作用,柱塞腔内的柴油压力就开始升高,致使出油阀提前开启。同理,当供油终了而柱塞的斜槽边缘开启回油孔通道还不足够大时,由于节流作用,高压柴油不能立即流回到低压油道中去,仍维持较高的压力,致使出油阀迟闭。出油阀的早开和迟闭使柱塞的实际供油行程大于它的理论供油行程。并且随着转速的升高,这种节流作用越来越大,使柱塞的实际供油行程超出它的理论供油行程也越来越多。因此,尽管油量调节齿杆(或拉杆)的位置不变,但喷油泵的循环供油量则随着转速的升高而增加,这就是柱塞式喷油泵的速度特性,如图 9-11 所示。

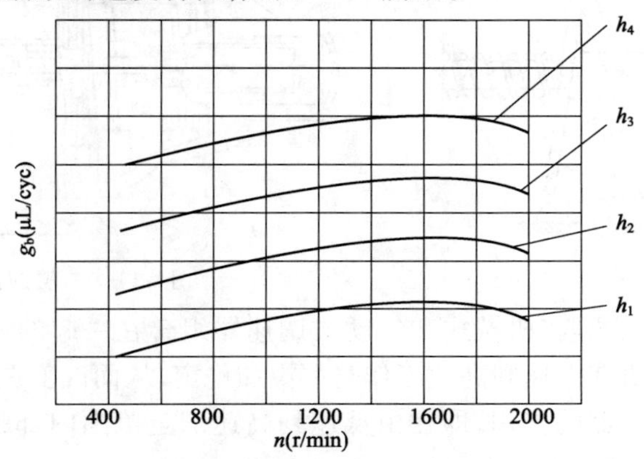

图 9-11 柱塞式喷油泵的速度特性

h_1、h_2、h_3、h_4 为喷油泵调节齿杆(或拉杆)的固定位置

1. 调速器的作用

当柴油机在怠速工况下运转时,喷入汽缸的燃油量很少,输出的动力仅用于克服柴油机内部各机构运动阻力。当柴油机内部阻力由于某种原因略有增大时,会使车速下降,在喷油速度特性的影响下,喷油泵供油量自动减小,促使转速进一步下降。如此循环,最终将导致柴油机熄火。

为了保持柴油机转速的相对稳定(或波动很小),必须随着负荷的变化相应改变供油拉杆的位置。当负荷下降时,减少供油量;相反,当负荷增加时,必须相应增加循环供油量来保持转速的稳定。但是,工程机械的负荷变化量十分复杂的,完全依靠驾驶人改变供油拉杆的位置来稳定柴油机的转速,这是无法实现的。因此,必须在柴油机上安装一种专门装置——调速器。调速器作用就是根据外界负荷的变化,能自动调节循环供油量,限制最高转速,稳定怠速,使柴油机能稳定运转。

2. 调速器的种类

调速器的种类和形式很多,总括起来可从以下两方面进行分类。

(1)按工作原理分。

①机械离心式调速器(图9-12)。它主要是利用飞锤(或飞块)随凸轮轴旋转时所产生的离心力与调速弹簧的预紧力相平衡的原理进行工作。飞球装在凸轮轴上,随着转速的改变,产生不同的离心力,并与调速弹簧平衡在不同位置,通过滑套(调速套筒)及杠杆机构改变齿杆的行程,实现自动调节。

②气动式调速器(图9-13)。它是应用真空吸力与调速弹簧的预紧力的平衡原理进行工作。它是通过柴油机转速的变化和节气门开度的大小,使与进气喉管相通的真空室内产生不同的吸力,膜片平衡在不同的位置,并通过膜片直接调节齿杆的行程。节气门开度一定时,柴油机转速越高,真空室内真空度越大,越容易把齿杆吸到相对较小油门开度位置。

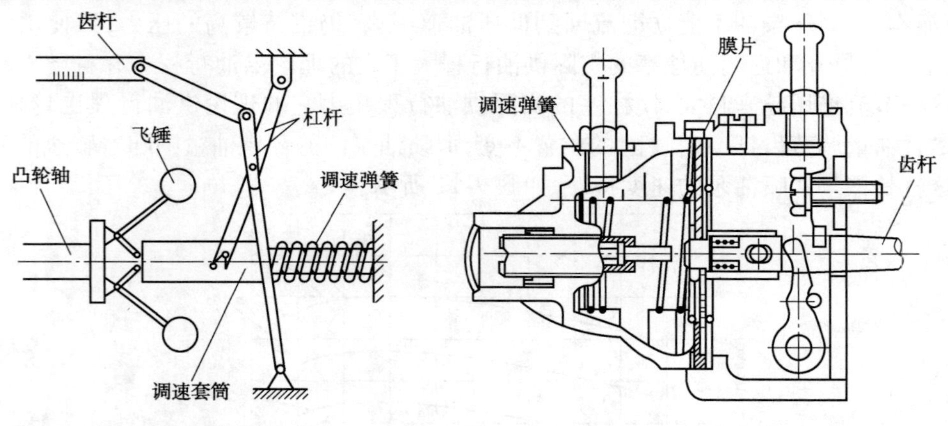

图9-12　机械式调速器　　图9-13　气动式调速器

③复合式调速器。它是将机械式和气动式调速器组合在一起的调速器,利用两种调速器的各自优点,使柴油机在低速和高速工作时都更加稳定,从而改变调速器的调速性能。其中,气动部分起全速调速器的作用,即在由低速到高速的全范围内都起作用;而机械部分则只在高速时和气动部分共同调节。

④液压式调速器。它是利用流体压力随柴油机转速变化而变化的原理来调节喷油泵的供油量,它的特点是感应元件小、通用性强且具有良好的稳定性和很高的调节精度。但结构复杂、制造工艺要求高,在中小功率柴油机中的应用不如机械调速器广泛。

⑤电子式调速器。它具有很高的响应速度和静态、动态调节精度,能够实现无差并联运行。

(2)按功能分。

①单速式调速器。单速式调速器只控制高速,主要用于发电机组、空气压缩机和离心式

水泵等恒定转速的柴油机上。

②两速式调速器。两速式调速器只能自动稳定和限制柴油机最低和最高转速，而在所有中间转速范围内则由驾驶人直接操纵齿杆和拉杆来控制。它适用于一般条件下使用的车用柴油机。

③全速式调速器。它对柴油机由怠速到最高转速的任何转速下都能自动调节供油量的大小，在各种负荷下都能进行自动控制，各种工程机械柴油机广泛使用这种调速器。

④全速两速式调速器。这种调速器既具有全速的功能，又有两速的作用，适用于运行式起重机、搅拌器运输车等具有行驶和作业双重任务的工程机械上，行驶时用两速可省力，作业时用全速更可靠。

调速器要完成它的功能，必须有两个基本组成部分，即转速感应元件和调节供油拉杆位置的执行机构。而机械离心式调速器常采用具有一定质量的、与调速弹簧相平衡的钢球（飞锤或飞块等）作为感应元件。当转速发生变化时，利用感应元件旋转时离心力的变化来驱动执行机构以改变供油拉杆的位置，所以也称为机械离心式调速器。

机械离心式调速器由于其结构紧凑、工作可靠而获得广泛的应用。

二　任务实施——柱塞式喷油泵拆装

（一）实训准备

（1）实验用喷油泵。

（2）常用拆卸工具。

（3）专用试验台。

（二）技术要求和注意事项

（1）拆卸与装配过程中严禁蛮力拆装。

（2）装配前所有零部件清洗干净。

（三）实验步骤

1. 喷油泵的拆卸

（1）先堵住低压油路进出油口和高压油管接头：防止污物进入油路，用柴油、煤油、汽油或中性金属清洗剂清洗泵体外部。旋下调速器底部的放油螺钉，放尺机油。

（2）将油泵固定在专用拆装架或自制的T形架上，拆下输油泵总成、检视窗盖板、油尺等总成附件及泵体底部螺塞。

（3）转动凸轮轴，使1缸滚轮体处于上止点，将滚轮体托板（或销钉）插入调整螺钉与锁紧螺母之间（或挺柱体锁孔中），使滚轮体和凸轮轴脱离。

（4）拆下调速器后盖固定螺钉，将调速器后壳后移到倾斜适当角度，拨开连接杆上的锁夹或卡销，使供油齿杆和连接杆脱离。用尖咀钳取下启动弹簧、取下调速器后壳总成。

（5）用专用扳手固定住供油提前角自动调节器，在喷油泵另一端用专用套筒拆下调速飞块支座固定螺母，用拉器拉下飞块支座总成，用专用套筒拆下提前器固定螺母，用拉器拉下提前器。

(6)拆凸轮轴部件。拆卸前应先检查凸轮轴的轴向间隙(0.05～0.10mm)。将测得值与标准比较,即可在装配时知道应增垫片的厚度。若不需要更换凸轮轴轴承,先测间隙也可减少装配时的反复调整。拆下前轴承盖,收好调整垫片,拆下凸轮轴支承轴瓦。用木槌从调速器一端敲击凸轮轴,将轴和轴承一起从泵体前端取下。若需要更换轴承,可用拉器拉下轴承。

(7)将泵体检视窗一侧向上放平。从油底塞孔中装入滚轮挺柱顶持器,顶起滚轮部件,拔出挺柱托板(或销钉),取出滚轮体总成,按上述方法,依次取出各缸滚轮体总成。如果需对滚轮体解体,则应先测量记下其高度,取出柱塞弹簧、弹簧上下座、油量控制套筒,旋出齿杆限位螺钉,取出供油齿杆,旋出出油阀压紧座,用专用工具取出油阀偶件及减容器、出油阀弹簧、柱塞偶件,按顺序放在专用架上。

2. 喷油泵的装配

(1)装配时应在清洁干净后的零件表面涂上清洁的机油。

(2)装供油齿杆。将供油齿杆上的定位槽对准泵体侧面上的齿杆限位螺钉孔,装复限位螺钉,检查供油齿杆的运动阻力,当泵体倾斜45°时,供油齿杆应能靠自重滑动。

(3)装柱塞套筒。柱塞套筒从泵体上方装入座孔中,其定位槽应恰好卡在定位销上,保证柱塞套完全到位。注意座板必须彻底清理,防止杂物卡在接触面间,造成柱塞套筒偏斜和接触面不密封。

(4)将出油阀偶件、密封垫圈、出油阀弹簧、减容器体和出油阀压紧座依次装入泵体。必须注意出油阀座与柱塞套上端面之间的清洁,并保证密封垫圈完好。用35N·m的力矩拧紧出油阀压紧座,过紧会引起泵体开裂、柱塞咬死及齿杆阻滞、柱塞套变形,加剧柱塞副磨损。装配后应检查喷油泵的密封性。

(5)装复供油齿圈和油量控制套筒。油量控制套筒通过齿圈凸耳上的夹紧螺钉和齿圈固定成一体,两者不能相对转动。一般零件上有装配记号,没有记号时应使齿圈的固定凸耳处在油量控制套筒两孔之间居中位置。确定供油齿杆中间位置。将供油齿杆上的记号(刻线或冲点)与泵体端面对齐。或与齿圈上的记号对齐,如果齿杆上无记号,则应使供油齿杆前端面伸出泵体前端面达到说明书规定的距离。装上齿圈和油量控制套筒。左右拉动供油齿杆到极限位置时,齿圈上凸耳的摆动角度应大致相等,并检查供油齿杆的总行程。

(6)装入柱塞弹簧上座及柱塞弹簧。将柱塞装入对应的柱塞套,再装上下弹簧座。注意柱塞下端十字凸缘上有记号的一侧应朝向检视窗。下弹簧有正反之分不能装反。

(7)装滚轮挺柱体。调整滚轮挺柱体调整螺钉,达到说明书规定高度或拆下时记下的高度。将滚轮体装入座孔,导向销必须嵌入座孔的导向槽内。用力推压滚轮体或用滚轮顶持器和滚轮挺柱托板,支起滚轮挺柱。逐缸装复各滚轮体。每装复一个都要拉动供油齿杆,检查供油齿杆的阻力。

(8)装复凸轮和中间支承轴瓦,装上调速器壳和前轴承盖。注意凸轮轴的安装方向,无安装标记时也可根据输出泵驱动凸轮位置确定安装方向。凸轮轴的中间支承应与凸轮轴一起装入泵体,否则凸轮轴装复后就无法装上;喷油泵凸轮轴装到泵体内应有确定的轴向位置和适当的轴向间隙。凸轮轴装复后,应转动灵活,轴向间隙应为0.05～0.10mm;装复供油提前角自动调节器,转动凸轮轴,取下各滚轮体托板。拉动供油齿杆,阻力应小于15N,否则应查明原因,予以排除。

(9)装复输出泵、调速器总成等附件。

三 评价与反馈

1. 自我评价

(1)通过本学习任务的学习,你是否已经知道以下问题:

①喷油泵的作用是什么?

____

____

②柱塞式喷油泵的特点是什么?

____

____

③简述柱塞式喷油泵的构成?

____

____

(2)实训过程完成情况如何?

____

____

(3)通过本学习任务的学习,你认为自己的知识和技能还有哪些欠缺?

____

____

签名:____________　________年____月____日

2. 小组评价与反馈

小组评价与反馈见表9-1。

小组评价与反馈表　　表9-1

序号	评价项目	评价情况
1	着装是否符合要求	
2	是否能合理规范地使用仪器和设备	
3	是否按照安全和规范的流程操作	
4	是否遵守学习、实习场地的规章制度	
5	是否能保持学习、实习场地整洁	
6	团结协作情况	

参与评价的同学签名:____________　________年____月____日

3. 教师评价与反馈

____

____

____

签名:____________　________年____月____日

四 技能考核标准

技能考核标准见表9-2。

技能考核标准表　　表9-2

项目	操作内容	规定分	评分标准	得分
喷油泵性能检测	着装规范,作业前整理工位并检查工具是否齐全	10分	酌情扣分	
	正确使用工具、仪器及使用前后的清洁	10分	工具使用错误、未清洁、工具零件落地酌情扣分	
	正确拆卸喷油泵	20分	操作方法不正确扣10分; 操作不熟练扣5分	
	正确认识喷油泵各部件	20分	每错一项扣5分	
	正确装配喷油泵	20分	操作方法不正确扣10分; 操作不熟练扣5分	
	遵守安全操作规程,整理工具、清理现场	5分	每项扣2分,扣完为止	
	按时完成	5分	未按规定时间完成该项不得分	
	安全用电,防火,无人身、设备事故	10分	因违规操作发生重大人身和设备事故,此项按0分计	
总分		100分		

学习任务10　分配式喷油泵结构的认识

学习目标

1. 理解分配式喷油泵的结构和类型;
2. 懂得分配式喷油泵的工作原理;
3. 认识柱塞式喷油泵各部分的结构。

任务导入

一辆EQ1141G型东风重载卡车,装配6BT118－01型柴油发动机,配用VE型分配泵,使用过程中发现加速踏板易发生卡顿,排气冒黑烟,柴油机工作转速易发生失控等情况,经维修技师检测柴油机喷油泵存在故障,需对喷油泵进行检修。

一 理论知识准备

转子分配式喷油泵(简称分配泵)按其结构不同,分为径向压缩式分配泵和轴向压缩式分配泵两种。径向压缩式分配泵由于主要零件的配合精度要求高且加工不方便等原因，近年来已较少应用。轴向压缩式分配泵又称 VE 分配泵，是德国博世公司于 20 世纪 80 年代初研制出来的一种新型分配泵，现已广泛应用在小型高速柴油机上。

分配泵与直列柱塞式喷油泵比较，具有以下特点。

(1)分配泵结构简单，零件少，体积小，质量小，使用中故障少，容易维修。

(2)分配泵精密偶件加工精度高，供油均匀性好，因此不需要进行各缸供油量和供油定时的调节。

(3)分配泵的运动件靠喷油泵体内的柴油进行润滑和冷却，因此，对柴油的清洁度要求很高。

(4)分配泵凸轮的升程小，有利于提高柴油机转速。

(一)VE 型分配泵结构

VE 型分配泵由驱动机构、二级滑片式输油泵、高压分配泵头和电磁式断油阀等部分组成。此外，机械式调速器和液压式喷油提前器也安装在分配泵体内(图 10-1)。

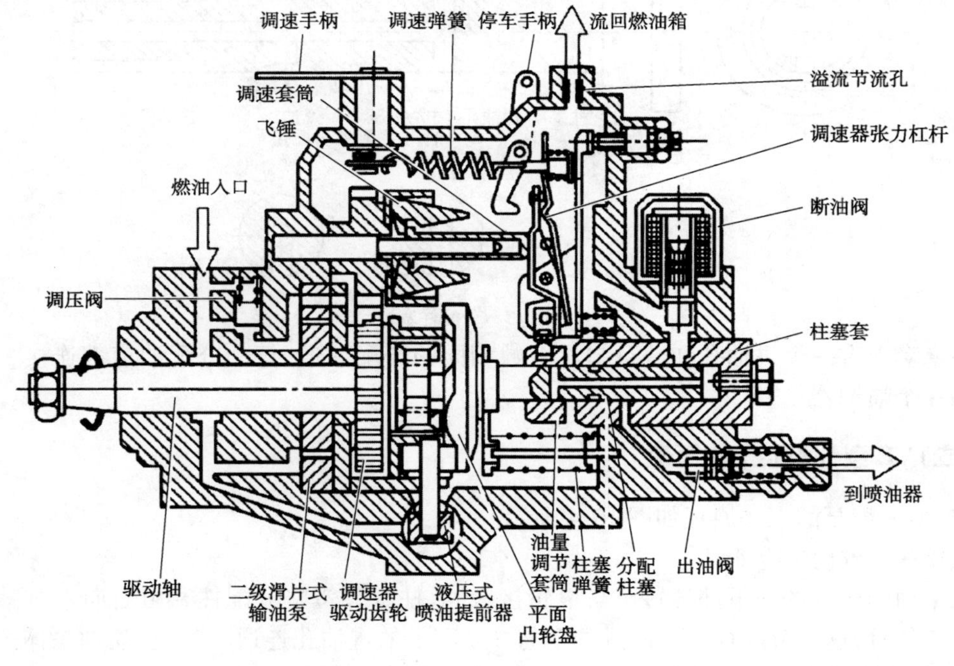

图 10-1 VE 型分配泵

驱动轴由柴油机曲轴定时齿轮驱动。驱动轴带动二级滑片式输油泵工作，并通过调速器驱动齿轮带动调速器轴旋转。在驱动轴的右端通过联轴器与平面凸轮盘连接，利用平面凸轮盘上的传动销带动分配柱塞。柱塞弹簧将分配柱塞压紧在平面凸轮盘上，并使平面凸轮盘压紧滚轮。滚轮轴嵌入静止不动的滚轮架上。当驱动轴旋转时，平面凸轮盘与分配柱塞同步旋转，而且在滚轮、平面凸轮和柱塞弹簧的共同作用下，凸轮盘还带动分配柱塞在柱塞套内做往复运动。往复运动使柴油增压，旋转运动进行柴油分配。图 10-2 所示为滚轮、联轴器及平面凸轮示意图。

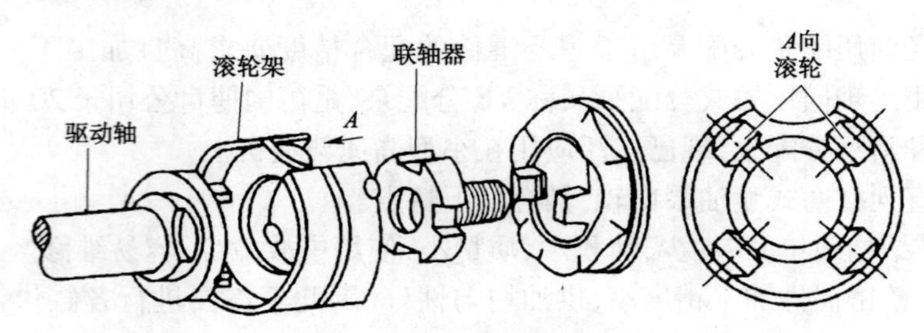

图 10-2　滚轮、联轴器及平面凸轮

凸轮盘上平面凸轮的数目与柴油机汽缸数相同。分配柱塞的结构如图 10-3 所示。在分配柱塞的中心加工有中心油孔，其右端与柱塞腔相通，而左端与泄油孔相通。分配柱塞上还加工有燃油分配孔、压力平衡槽和数目与汽缸数相同的进油槽。

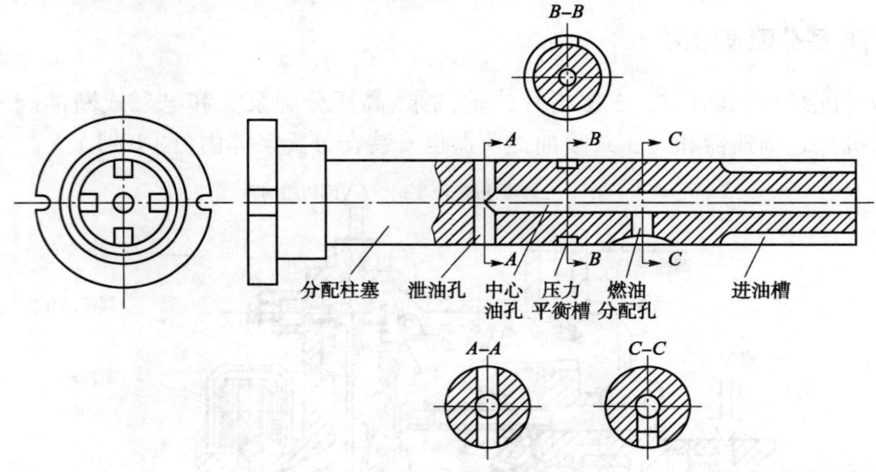

图 10-3　分配柱塞

柱塞套上有一个进油孔和数目与汽缸数相同的分配油道，每个分配油道都连接一个出油阀和一个喷油器。

(二)VE 型分配泵工作原理

VE 型分配泵的工作原理如图 10-4 所示。

1. 进油过程［图 10-4a)］

当平面凸轮盘的凹下部分转至与滚轮接触时，柱塞弹簧将分配柱塞由右向左推移至柱塞下止点位置，这时分配柱塞上的进油槽与柱塞套上的进油孔连通，柴油自喷油泵体的内腔经进油道进入柱塞腔和中心油孔内。

2. 泵油过程［图 10-4b)］

当平面凸轮盘由凹下部分转至凸起部分与滚轮接触时，分配柱塞在凸轮盘的推动下由左向右移动。在进油槽转过进油孔的同时，分配柱塞将进油孔封闭，这时柱塞腔内的柴油开始增压。与此同时，分配柱塞上的燃油分配孔转至与柱塞套上的一个出油孔相通，高压柴油从柱塞腔经中心油孔、燃油分配孔、出油孔进入分配油道，再经出油阀和喷油器喷入燃烧室。

平面凸轮盘每转一周，分配柱塞上的燃油分配孔依次与各缸分配油道接通一次，即向柴油机各缸喷油器供油一次。

3. 停油过程[图 10-4c)]

分配柱塞在平面凸轮盘的推动下继续右移，当柱塞上的泄油孔移出油量调节套筒并与喷油泵体内腔相通时，高压柴油从柱塞腔经中心油孔和泄油孔流进喷油泵体内腔，柴油压力立即下降，供油停止。

从柱塞上的燃油分配孔与柱塞套上的出油孔相通的时刻起，至泄油孔移出油量调节套筒的时刻止，这期间分配柱塞所移动的距离为柱塞有效供油行程。显然，有效供油行程越大，供油量越多。移动油量调节套筒即可改变有效供油行程，向左移动油量调节套筒，停油时刻提早，有效供油行程缩短，供油量减少；反之，向右移动油量调节套筒，供油量增加。油量调节套筒的移动由调速器操纵。

4. 压力平衡过程[图 10-4d)]

分配柱塞上设有压力平衡槽，在分配柱塞旋转和移动过程中，压力平衡槽始终与喷油泵体内腔相通。在某个汽缸供油停止之后，且当压力平衡槽与相应汽缸的分配油道连通时，分配油道与喷油泵体内腔相通，于是两处的油压趋于平衡。在柱塞旋转过程中，压力平衡槽与各缸分配油道逐个相通，致使各分配油道内的压力均衡一致，从而可以保证各缸供油的均匀性。

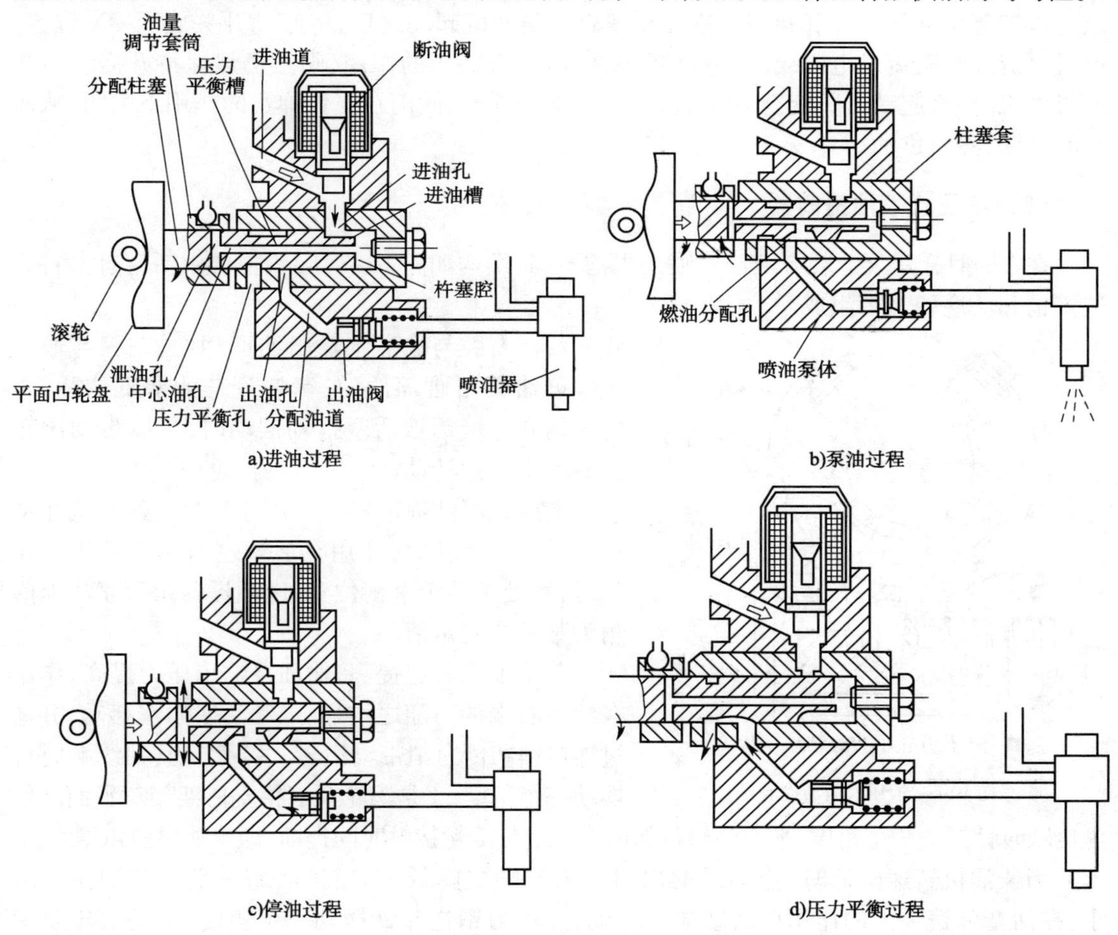

图 10-4 VE 型分配泵的工作原理

(三)电磁式断油阀

VE 型分配泵装有电磁式断油阀,其电路和工作原理如图 10-5 所示。

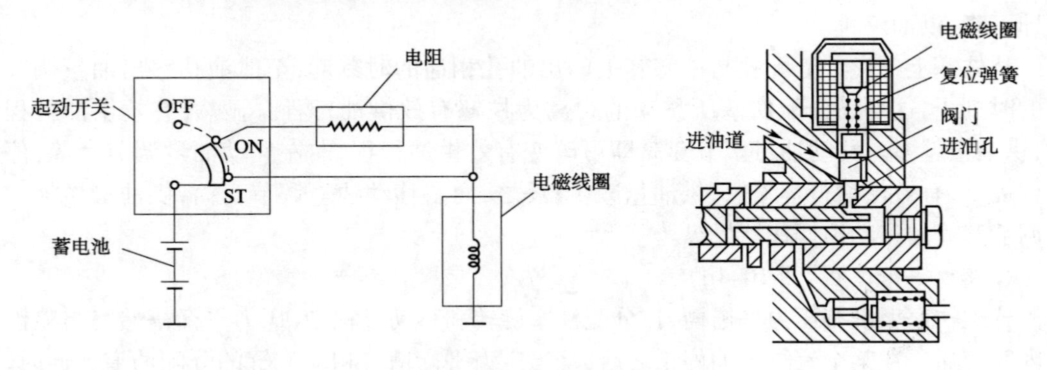

图 10-5　电磁式断油阀电路及其工作原理

起动时,将起动开关旋至 ST 位置,这时来自蓄电池的电流直接流过电磁线圈,产生的电磁力压缩复位弹簧,将阀门吸起,进油孔开启。柴油机起动之后,将起动开关旋至 ON 位置,这时电流经电阻流过电磁线圈,电流减小,但由于有油压的作用,阀门仍然保持开启。当柴油机停机时,将起动开关旋至 OFF 位置,这时电路断开,阀门在复位弹簧的作用下关闭,从而切断油路,停止供油。

(四)液压式喷油提前器

在 VE 型分配泵上装有液压式喷油提前器,其结构如图 10-6 所示,主要由活塞、传力销、连接销和活塞弹簧等组成。

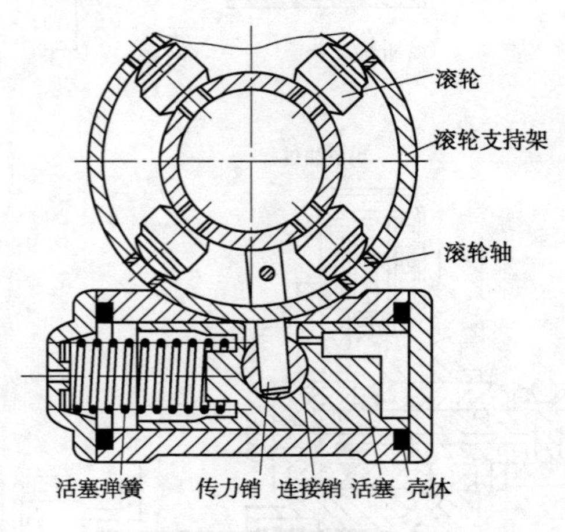

图 10-6　液压式喷油提前器

活塞右腔与输油泵输出油道相通,左腔与输油泵体进油道相通,活塞左端弹簧是活塞复位弹簧。传力销和连接销被活塞推动摆动时,可以带动滚轮及滚轮支持架转动。

液压式喷油提前器的工作原理为当柴油机在某一转速稳定运转时,作用在活塞左右两端的压力相等,活塞处于某个平衡位置,供油提前角和喷油提前角为某一个确定值。

若柴油机转速提高,输油泵输出压力提高,作用在活塞右端的力随之增加,推动活塞向左移动,并通过连接销和传力销带动滚轮支持架绕其轴线顺时针摆动一个角度,于是滚轮及滚轮支持架相对平面凸轮盘也顺时针摆动一个角度,平面凸轮盘弧面上升沿与滚轮接触时间提前,即喷油提前角增大。

当柴油机转速降低时,输油泵的出口压力也随之降低,作用于活塞右端的柴油压力减小,在活塞弹簧弹力的作用下活塞向右移动,使传力销逆时针摆动一个角度,带动滚轮及滚轮支持架相对平面凸轮盘也逆时针摆动一个角度,平面凸轮盘弧面上升沿与滚轮接触时间滞后,使喷油提前角减小。

(五)增压补偿器

在 VE 型分配泵泵体的上部装有增压补偿器,如图 10-7 所示。其作用是根据增压压力的大小,自动加大或减少各缸的供油量,以提高柴油机的功率和降低燃料消耗,并减少有害气体的产生。

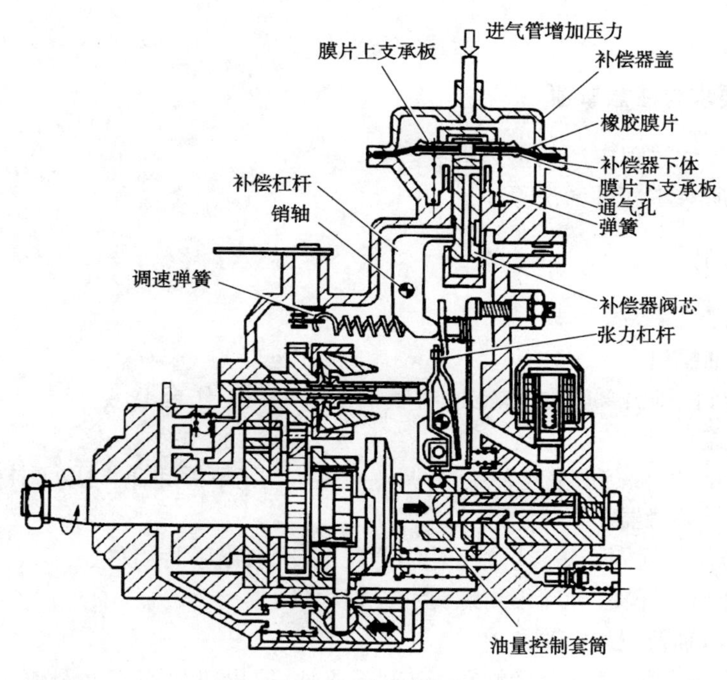

图 10-7　增压补偿器

在补偿器下体和补偿器盖之间装有橡胶膜片,其把补偿器分成上下两腔。上腔通过管路与进气管相通,进气管中由废气涡轮增压器所形成的空气压力作用在膜片上表面;下腔经通气孔与大气相通,弹簧向上的弹力作用在膜片下支承板上。膜片与补偿器阀芯固连,补偿器阀芯下部有一个上小下大的锥形体。补偿杠杆上端的悬臂体与锥形体相靠,补偿杠杆下端抵靠在张力杠杆上,补偿杠杆可绕销轴转动。

当进气管中增压压力升高时,补偿器上腔压力大于弹簧的弹力,使膜片连同补偿器阀芯向下运动,补偿器下腔的空气逸入大气中,与阀芯锥形体相接触的补偿杠杆绕销轴顺时针转动,张力杠杆在调速弹簧的作用下绕其转轴逆时针摆动,从而拨动油量控制套筒右移,使供油量适当增加,柴油机功率加大。反之,柴油机功率相应减小。上述供油量补偿过程是根据进气管中增压压力的大小而自动进行的,它避免了柴油机在低速运动时,因增压压力低、空气量不足而造成的可燃混合气过浓、燃烧不充分、燃料经济性下降及有害排放物增加;同时,使柴油机在高速运转时可以获得较大功率输出。

轴向压缩式分配泵的分配转子兼有泵油和配油作用,故其零件数量少、质量小、故障少。另外,端面凸轮易于加工,精度易得到保证。泵体上还装有压力补偿器,其动力性和经济性较好。

二 任务实施——VE 型分配泵的拆装

(一)准备工作

(1)VE 型分配式喷油泵。

(2)常用拆卸工具。

(3)试验台。

(二)技术要求与注意事项

(1)拆卸与装配过程中严禁蛮力拆装。

(2)装配前所有零部件清洗干净。

(三)操作步骤

1. 拆卸喷油泵

(1)拆卸回油螺钉。

拆卸回油螺钉,排出泵腔内的燃油,将喷油泵固定在工作台上。

(2)拆卸泵盖。

拆卸泵盖上的四个螺钉,拿起泵盖,将调速弹簧从挂销下拆卸,同时取下挂销和怠速弹簧。

(3)拆卸增化补偿器。

拆卸补偿器盖上的四个螺钉,拿起补偿器盖,依次取出膜片组件、弹簧、垫圈、齿圈,拆卸杠杆轴固定螺钉和杠杆轴,拆卸密封螺钉和杠杆组件。

(4)拆卸调速轴及飞块座部件。

将喷油泵垂直放置,松开锁紧螺母,旋出调速轴,取出飞块座部件及调速轴长垫片和圆垫片。

(5)拆卸泵头部件。

先拆卸出油阀紧座,取出出油阀弹簧、出油阀和垫片,再拆卸泵头密封螺塞和电磁阀。

从泵体上拆卸泵头、支架支承弹簧、柱塞弹簧及弹簧座、垫片导向杆,将分配柱塞和控制套从泵腔内取出。

(6)拆卸调速支架部件。

用专用套筒扳手拆卸喷油泵两侧的支承螺钉,取出调速支架部件。

(7)拆卸凸轮和十字块。

先取出柱塞垫块和端面凸轮,再取出弹簧和十字块。

(8)拆卸喷油提前器。

首先,拆卸两端的提前器盖和 O 形密封圈,取出提前器弹簧和垫片。然后用镊子取下装在滚轮座销上的卡簧和销子,将滚轮座销向泵腔内拉出,直到它和提前器活塞脱开。将提前器活塞和摆轴一起取出。

(9)拆卸滚轮座部件。

用专用工具尖嘴钳,将滚轮座部件连同座销一起从泵体内取出。

(10)拆卸传动轴。

将传动轴和齿轮、减振块和垫片一起从泵体内取出。

(11)拆卸输油泵。

持出输油泵盖上的两个螺钉,将输油泵盖、偏心环、滑片转子和滑片一起从泵体内取出。注意,不要改变滑片的位置。

以上只是拆卸的大致步骤,整个喷油泵拆卸完后,要用清洁的煤油或柴油将各零部件洗干净,并检查零部件有无磨损和损伤。当需要更换下列零部件时,必须成组更换:柱塞偶件(包括泵头、分配柱塞和控制套);输油泵(包括偏心环、转子、滑片和盖板);柱塞弹簧(二根);滚轮座部件(包括滚轮、滚轮销、滚轮座);飞块(四只);出油阀偶件(包括出油阀和出油阀座);调压阀(包括调化阀体、堵塞、活塞)。

2. 装配喷油泵

(1)装配必须认真细致,遵守正确的装配顺序。装配时,应将O形密封圈和垫圈全部更换。

(2)输油泵的装配度注意喷油泵转向,也就是注意偏心环正反。喷油泵右旋时,偏心环薄的一端在右边;反之,左旋时在左边。同时,注意滑片上的槽口面向内侧。

(3)滚轮座部件的装配,应注意保证四只滚轮顶端至滚轮座底面的高度差在规定范围内。

(4)提前器的装配,应注意活塞装弹簧的一端在泵体上有回油孔的一端。

(5)泵头的装配,应注意测量足寸 K_F 和 K,使其达到规定值:K_F 为泵头自由状态下,分配柱塞头部至分配套筒端面的距离;K 为泵头装入泵体后,分配柱塞处于下止点时,分配柱塞头部至分配套筒端面的距离。

(6)喷油泵装配中各主要部位的拧紧力矩是:泵头密封螺塞,60~80N·m;泵头螺钉,4~13N·m;出油阀紧座,35~45N·m;电磁阀,20~25N·m;支架支承螺钉,10~13N·m;调压阀,20~25N·m。

三 评价与反馈

1. 自我评价

(1)通过本学习任务的学习,你是否已经知道以下问题:

①分配式喷油泵与柱塞式喷油泵的区别是什么?

____

____

②分配式喷油泵的优点是什么?

____

____

③分配式喷油泵的构造是什么?

____

____

(2)实训过程完成情况如何?

____

____

(3)通过本学习任务的学习,你认为自己的知识和技能还有哪些欠缺?

____

____

签名:__________ ________年____月____日

2. 小组评价与反馈

小组评价与反馈见表10-1。

小组评价与反馈表　　表10-1

序号	评价项目	评价情况
1	着装是否符合要求	
2	是否能合理规范地使用仪器和设备	
3	是否按照安全和规范的流程操作	
4	是否遵守学习、实习场地的规章制度	
5	是否能保持学习、实习场地整洁	
6	团结协作情况	

参与评价的同学签名:__________ ________年____月____日

3. 教师评价与反馈

____

____

____

签名:__________ ________年____月____日

四 技能考核标准

技能考核标准见表10-2。

技能考核标准表　　表10-2

项目	操作内容	规定分	评分标准	得分
喷油泵性能检测	着装规范,作业前整理工位并检查工具是否齐全	10分	酌情扣分	
	正确使用工具、仪器及使用前后的清洁	10分	工具使用错误、未清洁、工具零件落地酌情扣分	
	正确拆卸分配式喷油泵	20分	诊断结果20分	
	正确认识分配式喷油泵各部件	20分	操作方法不正确扣10分; 操作不熟练扣5分	
	正确装配VE分配泵	20分	操作方法不正确扣10分; 操作不熟练扣5分	
	遵守安全操作规程,整理工具、清理现场	5分	每项扣2分,扣完为止	
	按时完成	5分	未按规定时间完成该项不得分	
	安全用电,防火,无人身、设备事故	10分	因违规操作发生重大人身和设备事故,此题按0分计	
总分		100分		

学习任务 11 供油提前角的检查与调整

学习目标

1. 了解供油提前角的概念；
2. 掌握供油提前角对发动机的影响；
3. 掌握供油提前角自动调整装置的工作原理；
4. 掌握供油提前角的调整方法。

任务导入

一辆1491型斯太尔汽车，在正常行驶时，排气管突然排出大量白烟，发动机转速随之下降并熄火，重新起动不着车。经维修技师诊断，该车故障为发动机供油提前角滞后，造成柴油机起动困难，需对供油提前角进行调整。

一 理论知识准备

(一)供油提前角

1. 供油提前角的概念

在压缩行程中，当曲轴转到上止点前的O点时，喷油泵开始向喷油器供油。但只有在曲轴转到稍后的A点时，喷油器中的油压才提高到喷油所需要的压力而开始喷油。O点至上止点之间的曲轴转角称为供油提前角。

2. 供油提前角对发动机性能的影响

喷油提前角的大小对柴油机工作过程影响很大。喷油提前角较大时，不仅汽缸内温度和压力较低，混合气形成条件较差，着火落后期长，导致柴油机工作粗暴，甚至会造成活塞在上止点前即形成燃烧高潮，使功率下降。喷油提前角过小时，活塞在上止点前不能开始燃烧，在上止点附近不能形成燃烧高潮，同样使功率下降，且排气冒白烟。因此，为获得较好的动力性和经济性，柴油机应选定最佳的喷油提前角。所以最佳喷油提前角指在转速和供油量一定的条件下，能获得最大的功率及最小的耗油率的喷油提前角。最佳喷油提前角通常由试验确定。

应当指出，对于任何一台柴油机，其最佳喷油提前角都不是常数，而是随柴油机的负荷和转速的变化而变化。负荷越大，转速越高，最佳喷油提前角应相应加大。因为负荷大时喷入燃烧室里的燃料量增多，转速提高燃烧时间所占曲轴转角变大，为使上止点附近形成燃烧高潮，喷油提前角应加大。

3. 供油提前角的调节方法

喷油提前角的调节是通过调节喷油泵的供油提前角来实现的。供油提前角的调节方式有两种：一种是通过供油提前角自动调节器，在柴油机运转时随转速变化自动改变提前角；

另一种是静态调节，即在静态时通过联轴器改变发动机曲轴与喷油泵凸轮轴的相对角位置。

（二）供油提前角装置结构及工作原理

1. 离心式供油提前角自动调节器的构造和工作情况

图 11-1 为 D2 型机械离心式供油提前角自动调节器。它与装在 61200－1 型柴油机上的Ⅱ号泵配合使用，位于联轴器和喷油泵之间。

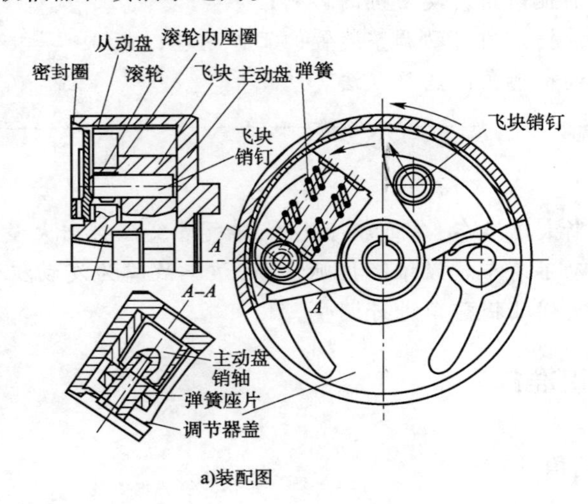

a)装配图

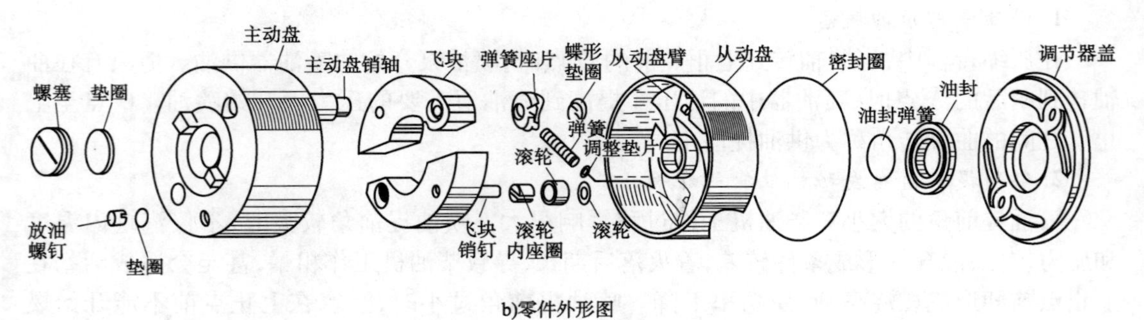

b)零件外形图

图 11-1　D2 型供油提前角自动调节器

（1）构造。

D2 型供油提前角自动调节器由主动部分、从动部分和离心件（飞块）三部分组成。

①主动部分。主动部分的主动盘即联轴器的从动凸缘盘。主动盘的腹板上压有两个销轴，销轴上各套装有飞块和弹簧座片，飞块的另一端压有销钉，在销钉上松套着滚轮内座圈和滚轮。为了润滑，主动盘上制有螺孔，以便加入或放出润滑油，其上旋有放油螺钉。调节盖的内孔压有油封，外缘与主动盘配合，其间有密封圈，以防润滑油外漏。盖是利用两个螺钉固定有销轴上，形成一个密封体，内腔充满润滑油以供润滑。

②从动部分。从动盘（筒状盘）和与之相连的从动盘臂松套在主动盘的内孔中，其外圆面与主动盘的内圆面滑动配合，以保证主动盘与从动盘的同心度。从动盘臂的毂用半圆键

与喷油泵凸轮轴相连接,臂的一侧做成平面和固定在销轴上的弹簧座片之间装有弹簧,臂的另一侧做成弧形面,滚轮紧压弧形面上。

③离心件。飞块安装在主动部分,通过滚轮和从动部分靠接,利用弹簧的预紧力迫使飞块收拢处于原始位置,因此不起调节作用。以保证静止时或怠速时初始的供油提前角不变。

(2)工作过程。

①主动盘和飞块受联轴器的驱动而旋转,两个飞块在离心力的作用下绕销轴转动,其活动端向外甩开,通过滚轮、从动盘臂迫使凸轮轴沿箭头方向转动一个角度 $\Delta\theta$,直到弹簧的张力与飞块的离心力平衡为止,这时主动盘便与从动盘同步旋转。此时,供油提前角等于初始角加上 θ(图 11-2)。

②当发动机转速再升高时,飞块活动端便进一步向外甩出,从动盘相对于主动盘又沿旋转方向前进一个角度,直到弹簧拉力平衡新的离心力为止。这样,供油提前角便相应地得到增大。即随转速的升高,提前角不断增大,两力不断平衡,直到最大转速。

③当发动机转速低时,飞块活动端收拢,从动盘便在弹簧张力作用下相对于主动盘后退一个角度,供油提前角便相应减小。

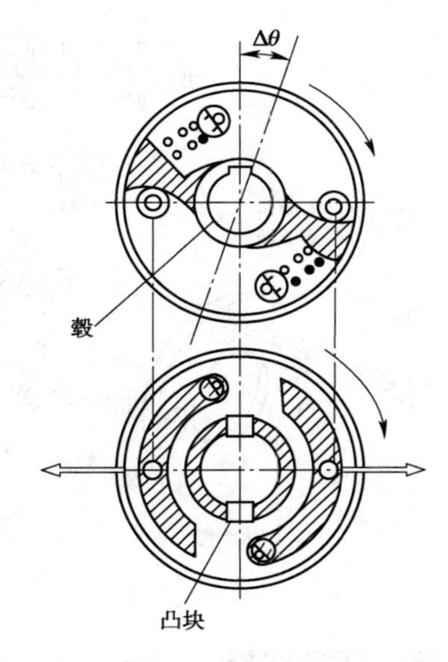

图 11-2　D 型供油提前角自动调节器工作原理

在使用中,由于飞块的连接销磨损,弹簧弹力变软,会使供油提前角调整装置在柴油机低速运转时出现较大的噪声,怠速不稳。喷油泵凸轮轴与调接装置从动盘处的连接键磨损后,使柴油机冷却液温度过高,动力性下降,严重时,柴油机不能起动。

2. 联轴器及静态供油提前角的调整

当发动机工作一段时间或将喷油泵拆卸后重新安装时,必须检查并调整静态供油提前角。调整一般通过联轴节进行。联轴节安装在喷油泵凸轮轴和驱动轴之间,联轴节按结构形式不同可分为镶嵌式十字形联轴节、钢片式联轴节和多齿形联轴节等几种。传统的联轴器都采用胶木盘交叉连接式,现已被挠片式联轴器所替代。

如图 11-3 所示为弹性钢片式联轴节的构造图。主动凸缘盘借锁紧螺栓固定在驱动轴上。螺钉把主动凸缘盘、主动传力钢片、十字形中间凸缘盘及从动传力钢片连接在一起,再用螺钉使从动传力钢片与供油提前角自动调节器相连接。因此,驱动轴的动力通过上述各零件即可传递到供油提前角自动调节器及喷油泵上。传动时,由于弹性钢片挠性,可以补偿发动机曲轴的驱动轴与凸轮轴少量的同轴度误差使其无声传动。

松开主动凸缘盘与主动传力钢片之间的连接螺钉,由于主动凸缘盘上开有周向槽孔,因此联轴节的喷油泵端部分可相对主动凸缘盘转动一定角度。轻轻转动喷油泵使供油提前角自动调节器壳体与泵体上的刻线对齐(此时第一缸应供油),从而改变了各缸的喷油时刻(即初始供油提前角),最后将螺钉拧紧。如此手动调节可使零件结构紧凑、调整灵活方便。

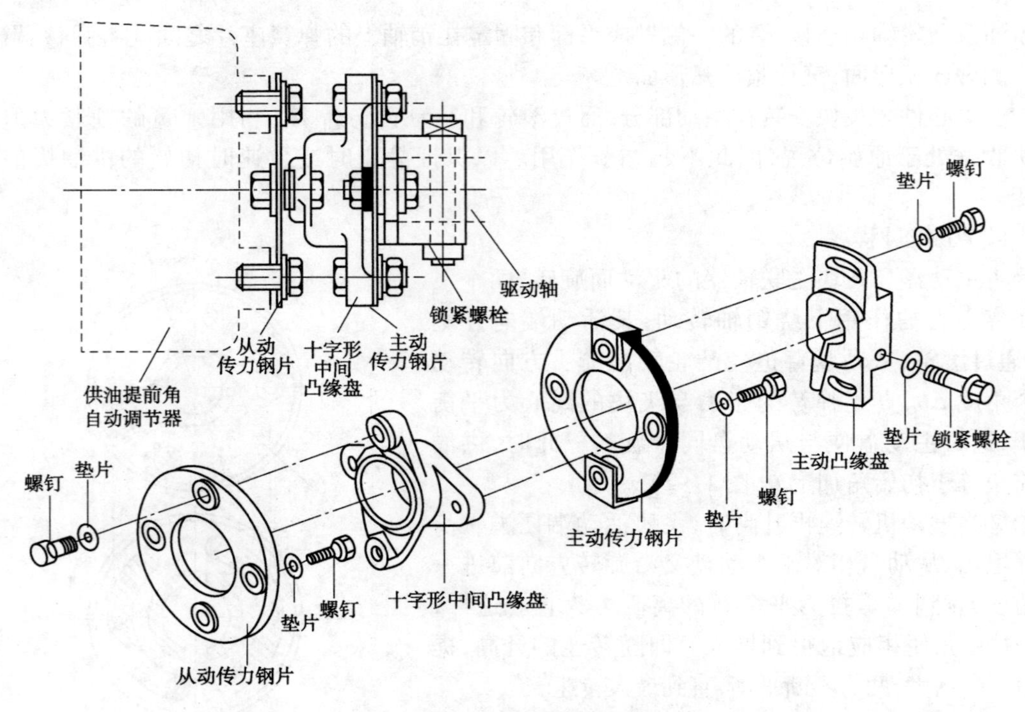

图 11-3　钢片式联轴节

二 任务实施

(一) 准备工作

(1) 柴油发动机实验台若干、拆装工作台、零件车。

(2) 常用工具、维修手册。

(3) 抹布、清洁剂等辅助材料。

(二) 技术要求与注意事项

(1) 选择合适的方法检查供油提前角。

(2) 转动飞轮时要顺着柴油机的旋转方向,切不可倒转。

(三) 操作步骤

柴油机经过长期工作以后,由于有关配合件的磨损或相对位置的变化,会使原来的供油提前角发生变化,一般会滞后,容易造成柴油机起动困难.燃烧不完全,排气冒黑烟,功率不足,机温过高;但由于调整不当,也会发生供油太早的情况,会造成柴油机工作时有敲击声,起动时容易发生倒转。

1. 供油提前角的检查

(1) 油动法。

将燃油充满燃油泵,拆除高压油管,吹除出油阀紧座处的燃油,慢慢摇转曲轴,当发现紧座上有燃油流出,立即停止转动曲轴,检查飞轮上供油提前角的记号,应对准或接近冷却液箱上刻线。必须指出，这种方法由于柱塞副磨损渗漏，检查时曲轴转得很慢，供油提前角又比用新柱塞时迟 2°~3°，观察上又存在一定的误差，所以，用该方法检查供油提前角的准确性差，但方法简单。

(2)吹气法。

拆除油泵进油管，排除油泵内的燃油，并拆除高压油管，出油阀紧座，取出油阀芯，再拧紧出油阀紧座，将高压油管一头对外，一头拧紧在出油阀紧座上，慢慢转动曲轴，同时用嘴向高压油管中吹气，当吹不通时，立即停止转动曲轴，再根据前面所述方法，检查飞轮上供油提前角的记号，即可判断供油提前角是否正确。

(3)止流法。

拆除高压油管和出油阀紧座，取出出油阀芯和弹簧，将燃油系统中充满柴油，转动曲轴，同前述方法，检查飞轮上供油提前角，即可判断供油提前角是否正确。

2. 供油提前角的调整

(1)将飞轮转到 1 缸压缩行程上止点前规定的喷油提前角的位置。转动飞轮时要顺着柴油机的旋转方向，切不可倒转。

(2)按油泵的旋转方向转动高压油泵传动端，使之固定在第 1 分泵供油位置。判别方法：将提前器的刻线(PB)与泵体上的指示板刻线对齐。

(3)以规定力矩将联轴器上的角度调节板内六角螺钉拧紧。

(4)反转飞轮少许，再正转，注意观察，重新核对 1 缸供油提前角，使(1)与(2)同时满足，即调整正确；否则应按上述步骤重新调整。

三 评价与反馈

1. 自我评价

(1)通过本学习任务的学习，你是否已经知道以下问题：

①什么是供油提前角？

____

____

②供油提前角对发动机的影响是什么？

____

____

③供油提前角检查方法是什么？

____

____

④供油提前角调整方法是什么？

____

____

(2)实训过程完成情况如何？

____

____

(3)通过本学习任务的学习,你认为自己的知识和技能还有哪些欠缺?

______

______

签名:______ ______年____月____日

2. 小组评价与反馈

小组评价与反馈见表 11-1。

小组评价与反馈表

表 11-1

序号	评 价 项 目	评 价 情 况
1	着装是否符合要求	
2	是否能合理规范地使用仪器和设备	
3	是否按照安全和规范的流程操作	
4	是否遵守学习、实习场地的规章制度	
5	是否能保持学习、实习场地整洁	
6	团结协作情况	

参与评价的同学签名:______ ______年____月____日

3. 教师评价与反馈

______

______

______

签名:______ ______年____月____日

四 技能考核标准

技能考核标准见表 11-2。

技能考核标准表

表 11-2

项目	操 作 内 容	规定分	评 分 标 准	得分
供油提前角检查与调整	着装规范,作业前整理工位并检查工具是否齐全	10 分	酌情扣分	
	正确使用工具、仪器及使用前后的清洁	10 分	工具使用错误、未清洁、工具零件落地酌情扣分	
	正确判断供油提前角故障	20 分	诊断结果正确得 20 分	
	对齐标志线	20 分	操作方法不正确扣 10 分; 操作不熟练扣 5 分	
	正确调整	20 分	操作方法不正确扣 10 分; 操作不熟练扣 5 分	
	遵守安全操作规程,整理工具、清理现场	5 分	每项扣 2 分,扣完为止	
	按时完成	5 分	未按规定时间完成该项不得分	
	安全用电,防火,无人身、设备事故	10 分	因违规操作发生重大人身和设备事故,此题按 0 分计	
总分		100 分		

学习任务12 燃料供给系辅助装置的检修

学习目标

1. 了解燃油箱的功用与构造；
2. 掌握输油泵的功用；
3. 掌握输油泵的结构和工作原理；
4. 掌握燃油滤清器的类型、结构与滤清原理。

任务导入

一辆1491型斯太尔汽车，起动机运转正常但起动困难，起动后转速不稳、出现熄火现象。经维修技师诊断，该车故障为发动机供油系统内部渗入空气，造成柴油机起动困难，需对供油系统进行排气。

一 理论知识准备

(一)燃油箱

1. 燃油箱的功用

燃油箱用于储存燃料，一般根据车型和使用要求设置1～2个，使连续行驶里程达到300～600km。

2. 燃油箱的构造

燃油箱的构造如图12-1所示。油箱体是用薄钢板冲压焊成，内壁镀锌锡，以防腐蚀。油箱上部焊有加油管，管内带有可拉出的延伸管，其底部有滤网。加油管口由油箱盖盖住。油箱上表面装有油面燃油表传感器、回油接头和出油开关。出油开关经输油管与柴油滤清器相通。

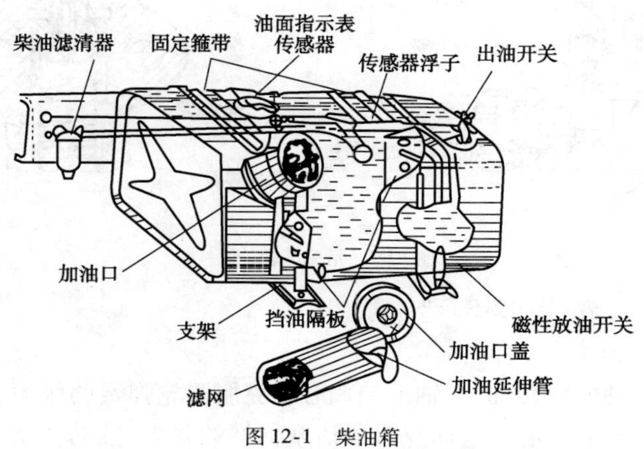

图12-1 柴油箱

油箱底部设有放油螺塞，用以排除箱内的积水和污物。箱内装有隔板，用以减轻汽车行驶时燃油的激烈振荡。

3. 油箱盖

为了防止柴油在行驶中因振荡而溅出，油箱必须密封。但随着柴油输出，液面降低，油箱内将形成一定真空度，使输油泵失去吸油能力。另一方面，在外界温度高的情况下，柴油蒸气过多，会使箱内压力过大。这两种情况都要求油箱能与大气相通。为此，一般采用带有空气阀和蒸气阀的油箱盖。

油箱盖内有垫圈用以密封加油管口。当箱内柴油减少、压力降低，空气阀被大气压开，空气便进入油箱内，使输油泵能正常供油。当箱内燃油蒸气过多时，蒸气阀被顶开，将油蒸气导入炭罐，以保持油箱内的正常压力。

（二）输油泵

1. 输油泵的功用与类型

输油泵的功用是保证有足够数量的柴油自柴油箱输送到喷油泵，并维持一定的供油压力以克服管路及柴油滤清器阻力，使柴油在低压管路中循环。输油泵的输油量一般为柴油机全负荷需要量的 3 ~4 倍。

输油泵有膜片式、滑片式、活塞式及齿轮式等形式。膜片式和滑片式输油泵分别作为分配式喷油泵的一级和二级输油泵，而活塞式输油泵则与柱塞式喷油泵配套使用。

2. 输油泵的结构

图 12-2 为活塞式输油泵，它由输油泵体、活塞、进油阀、出油阀及手压泵等组成。活塞式输油泵安装在柱塞式喷油泵的侧面，并由喷油泵凸轮轴上的偏心轮驱动。

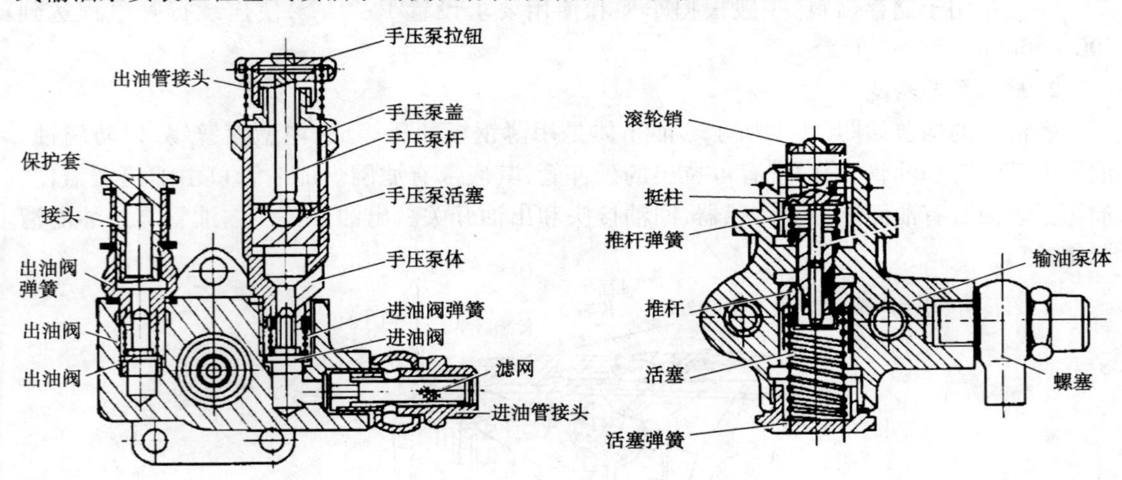

图 12-2　活塞式输油泵

3. 输油泵的工作过程（图 12-3）

（1）准备压油行程。

随着喷油泵凸轮轴的旋转，凸轮轴上的偏心轮克服滚轮弹簧的张力，推动滚轮连同滚轮架下行，通过推杆的传递，偏心轮进而克服了活塞弹簧的张力，推动活塞下行，使泵腔因容积减小而油压增高，便关闭了进油阀，压开了出油阀，燃油便由泵腔A通过出油阀流向泵腔B。

(2)吸油和压油行程。

当偏心轮凸起部分转离滚轮时，在活塞弹簧的作用下，活塞上行，由于泵腔B的油压大，出油阀被关闭，燃油便经油道流向柴油滤清器。同时，由于泵腔A容积变大，压力下降，进油阀被吸开，燃油便自进油口经进油阀进入泵腔A。

(3)输油量的自动调节。

输油量的多少取决于活塞行程，输油压力的大小取决于活塞弹簧的张力。

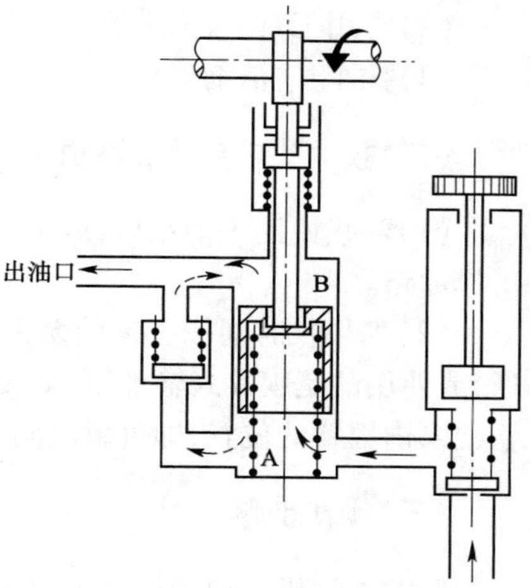

出油口 B A

图12-3 输油泵工作原理示意图

(三)柴油滤清器

1. 滤清器的功用

柴油在贮存、运输过程中，往往会混入一些尘土、水分或其他机械杂质。另外，由于温度变化以及和空气接触，有少量的石蜡从柴油中析出。为了减少供给系统中各精密偶件的磨损，保证喷雾质量，在车用柴油机上设有一级或二级柴油滤清器。

2. 滤清器的类型

柴油的滤清一般都是过滤式的。滤芯的材料有绸布、毛毡、金属丝及纸质等。由于纸滤芯是用树脂浸制而成，具有滤清效果好、成本低等特点，因而得到广泛的应用。

柴油精滤器多串联在输油泵和喷油泵之间，安装位置多在喷油泵附近，而且偏高，有利于存油、预热和防止结蜡。柴油粗滤器安装在储油箱与输油泵之间。其过滤原理有以下特点。

(1)一个或两个串联、尺寸较大，以获得较大的滤清面积和滤清能力。

(2)滤清器盖上装有放气螺钉。拧开螺钉、抽动手动输油泵，可以排除滤清器和低压油路中的空气。

(3)有的滤清器盖上装有限压阀，当低压油路的油压达到150kPa时即开启，使燃油流回储油箱，以保持滤芯的滤清能力和喷油泵的正常工作。

(4)不少滤清器外壳的底部设有放污螺塞，以便定期放出积存在外壳底部的水分和杂质。

柴油滤清器的性能对精密偶件的磨损影响很大，使用中应定期对柴油滤清器进行维护。一般滤芯发红为正常使用的结果，若滤芯发黑，则表示油箱太脏或柴油低压油管内壁橡胶沫污染柴油。

二 任务实施——对低压油路进行排气

(一)准备工作

(1)柴油发动机实验台若干、拆装工作台、零件车。

(2)常用工具、维修手册;

(3)抹布、清洁剂等辅助材料。

(二)技术要求与注意事项

(1)停止使用手油泵后,应将手油泵拉杆压下并拧紧在手泵体上,以防空气渗入输油泵工作油路。

(2)如果长时间按压输油泵上的泵油拉杆放气螺钉处仍无油冒出,可能是低压油路不通,或使用的是膜片式输油泵,如使用膜片式输油泵应稍微转动曲轴,使偏心轮位于不顶动输油泵内摇臂的位置,即可解决问题。

(三)操作步骤

柴油发动机在使用过程中,有时会出现起动机运转正常但起动困难,或者起动后转速不稳、熄火等故障现象,造成这些故障的原因,多数是因为低压或高压油路进入空气,导致燃油中有气泡,供油不连续,由此产生起动困难、转速不稳、运转熄火等故障现象,这时需要排除燃油油路中的空气。高压、低压油路均有可能进入空气,低压油路进气更为常见。排气时,一般先排低压油路的空气,后排高压油路的空气。上述斯太尔故障车辆在维修技师对空气排除后发动机即可正常起动,故障得到排除。

1. 产生故障的原因

(1)因放气螺钉或油管接头松动造成油路中进入空气时。

(2)油箱燃油用尽重新加油后。

(3)更换高低压油管、燃油滤清器、输油泵(低压油泵)、喷油泵(高压油泵)等零部件后。

2. 从柴油滤清器上排气

(1)检查油箱开关是否打开,检查油箱的油量,如油量过少应先添加柴油。

(2)检查油箱至输油泵之间的各油管接头是否松动,如有松动应拧紧。

(3)拧松柴油滤清器上的放气螺钉。

(4)按压输油泵上的手油泵泵油拉杆。

(5)观察已拧松的放气螺钉处,排出的燃油带有气泡,持续按压输油泵上的手油泵泵油拉杆,直到燃油不含气泡时停止泵油,然后拧紧柴油滤清器上的放气螺钉。

3. 从喷油泵低压油道上排气

(1)点火开关置于ON挡,断油电磁阀处于开通状态。

(2)拧松喷油泵上的放气螺钉。

(3)按压输油泵上的手油泵泵油拉杆,观察喷油泵上已拧松的放气螺钉处,排出的燃油带有气泡,这时持续按压泵油拉杆,直到燃油不含气泡时停止泵油,然后拧紧喷油泵上的放气螺钉。

三 评价与反馈

1. 自我评价

(1)通过本学习任务的学习,你是否已经知道以下问题:

①柴油滤清器的基本原理是什么？

②输油泵的工作过程是什么？

③低压油路混入空气后，发动机的故障现象是什么？

④低压油路排放空气的方法是什么？

（2）实训过程完成情况如何？

（3）通过本学习任务的学习，你认为自己的知识和技能还有哪些欠缺？

签名：________ ________年____月____日

2. 小组评价与反馈

小组评价与反馈见表12-1。

小组评价与反馈表 表12-1

序号	评价项目	评价情况
1	着装是否符合要求	
2	是否能合理规范地使用仪器和设备	
3	是否按照安全和规范的流程操作	
4	是否遵守学习、实习场地的规章制度	
5	是否能保持学习、实习场地整洁	
6	团结协作情况	

参与评价的同学签名：________ ________年____月____日

3. 教师评价与反馈

签名：________ ________年____月____日

四 技能考核标准

技能考核标准见表12-2。

技能考核标准表　　表 12-2

项目	操作内容	规定分	评分标准	得分
低压油路系统的排气	着装规范,作业前整理工位并检查工具是否齐全	10 分	酌情扣分	
	正确使用工具、仪器及使用前后的清洁	10 分	工具使用错误、未清洁、工具零件落地酌情扣分	
	正确判断发动机故障点	20 分	诊断结果正确得 20 分	
	从柴油滤清器上排气	20 分	操作方法不正确扣 10 分; 操作不熟练扣 5 分	
	从喷油泵上排气	20 分	操作方法不正确扣 10 分; 操作不熟练扣 5 分	
	遵守安全操作规程,整理工具、清理现场	5 分	每项扣 2 分,扣完为止	
	按时完成	5 分	未按规定时间完成 该项不得分	
	安全用电,防火,无人身、设备事故	10 分	因违规操作发生重大人身和设备事故,此题按 0 分计	
总分		100 分		

学习任务 13　废气涡轮增压器的检修

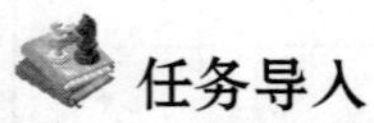

1. 了解废气涡轮增压器的功用;
2. 了解废气涡轮增压器的结构;
3. 掌握废气涡轮增压器的工作原理;
4. 掌握废气涡轮增压器常见故障。

任务导入

一辆 PASSAT 1.8T 乘用车,发动机排气冒蓝烟,机油在正常维护周期内出现偏少现象。经维修技师诊断,发现该车涡轮增压器出现漏油现象,需要进行总成更换。

一 理论知识准备

(一)废气涡轮增压器的功用

柴油机在燃烧终了排气中带走的能量相当于燃油所发出能量的 35% ~40%,如果使这些能量在涡轮中进一步膨胀并加以利用,等于对燃料消耗的回收利用。废气涡轮增压器就是利用废气通过涡轮驱动压气机(图 13-1)来提高进气压力增加充气量。柴油机采用废气涡轮增压后,能使功率明显提高,发动机质量减小,外形尺寸缩小,节约原材料,燃油耗率降低。

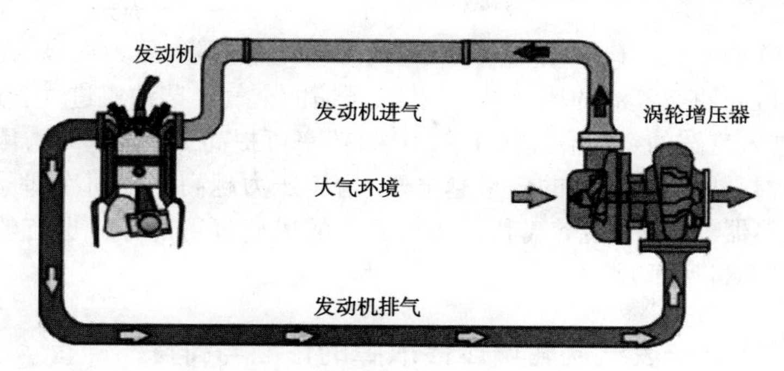

图 13-1　废气涡轮增压装置示意图

因柴油机在一定转速下,发出扭矩的大小与汽缸内混合气的密度密切相关,提高柴油机的进气压力、增大汽缸的进气量,并相应地增加喷油量,就可以在基本结构变动不大的情况下,增大柴油机的扭矩和功率(一般可以增加功率 30% ~100%),并且由于混合气密度加大,燃烧得到改善,从而可以减小排气污染和降低油耗率(一般油耗可降低 3% ~10%)。

采用增压技术对于在高原地区条件下使用的发动机有重要童义。因为高原地区气压低、空气稀薄,导致功率下降、油耗增加(一般为海拔高度每升高 1000m,功率下降 8% ~10%,油耗率增加 3.8% ~5.5%)。而装用增压器后,可以恢复功率、减小油耗。

(二)废气涡轮增压器的构造与工作原理

1. 废气涡轮增压器组成

废气涡轮增压器由涡轮、中间壳和压气机组成,如图 13-2 所示。

增压器工作中需要润滑,其所需要的润滑油来自发动机主油道,通过细滤器再次滤清后,进入增压器的中间壳,经其下部出油口流回曲轴箱,形成一条不断的循环润滑油路。

废气涡轮增压器的冷却一般是采用自然空气冷却,也有厂家在增压器的中间壳制有夹水层,通过管路和发动机的冷却系统相连。

2. 废气涡轮增压器的工作原理

废气涡轮增压器的工作原理如图 13-2 所示。柴油机排出的具有 800 ~1000K 高温和一定压力的废气经排气管进入涡轮壳里的喷嘴环。由于嘴环过道的面积是逐渐收缩的,因而废气的压力和温度下降,速度提高,使它的动能增加。这股高速废气流,按一定的方向冲击涡轮,使涡轮高速运转。废气的压力、温度和速度越高,涡轮转得就越快。通过涡轮的废气最后排入大气。

因为涡轮和离心式压气机叶轮固装在同一根轴上,所以两者同速旋转。这样,就将经过空气滤清器的空气吸入压气机壳,高速旋转的压气机叶轮把空气甩向叶轮的外缘,使其速度和压力增加并进

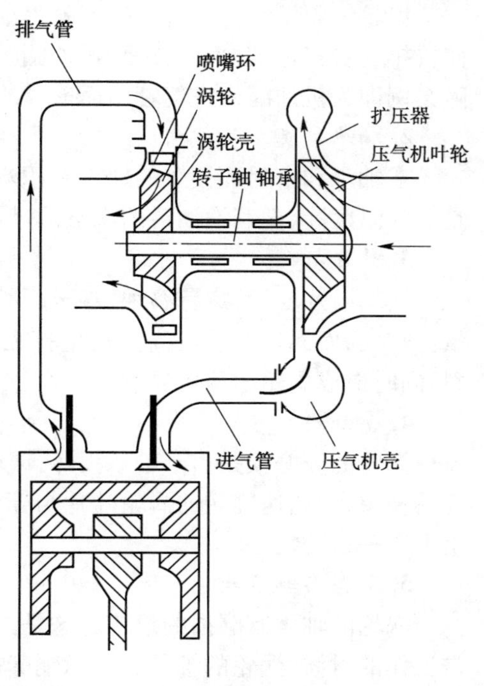

图 13-2　废气涡轮增压装置结构与工作示意图

入扩压器。扩压器的形状进口小出口大,因此气流的流速下降、压力升高,再通过断面由小到大的环形压气机壳使空气流的压力继续提高,压缩的空气经柴油机进气管进入汽缸。

试验证明,进入汽缸的空气温度每下降10K,功率可提高2.5% ~3%,因此增压柴油机安装有中间冷却器。中间冷却器的效果越显著,增压压力越高。中间冷却器的结构同散热器。它安装在散热器前方,使热空气利用柴油机上的风扇进行冷却。也有的是利用冷却液冷却,其结构外形随机型而异。

二 任务实施——废气涡轮增压器故障的诊断与排除

(一)准备工作

(1)带涡轮增压器的柴油发动机实验台若干、拆装工作台、零件车。
(2)常用工具、维修手册。
(3)抹布、清洁剂等辅助材料。

(二)涡轮增压器的常见故障

废气涡轮增压器是小排量发动机实现大功率、低排放的有力措施,具有既增加功率,又省油的优点,但涡轮增压发动机车型的价格和购车后的维护费用,比自然吸气的要高些。废气涡轮增压器制造装配精密,一旦损坏,很难通过简单的修复达到要求的精度而继续使用,所以一般较少修理,均是总成更换居多。

1. 漏机油

涡轮增压发动机常见的故障就是漏机油。一方面,机油漏入进气管,进入燃烧室燃烧,使得排气管冒蓝烟,另一方面,机油漏入排气管,直接随排气排到大气中。任务导入中的故障案例即为机油漏入进气管内而造成的,维修技师进行总成更换后,故障解决。

2. 轴承积炭

在轴承和密封环接触的地方有积炭。这种积炭不是因为燃烧室的汽油燃烧不充分,而是因为温度高,把润滑油道的润滑油燃烧所导致的积炭。

3. 叶片折断

涡轮叶片变形,疲劳腐蚀,甚至断裂。一般是因为进入汽缸内的空气中,含灰尘杂质的量比较大,而涡轮转速极高。灰尘打在高速旋转的涡轮叶片上,时间长了就会造成叶片断裂,同时造成涡轮增压器异响。

4. 壳磨损

涡轮的壳磨损是由于轴承损坏,或者涡轮压片变形折断等原因而造成类似于发电机扫膛的现象,即高速旋转的涡轮叶片与壳体发生接触和摩擦,使得壳体被磨损,壳体内表面划出一道一道的痕迹。

5. 铜套与轴磨损

涡轮的轴承有磨损的痕迹。这是由于涡轮的轴承和轴承铜套发生干摩擦而导致的。正常工作的时候,涡轮的轴承和轴承铜套是液体摩擦,但在缺乏润滑机油的情况下,涡轮的轴承和轴承铜套发生干摩擦,很快就造成轴承磨损。

(三)废气涡轮增压器的使用要求与注意事项

(1)废气涡轮增压器所使用的润滑油必须很清洁,如果泥沙或杂物掺入机油,将加速轴承磨损。轴承过度磨损,增压器叶片甚至会与壳体发生摩擦使转子转速下降,增压器及柴油机性能将迅速恶化(如功率下降、黑烟增多、噪声增大以及转子轴两端漏油)。因此,严格按照制造厂商提供的润滑油更换里程和时间更换润滑油与机油滤清器,确保质量。

(2)应按规定定期清洗空气滤清器,每个维护周期清洁或更换滤芯一次,否则将造成空气滤清器阻力过大,压气机入口的空气压力和流量减少,增压器性能恶化。使用中应注意检查进气系统是否漏气。漏气使灰尘和泥沙吸入压气机壳,并进入汽缸,造成叶片和汽缸活塞早期磨损。

(3)为确保高速下全浮动轴承的润滑,发动机起动后应怠速运转几分钟,最少30s,使润滑油达到一定的温度和压力,以免突然加负荷时,轴承无油加速磨损,甚至卡死。同时,也不可突然高速熄火。

(四)故障排除

根据以上内容,设置故障,学生动手操作排除故障。

三 评价与反馈

1. 自我评价

(1)通过本学习任务的学习,你是否已经知道以下问题:

①废气涡轮增压器的功用是什么?

____

____

②废气涡轮增压器的工作原理是什么?

____

____

③废气涡轮增压器的常见故障是什么?

____

____

④废气涡轮增压器的使用注意事项是什么?

____

____

(2)实训过程完成情况如何?

____

____

(3)通过本学习任务的学习,你认为自己的知识和技能还有哪些欠缺?

____

____

签名:____________　________年____月____日

2. 小组评价与反馈

小组评价与反馈见表13-1。

小组评价与反馈表　　表13-1

序号	评价项目	评价情况
1	着装是否符合要求	
2	是否能合理规范地使用仪器和设备	
3	是否按照安全和规范的流程操作	
4	是否遵守学习、实习场地的规章制度	
5	是否能保持学习、实习场地整洁	
6	团结协作情况	

参与评价的同学签名:__________　_______年____月____日

3. 教师评价与反馈

____

____

____

签名:__________　_______年____月____日

四 技能考核标准

技能考核标准见表13-2。

技能考核标准表　　表13-2

项目	操作内容	规定分	评分标准	得分
废气涡轮增压器故障的诊断、排除	着装规范,作业前整理工位并检查工具是否齐全	10分	酌情扣分	
	正确使用工具、仪器及使用前后的清洁	10分	工具使用错误、未清洁、工具零件落地酌情扣分	
	正确判断故障原因	20分	诊断结果正确得20分	
	操作过程	20分	操作方法不正确扣10分; 操作不熟练扣5分	
	正确排除故障	20分	操作方法不正确扣10分; 操作不熟练扣5分	
	遵守安全操作规程,整理工具、清理现场	5分	每项扣2分,扣完为止	
	按时完成	5分	未按规定时间完成该项不得分	
	安全用电,防火,无人身、设备事故	10分	因违规操作发生重大人身和设备事故,此题按0分计	
总分		100分		

项目五　柴油发动机润滑系统的检修

学习任务14　润滑油的选择与更换

学习目标

1. 认知发动机润滑系的组成、功用及原理；
2. 掌握润滑油的选取及更换方法。

任务导入

张先生的汽车曲轴轴颈磨损严重。根据客户报修情况，可以初步诊断为润滑系统故障，主要故障原因如下：机油油面太低；机油泵磨损，间隙过大；主油道阻塞；油路中有漏油现象。

一　理论知识准备

（一）润滑系统的相关知识

1. 润滑系统的组成

图14-1为发动机润滑系统。润滑系统的主要部件有油底壳、机油泵、限压阀、机油集滤器、机油滤清器（粗、细）等。油底壳做储油用，油泵将机油（发动机润滑油）压出至发动机每个部件，限压阀控制最大油压，机油滤清器过滤油内杂质。工程机械上还设有机油冷却器。

2. 润滑系统的功用

（1）润滑作用。润滑运动零件表面，减小摩擦阻力和磨损，减小发动机的功率消耗。这是润滑系统的基本作用。

（2）清洗作用。机油在润滑系统内不断循环，清洗摩擦表面，带走磨屑和其他异物。

（3）冷却作用。机油在润滑系统内循环还可带走摩擦产生的热量，起冷却作用。

（4）密封作用。在运动零件之间形成油膜（如活塞与汽缸）可以提高它们的密封性，有利于防止漏气或漏油。

（5）防锈蚀作用。在零件表面形成油膜，对零件表面起保护作用，防止腐蚀生锈。

（6）减振作用。在运动零件表面形成油膜，可以吸收冲击并减小振动，起减振缓冲作用。

3. 润滑油的分类

国际上润滑油分类广泛采用美国SAE（美国汽车工程师学会）黏度分类法和API（美国

石油学会)使用分类法,而且它们已被国际标准化组织(ISO)确认。

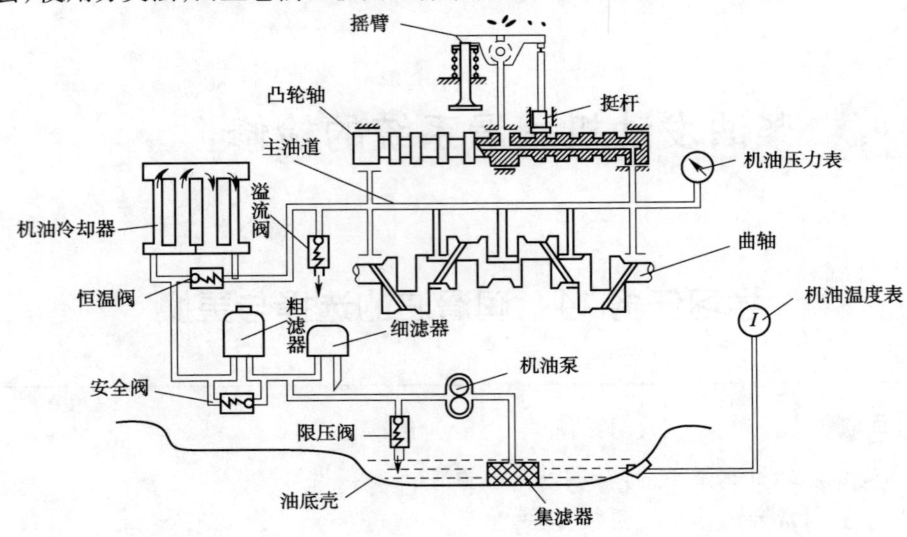

图 14-1 湿式油底壳柴油机润滑系统

SAE 按照润滑油的黏度等级,把润滑油分为冬季用润滑油和非冬季用润滑油。冬季用润滑油有 6 种牌号:SAE0W、SAE5W、SAE10W、SAE15W、SAE20W 和 SAE25W。非冬季用润滑油有 4 种牌号:SAE20、SAE30、SAE40 和 SAE50。号数较大的润滑油黏度较大,适于在较高的环境温度下使用。上述牌号的润滑油只有单一的黏度等级,当使用这种润滑油时,驾驶人需根据季节和气温的变化随时更换润滑油。目前使用的润滑油大多数具有多黏度等级,其牌号有 SAE5W-20、SAE10W-30、SAE15W-40、SAE20W-40 等。例如,SAE10W-30 在低温下使用时,其黏度与 SAE10W 一样;而在高温下,其黏度又与 SAE30 相同。因此,一种润滑油可以冬夏通用。

API 使用分类法是根据润滑油的性能及其最适合的使用场合,把润滑油分为 S 系列和 C 系列两类。S 系列为汽油机油(汽油机用润滑油),目前有 SA、SB、SC、SD、SE、SF、SG 和 SH 共 8 个级别。C 系列为柴油机油(柴油机用润滑油),目前有 CA、CB、CC、CD 和 CE 共 5 个级别。级号越靠后,使用性能越好,适用的机型越新或强化程度越高。其中,SA、SB、SC 和 CA 级别的润滑油,除非汽车制造厂特别推荐,否则已不再使用。

我国于 2007 年 1 月 1 日实施新的国家标准 GB 11121—2006《汽油机油》、GB 11122—2006《柴油机油》。其中:GB 11121—2006《汽油机油》将汽油机油的质量级别分为 9 个品种,分别是 SE、SF、SG、SH、GF-1、SJ、GF-2、SL、GF-3;GB 11122—2006《柴油机油》将柴油机油的质量级别分为 6 个品种,分别是 CC、CD、CF、CF-4、CH-4、CI-4。

国产发动机油的黏度分类新方法,已等效采用国际 SAE 黏度分类法。

4. 柴油机润滑油的选用

(1)根据发动机的强化程度选用合适的润滑油使用等级。

柴油机的强化程度用强化系数 K 表示。强化系数为

$$K = p_{me} v_m \tau$$

式中:p_{me}——平均有效压力,MPa;

v_m——活塞平均速度,m/s;

τ——行程数(四行程 $\tau=0.5$,二行程 $\tau=1$)。

$K<50$ 时,选用 CC 级润滑油;$K>50$ 时,应选用 CD 级润滑油。

(2)根据地区的季节气温选用适当黏度等级的润滑油。

按当地的环境温度选用润滑油时,可参考图 14-2。

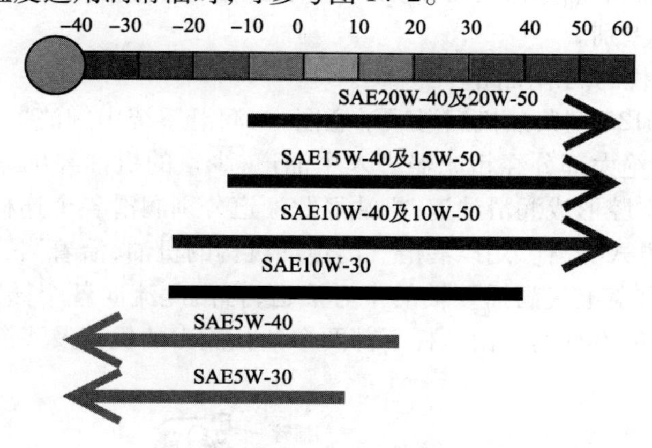

图 14-2 环境温度选择润滑油

5. 常用的润滑脂

内燃机所用润滑脂可根据润滑脂产品标准选用,常用的为钙基润滑脂(GB 491—1987)。发动机润滑脂常用的有铝基润滑脂(ZBE 36004—88)、钙钠基润滑脂(ZBE 36001—88)、强合成钙基润滑脂(ZBE 36005—88)等,主要根据使用场合选用。

(二)发动机的润滑方式及润滑油路

1. 发动机的润滑方式

发动机工作时,由于各运动零件的工作条件不同,所要求的润滑强度也不同,因而,需采取不同的润滑方式。工程机械发动机多采用压力润滑与飞溅润滑相结合的综合润滑方式。

(1)压力润滑。利用机油泵将一定压力的润滑油输送到摩擦面间隙中,形成油膜润滑的方式。压力润滑主要用于承受负荷较大和相对运动速度较高的摩擦面,如主轴承、连杆轴承、凸轮轴承、气门摇臂轴等处。

(2)飞溅润滑。利用发动机工作时运动零件飞溅起来的油滴或油雾润滑摩擦表面的方式。飞溅润滑主要用于外露表面、负荷较轻的摩擦表面,如汽缸壁、活塞销、凸轮、挺柱、偏心轮、连杆小头等。

(3)喷油润滑。某些零部件如活塞的热负荷非常严重。如康明斯发动机,其在汽缸体内部活塞的下面壁上装了一个喷嘴,将润滑油喷到活塞的底部来冷却活塞。但一般低负荷的发动机,活塞与汽缸壁之间虽然工作条件较差,其为了防止过量润滑油进入燃烧室而使发动机工作恶化,都采用飞溅润滑。事实上,喷油润滑与飞溅润滑没有本质区别。

(4)综合润滑方式。现代发动机一般同时采用压力润滑和飞溅润滑,此种润滑方式称为综合润滑方式。

(5)定期润滑。定期、定量加注润滑脂。在发动机辅助系统中,有些零件需要采用定期加注润滑脂的方式进行润滑。如发电机轴承、水泵轴承、起动机轴承等。

(6)自润滑。近年来在有些发动机上采用了含耐磨材料的轴承,来代替加注润滑脂的轴承。这种轴承使用中,不需要加注润滑脂,故称其为自润滑轴承。

2. 润滑油路

现代柴油发动机润滑油路布置方案大致相同,只是由于润滑系统的工作条件和某些具体结构的不同而稍有差别。

(1)6135 型柴油机的润滑油路。

图 14-3 所示为 6135 型柴油机润滑系示意图,该润滑系统中细滤器与粗滤器是并联的,机油泵压出的机油的绝大部分经粗滤器进入主油道,少量的机油经细滤器流回油底壳。整个曲轴是空心的,其空腔形成润滑油道,机油经此油道分别润滑各个连杆轴承。曲轴主轴承是滚动轴承,用飞溅方式润滑。用以润滑气门传动机构的机油,沿着第二个凸轮轴轴承引出的油道,一直通到汽缸盖上气门摇臂轴的中心油道,再由此流向各个摇臂的工作面,然后顺推杆表面上流到杯形的挺杆内。由挺杆下部两个油孔流出的机油及飞溅的机油润滑凸轮工作面。

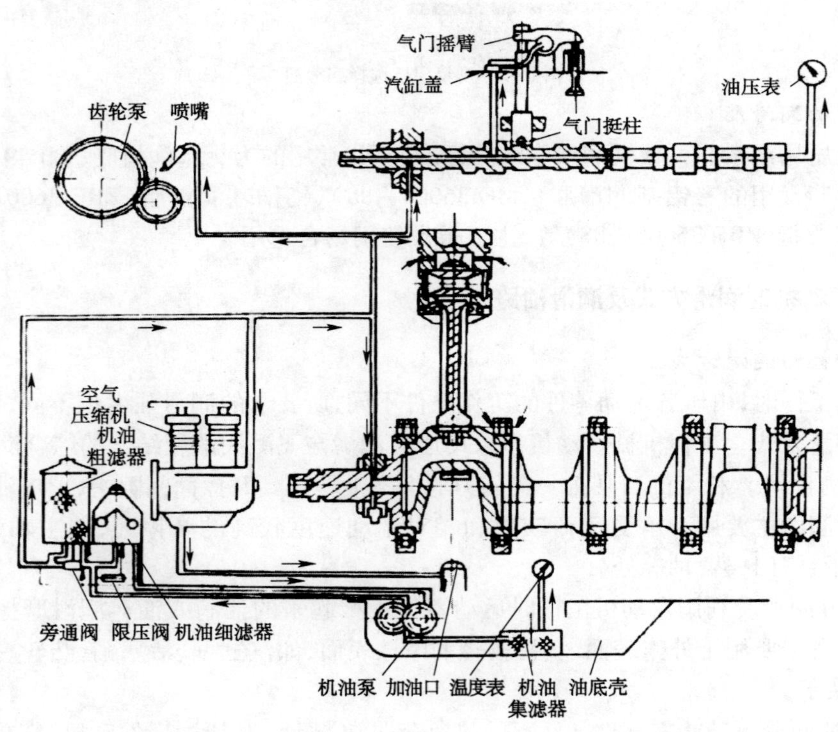

图 14-3 6135 型柴油机润滑系示意图

连杆大头轴承流出的机油借离心力的作用飞溅至汽缸壁上以润滑活塞和汽缸套。由活塞油环刮下的机油溅入连杆小头上的两个油孔内以润滑活塞销和连杆小头轴承。

在标定转速下(1800r/min),该润滑系压力保持在 0.3～0.4MPa。

若机油粗滤器被杂质严重堵塞,将使整个油路不能畅通。因此在机油泵与主油道之间,与粗滤器并联设置一个旁通阀。当粗滤器进油和出油道中的压力差达 0.15～0.18MPa 时,旁通阀即被推开，使机油不经过粗滤器滤清面直接流入主油道，以保证对内燃机各部分的正常润滑。

如果润滑系统中油压过高（如在冷起动时，机油黏度大，就可能出现油压过高现象），这将增加发动机功率损失，为此在机油泵端盖内设置柱塞式限压阀。当机油泵出油压力超过0.6MPa时，作用在阀上的机油总压力将超过限压阀弹簧的预紧力，顶开柱塞阀而使一部分机油流回机油泵的进油口，在机油泵内进行小循环。弹簧预紧力可用增减垫片数目的办法来调节。

（2）康明斯NT-855型柴油润滑油路。

康明斯NT-855型柴油润滑系统采用全流式机油冷却系和旁流式机油滤清。为保证发动机的正常工作，机油泵的压力和主油道的机油压力必须适当。当发动机转速增高或机油变浓时，机油压力就会增高，使飞溅到汽缸壁上的机油过多，机油大量进入燃烧室，造成积炭和机油消耗量增加，严重时可能造成机件损坏。因此，NT855型发动机在润滑油路中分二次控制机油压力：一是机油泵出口设置有旁通阀，其开启压力为0.89～0.94MPa；二是主油道上机油滤清器前设置有机油压力调节阀，其开启压力为（0.44±0.04）MPa；当油压过高而达到各自的控制压力时，阀即开启，让一部分机油流回油底壳，使油压降至正常值。在发动机工作时，机油会受高温燃气的作用及杂质、磨屑的混入而变质、脏污，所以机油中经常含有各种金属磨屑、炭渣、灰沙、胶质等杂质。这些杂质随同机油进入摩擦表面，会加速发动机零件的磨损，而且其还会堵塞油道，使发动机得不到良好润滑。NT855型发动机在润滑油路中除集滤器外安装有全流式机油滤清器和分流式旁通滤清器。全流式机油滤清器与主油道串联，其作用是滤去机油中的较大杂质；同时有一个安全阀与机油滤清器并联，安全阀的开启压力为0.28～0.35MPa，确保在机油滤清器被严重堵塞时，机油能通过安全阀进入各润滑点。分流式旁通滤清器与主油道并联，其作用是清除机油中较小的杂质，通过分流式旁通滤清器的机油直接流回油底壳。

（三）润滑油检查与更换的方法

1. 发动机机油油量检测

（1）检查机油前，起动发动机，使发动机温度达到正常工作温度后熄火，并把车辆停放在水平地面上。

（2）关闭发动机至少等待5min，打开发动机舱盖。

（3）拔出油尺以白色干净布擦拭干净，将油尺重新插入曲轴箱，并再次取出，检视油尺上的油迹。

（4）油面应在上位“F”和下位“L”之间的位置。

2. 发动机机油油质的检测

测量油量之前应检查机油有无污脏。检查机油的油质，看有无变质，清洁情况如何，如出现变质或不够清洁，就应更换机油。检查机油是否变质的简便方法是将油尺插入曲轴箱后再次取出，将油尺上的机油滴在纸上，判断机油是否变质。

如机油滴呈乳液状，可能是由于缸体内漏等原因，使机油中掺水的结果，此时的机油不能再继续使用。

机油的酸化现象往往可以从观察轴瓦的腐蚀情况发现，而采用试纸方法是可靠的检查酸度的方法。一般情况下，当机油老化到需要更换时，还不至于达到酸化的程度。

3. 补充机油

如果油面低于“L”位置，将机油补充到“F”位置。

（1）按逆时针方向打开机油加油口盖。

（2）添加符合标准的机油，注意不要过量，否则将会导致排气管喷油。

（3）按顺时针方向旋转并拧紧加油口盖。

注意：

（1）补充机油时防止杂物进入注入口。

（2）补充机油时不要使油面超过“F”线，否则会导致发动机故障。

（3）擦机油标尺时请使用干净的抹布，以免杂物混入发动机而产生故障。

（4）发动机机油消耗量随行驶距离的增加而增加，特别是在恶劣的环境下驾驶时，应随时检测机油量，不足时要及时补充。

4. 发动机机油的更换

机油的更换周期一般为5000km左右，但周期长短可根据使用环境、使用条件、汽车实际状况而灵活掌握；如汽车连续在多山地区、气温低于-20℃的寒冷地区行驶，则更换机油的周期应缩短；如汽车行驶的环境、道路状况等都较好时，相应的更换机油周期可相对延长。经日常检查发现，机油减少加速或变黑污秽时，应予提早换用新油。机油的排放可使用专门的抽油机，也可以用普通容器放在油底壳下，拧下放油螺塞进行排油。必须注意的是需根据更换周期同时更换发动机机油和机油滤清器。

（1）把车辆停在平整的地面上，起动发动机，进行发动机暖机。

（2）关闭发动机，拉紧驻车制动器，打开发动机舱盖及机油加油口盖。

（3）车身过低不能松开放油螺栓时，可将车吊起，若使用千斤顶顶起，此时不要忘记加挡车器。抬起车辆后，在放油塞下部放置废机油回收桶，按逆时针方向旋转放油螺栓，放出机油，流出的机油温度高，小心烫伤。

（4）放完机油后，更换放油塞密封垫，按顺时针方向拧紧放油塞。

（5）加入规定量的新机油，用油尺确认机油量。

二 任务实施——润滑油的更换

（一）准备工作

（1）整车一台。

（2）举升机一台。

（3）汽车常用维修工具一套、碗式机油格套筒一套、废油回收器一个。

（二）技术要求与注意事项

（1）严格按照安全事项程序操作举升机。

（2）规范使用工具。

(3)注意观察各个部件的拆装顺序及技术要求。
(4)假如油机在运行状态,请停止发动机。
(5)假如油机未运行,起动发动机运行5min左右,然后停止发动机,进行机油更换。

(三)操作步骤

(1)打开机油加注口盖。
(2)正确顶起汽车。
(3)拆卸油底壳放油螺栓。
(4)用废油回收器收取排放机油。
(5)拆卸机油滤芯。
(6)安装油底壳放油螺栓。
(7)安装机油滤芯。
(8)放下汽车。
(9)加注机油并检查是否机油加注到位,盖上机油加注口盖。
(10)起动发动机,怠速运转并预热3~5min,使润滑油温度必须高于60℃,此时观察油底壳螺栓和滤清器两处有无机油渗漏。
(11)检查发动机液面,操作过程如下。
①发动机熄火等待3min以上,让机油回流到油底壳。
②拔出油尺,用干净的抹布擦干,再插入油底壳底部。
③拔出油尺,读取机油液面高度数值。
④若不够则要加至合适液面高度。
(12)清洁使用工具。

三 评价与反馈

1. 自我评价

(1)通过本学习任务的学习,你是否已经知道以下问题:
①润滑系统主要由哪几部分组成?

____

____

②润滑油的分类有哪些?

____

____

③6135型柴油机润滑油路的机油流程是什么?

____

____

(2)实训过程完成情况如何?

____

____

(3)通过本学习任务的学习,你认为自己的知识和技能还有哪些欠缺?

____

____

签名:__________ ______年____月____日

2. 小组评价与反馈

小组评价与反馈见表 14-1

小组评价与反馈表

表 14-1

序号	评价项目	评价情况
1	着装是否符合要求	
2	是否能合理规范地使用仪器和设备	
3	是否按照安全和规范的流程操作	
4	是否遵守学习、实习场地的规章制度	
5	是否能保持学习、实习场地整洁	
6	团结协作情况	

参与评价的同学签名:__________ ______年____月____日

3. 教师评价与反馈

____

____

____

签名:__________ ______年____月____日

四 技能考核标准

技能考核标准见表 14-2。

技能考核标准表

表 14-2

项目	操作内容	规定分	评分标准	得分
更换机油机滤	准备	15 分	汽车进入工位前,将工位清理干净; 将其车停在举升机中央位置; 安装防护五件套; 拉紧驻车制动操作杆,将变速器杆置于 P、N 位; 将汽车发动机舱盖打开; 安装翼子板布和前格栅布。 根据操作情况酌情扣分	
	更换机油	35 分	将桶式废油节油机推到车辆前方; 将废油回收器放置在发动机油底壳正下方; 拧松机油排放螺栓; 一手拿抹布,另一手旋下机油放油螺栓; 取下螺栓和垫片,排放机油; 观察机油排放口滴油情况,若速度小于 1 滴/s 时更换机油排放螺栓垫片,用手将螺栓完全拧入; 用专用工具将机油排放螺栓拧至规定力矩; 将机油接油盘降下,把废油回收器推到车前方。 操作方法不正确扣 20 分,操作不熟练扣 10 分	

续上表

项目	操作内容	规定分	评分标准	得分
更换机油机滤	更换机滤	25分	从工具箱中拿出适当的套筒用接杆连接到合适的长度； 将套筒套到机油滤清器上，用力拧松； 用手慢慢拧下机油滤清器； 在新的机油滤清器密封圈上涂一层机油，拧回到发动机上； 用扭力扳手拧至规定力矩。 操作方法不正确扣10分，操作不熟练扣5分	
	加注机油	25分	将机油加注口盖拧下放到工具车上； 从工具车上拿来一壶机油，打开机油壶盖； 将机油壶口对准发动机机油加注口，慢慢倒入发动机机油，在加机油时，注意加油量； 完成机油加注后，盖好机油壶； 抽出机油尺，检查发动机机油液面高度是否合适，合适之后再盖上机油加注口盖； 操作完毕后，整理工具和设备、清洁场地。 操作方法不正确扣10分，操作不熟练扣5分	
总分		100分		

学习任务15　润滑系统主要部件的结构与工作原理

学习目标

1. 熟悉工程机械发动机润滑系各部件的工作条件、结构、安装位置及相互连接关系；
2. 掌握润滑系的拆装工艺；
3. 掌握润滑系的检测工具、量具及设备的使用方法。

任务导入

张先生的汽车在起动发动机后发现仪表板上的机油灯亮，到4S店检查后发现是机油泵故障，需要进行检测修理。

一　理论知识准备

(一)机油泵

机油泵的作用是将一定压力和一定数量的机油压供到润滑表面。发动机常用的机油泵有齿轮式和转子式两种。

1. 齿轮式机油泵的结构和工作原理

齿轮式机油泵的结构和工作原理如图 15-1 所示。机油泵体内装有一对外啮合齿轮，齿轮的端面由机油泵盖封闭，泵体、泵盖和齿轮的各个齿槽组成工作腔。当齿轮按图 15-1 所示方向旋转时，进油腔的容积由于轮齿逐渐脱离啮合而增大，腔内产生一定的真空，润滑油从油底壳经进油口被吸入进油腔，随后又被轮齿带到出油腔。出油腔的容积由于轮齿逐渐进入啮合而减小，使润滑油压力升高，润滑油经出油口被压入发动机机体上的润滑油道。在发动机工作时，机油泵齿轮不停的旋转，润滑油便连续不断地流入润滑油道，经过滤清之后被送到各个润滑部位。当轮齿进入啮合时，封闭在轮齿径向间隙内的润滑油压力急剧升高，使齿轮受到很大的推力，并使机油泵轴衬套的磨损加剧。如能将径向间隙内的润滑油及时引出，油压自然降低。为此，特在泵盖上加工一道卸压槽，使轮齿径向间隙内被挤压的润滑油通过卸压槽流入出油腔。为了减小困油现象的发生，有的机油泵采用逐渐进行啮合的斜齿轮或加大齿轮与盖间的端隙来卸压。还有采用大齿型的齿轮，使同时啮合的齿数不多于 1 个。

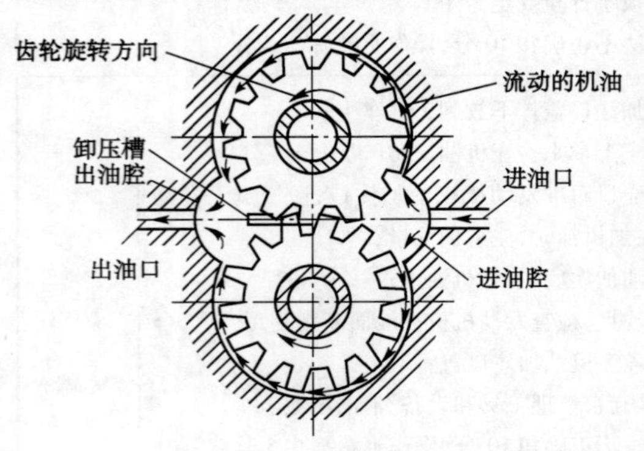

图 15-1　齿轮式机油泵的工作原理图

齿轮式机油泵的典型结构如图 15-2 所示。整个油泵用两个螺钉安装在曲轴箱内第三道主轴承一侧，淹没在润滑油中。它由凸轮轴通过螺旋齿轮和传动轴带动工作。在油泵壳体上装有主动齿轮轴，主动齿轮轴上端通过连轴套与机油泵传动轴连接，下端则用半圆键与主动齿轮装配在一起，上端则有长槽和传动轴连接。从动齿轮滑套在从动齿轮轴上，从动齿轮轴压入泵体内。机油泵是通过活节传动轴驱动，螺旋齿轮旋转时产生的轴向力，就不会造成泵壳端面的磨损。

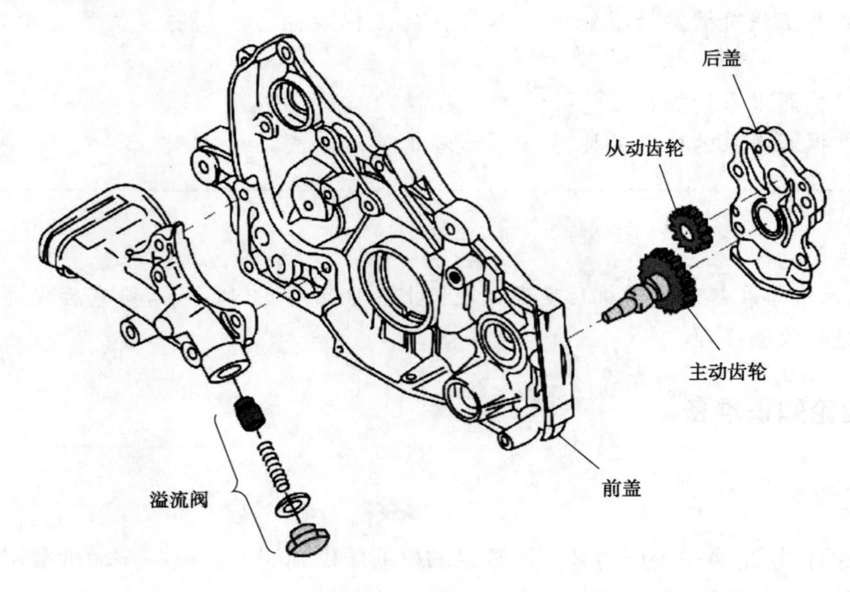

图 15-2　齿轮式机油泵

机油泵齿轮与泵体内壁的间隙、齿轮与油泵盖的间隙都很小,以保证机油泵可靠地工作。油泵盖与油泵壳体之间的纸质衬垫,既可对机油泵起密封作用,又可用来调整齿轮间隙。

进油口经进油管与集滤器相连,出油口与机体上的主油道及机油滤清器相通,这是主要的一路;管接头经油管与润滑油细滤器连接。机油泵壳上装有限压阀组件,可与机油泵一起进行检验调整(油量、油压)。限压阀通过增减调整垫片的厚度,以调整弹簧的预紧力,而维持主油道内的正常油压。在使用中不能因润滑油压力过低而随意改变限压阀弹簧的预紧力,因为此时油压的降低不一定是弹簧张力的变化所造成的。

2. 转子式机油泵

转子式机油泵在柴油机上应用广泛。其主要由外转子、内转子、进油口、出油口和壳体等构成,如图15-3所示。内转子固定在机油泵传动轴上,有四个轮齿;外转子自由地安装在泵体内,有五个内齿。内外转子是不同心转动的,两者有一定的偏心距,但旋转方向相同。当内转子转动时带动外转子一起旋转。两个齿轮的偏心距和齿形轮廓保证了内、外转子无论转到何种位置,各齿之间总有接触点,于是内、外转子的轮齿间形成了四个工作腔。由于内、外转子之间的速比是1.25,所以外转子总是慢于内转子,形成了四个工作腔容积的变化。所以,当某一个工作腔从进油口转过时,容积便逐渐增大,从而把润滑油从进油孔吸入。当该工作腔转到与出油口相通以后,腔内容积逐渐减小,油压因而升高,便从出油孔泵出。转子式机油泵结构紧凑,吸油真空度高,泵油量大,当泵的安装位置在机体外或吸油位置较高时,用转子式机油泵尤为合适。转子式机油泵由曲轴的正时齿轮通过中间齿轮驱动。

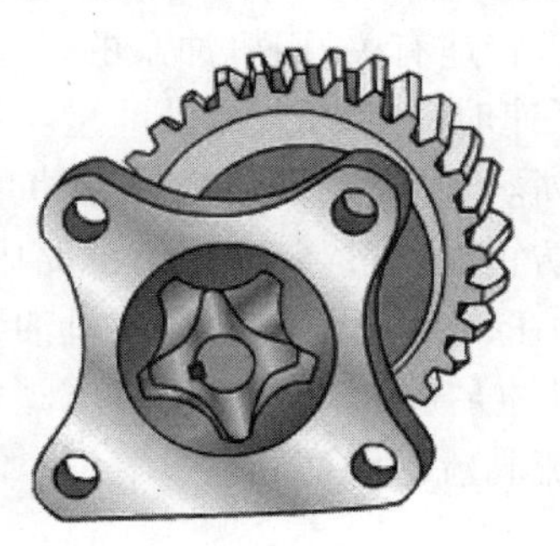
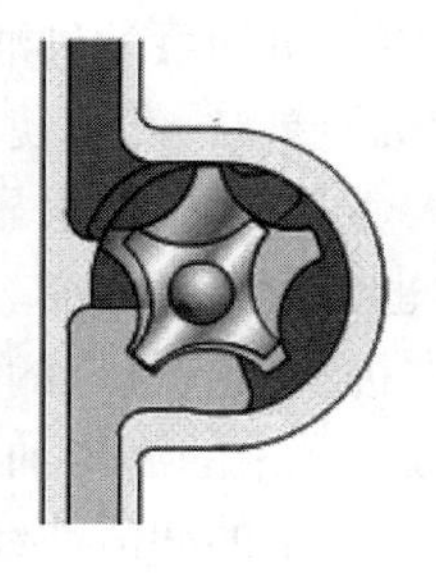

图15-3　转子式机油泵

康明斯B系列发动机的机油泵采用了转子式结构。它的优点在于外形尺寸小、结构紧凑。机油泵和曲轴的速比为36/28,额定转速为3343r/min,额定速度处供油量为61.8L/min。现在康明斯公司进一步提高了机油泵的转速,使速比达到36/24,机油泵的高转速也提高了机油压力的脉动性,对机油冷却器的使用产生了不利影响。为此对机油冷却器的结构进行了加强。机油泵的传动齿轮为28个齿,机油泵惰轮为23个齿。机油泵用4个M8的螺钉固定在缸体的前端面上。

另外,柴油机也采用双层机油泵有两个目的:一是有的发动机为了防止工程机械上坡时因润滑油泄漏而中断润滑;二是由于发动机要保持合适的润滑油温度和黏度,多在润滑系统中设置机油散热器,将散热器并联在主油道和油底壳之间,利用进油限压阀控制。当主油道的油压因温度升高或发动机各运动副配合间隙增大时,可能造成通过机油散热器的油道减少，使润滑油难以得到合适的冷却。为了防止该现象的发生，采用双层油泵或两个结构完全相同的机油泵。主油泵的尺寸和泵油量较大，它满足主油道的供油；副油泵的尺寸和泵油量较小，专门供往机油散热器。在副油泵上还设有限压阀，以控制通往机油散热器的油压，防止机油散热器的管芯损坏。

3. 机油泵需要说明的问题

(1)机油泵的驱动方法。

对于较轻负荷的柴油机，机油泵可以通过凸轮轴来驱动，这种驱动方式较简单。对于工程机械用柴油机，其机械负荷和热负荷较大，要求润滑强度也较大，机油泵的出油压力和出油量大或者说机油泵的驱动力较大。所以，机油泵可安装在曲轴箱内第一道或第二道主轴承盖处，由曲轴的正时齿轮直接或间接地驱动。这样也易于调整机油泵的转速和发动机转速比，以满足柴油机高强度润滑的需要。

(2)机油泵的安装位置。

多数机油泵是淹没或半淹没在润滑油内，吸油高度较小，起动时很快能正常泵油；也有在机体以外安装的，例如，康明斯 NT855 型发动机的机油泵是通过外接吸油管与油底壳内的集滤器相连来吸油，机油调压阀则装在机油滤清器上，这种外装机油泵拆装调整较为方便，但由于吸油管较长，组装后需加满润滑油(引油)，否则，在起动时可能会不泵油或者需要较长时间才能吸上油。

(3)限压阀的位置。

机油泵必须在发动机各种转速下都能供给足够数量的润滑油，以维持足够的润滑油压力，保证发动机的润滑。机油泵的供油量与其转速有关，而机油泵的转速又与发动机转速成正比。因此，在设计机油泵时，都是使其在低速时有足够大的供油量。但是，在高速时机油泵的供油量明显偏大，润滑油压力也显著偏高。另外，在发动机冷起动时，润滑油黏度大，流动性差，润滑油压力也会大幅度升高。为了防止油压过高，在润滑油路中设置限压阀或溢流阀。一般限压阀装在机油泵或机体的主油道上。当限压阀安装在机油泵上时，如果油压达到规定值，限压阀开启，多余的润滑油返回机油泵进油口。如果限压阀安装在主油道上，则当油压达到规定值时，多余的润滑油经过溢流阀流回油底壳。

(二)机油滤清器

发动机工作时，金属磨屑、尘土、积炭等会不断地混入润滑油。同时，燃烧气体及空气对润滑油的氧化作用，逐渐使润滑油颜色变黑并形成胶状物(俗称油泥)。这都会影响润滑性能，不仅会加速运动零件的磨损，而且油泥会堵塞油道，造成供油不足。在发动机润滑系统中都装有机油滤清器，将上述固体颗粒或胶质过滤掉，以保持润滑油的清洁，延长润滑油的使用期限，保证发动机正常工作。

1. 机油滤清器的分类

按机油滤清器滤清方式的不同，可分为过滤式和离心式两种。过滤式滤清器又可按其滤芯的不同，分为金属网式、缝隙式、纸质滤芯式和复合式等。

按照机油滤清器工作范围的不同，可分为粗滤器和细滤器。

按机油滤清器与主油道的连接方式的不同，可分为全流式和分流式两种。全流式滤清器是与润滑主油道串联在一起的，机油泵出油量都通过它，因此，要求这种滤清器的阻力不能太大，多为粗滤器。为了防止因粗滤器堵塞而断油，在粗滤器上装有旁通阀。分流式滤清器是与主油道并联在一起的，一般只有机油泵出油量的10%～30%流过。在滤清器中设置节流量孔，借以限制其通过的油量。由于通过量少，允许有较大的阻力。这样，既能使机油较快地得到较彻底的滤清，又不至于造成堵塞后主油道断油。分流式滤清器多为细滤器，一般在细滤器上不安置旁通阀门，一旦堵塞后，机油泵的出油量全部转入主油道。有的细滤器上也加设旁通阀，以调节主油道的压力。

2. 滤清器的结构与工作原理

（1）集滤器。

集滤器是具有金属网的滤清器，用来防止较大的机械杂质进入机油泵，通常安装在机油泵之前。集滤器可分为浮式和固定式（淹没式）两种。浮式集滤器能吸入油面较清洁的机油，但油面上的泡沫易被吸入。固定式集滤器淹没在油面以下，吸入的机油清洁程度较差，但可防止泡沫吸入，结构简单，故应用较多。

图15-4所示为浮式集滤器的构造。浮子是空心密封的，漂浮在润滑油的液面上。固定管固装在机油泵上，吸油管的一端与浮子焊接，另一端与固定管活动连接，以便浮子能自由地随油液面升降。金属丝滤网有一定弹性，中央有一圆孔，装配时在滤网弹力作用下，圆孔紧压在罩上，罩的边缘有缺口，机油由此进入滤网内。罩用自身的凸爪连同滤网一起扣装在浮子上，罩的斜面靠近吸油管，以保证滤网的实际有效面积。

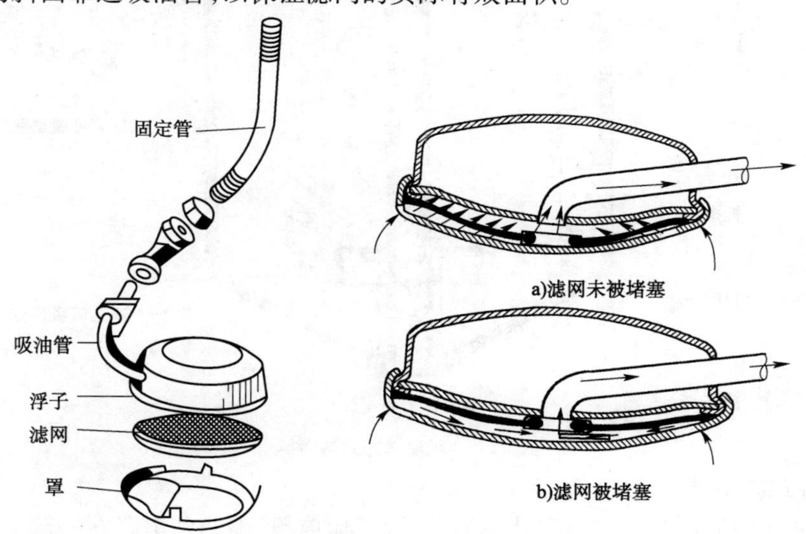

图15-4　浮式集滤器

当机油泵工作时，润滑油从罩与滤网间的狭缝被吸入，通过滤网时较大的杂质被滤去，然后经吸油管进入机油泵。当滤网被杂质堵塞时，由于机油泵所形成的真空度，迫使滤网向上，使滤网的圆孔离开罩，此时润滑油便直接从圆孔进入吸油管，以避免供油中断。

（2）粗滤器。

粗滤器主要用来过滤润滑油中颗粒较大的杂质。由于它对润滑油流动的阻力小，一般是继机油泵之后串联在润滑系统油路中。传统的粗滤器滤芯多采用金属片或金属网式，近年来逐渐被纸质式滤芯所代替。

金属片缝隙式粗滤器的滤芯由薄钢片制成，滤片呈车轮状，隔片呈星状，它们间隔地套在滤芯轴上，润滑油从滤片间的缝隙中通过，将较大的杂质挡住。

纸质滤芯式滤清器结构如图15-5所示，滤芯分内外两层，外层滤芯是由波折的微孔纸组成，内层滤芯是用金属丝编成的滤网或冲压的多孔板，以加强滤纸。润滑油从外围经过滤芯的过滤后从中心流向主油道。波折的微孔纸过滤面积很大，既有较好的滤清能力，又有较大的通过能力。它的成本低，可定期更换。既可作为全流式，也可作为分流式滤清器。

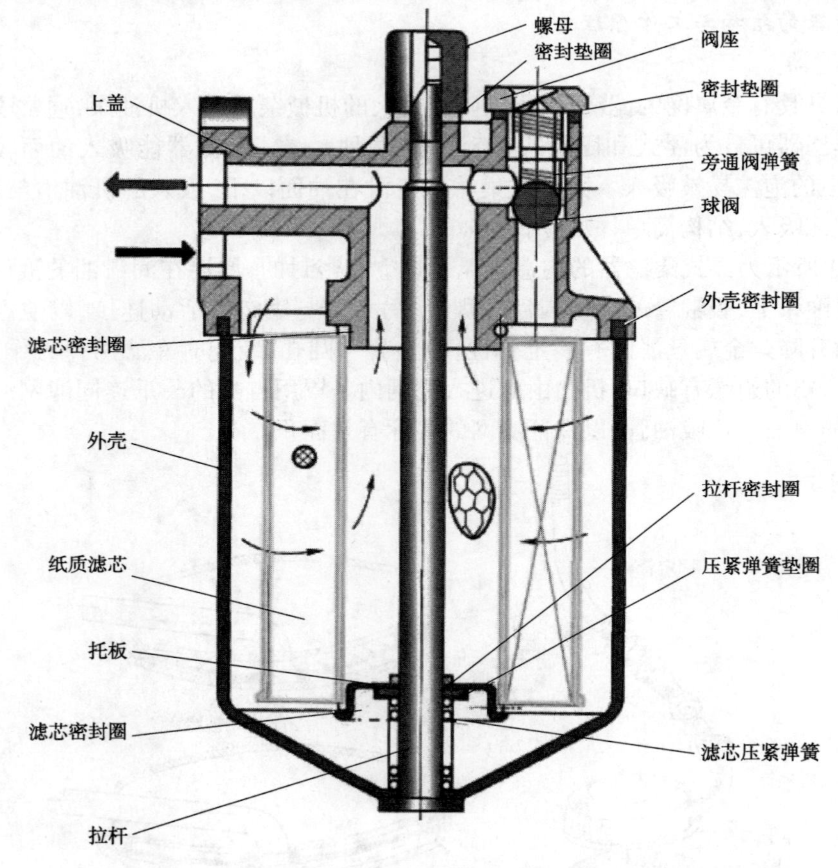

图15-5　纸质滤芯式滤清器

(3)复合式滤清器。

把筒状网式粗滤芯套在波折微孔细滤芯外面，形成粗、细滤芯串联在一起的复合式滤清器。它串联在主油道上，两个滤芯各有自己的旁通阀。一旦滤芯堵塞时，各自打开，使润滑油绕过被堵塞的滤芯，直接流入主油道。这种滤清器结构紧凑，工作可靠，纸芯可定期更换，成本较低。

(4)离心式细滤器。

上述各种滤清器，按清除杂质的方法都是属于过滤式滤清器。这类滤清器不同程度地存在以下问题：滤清能力与通过能力的矛盾；通过能力随淤积物的增加而下降；定时更换滤芯而使维护费用增加。

为了解决上述问题而发展了一种靠离心力来分离杂质的滤清器，称为离心式滤清器。如图15-6所示，转子轴固定在壳体上，转子体上压有三个衬套，并与转子套连成一体，套在转子轴上可以自由转动。压紧套将转子盖与转子体紧固在一起后经动平衡检验。转子下面装有推力轴承，转子上面装有支承座，并用弹簧压紧以限制转子轴向窜动。弹簧的压紧力以及衬套等零件的加工质量可保证转子转速达10000r/min左右。转子下端有两个水平安装的互成反向的喷嘴，滤清器盖用压紧螺母装在滤清器壳体上使转子密封。滤清器盖与壳体具有高度的对中性，使转子达一定转速，以保证润滑油的滤清质量。

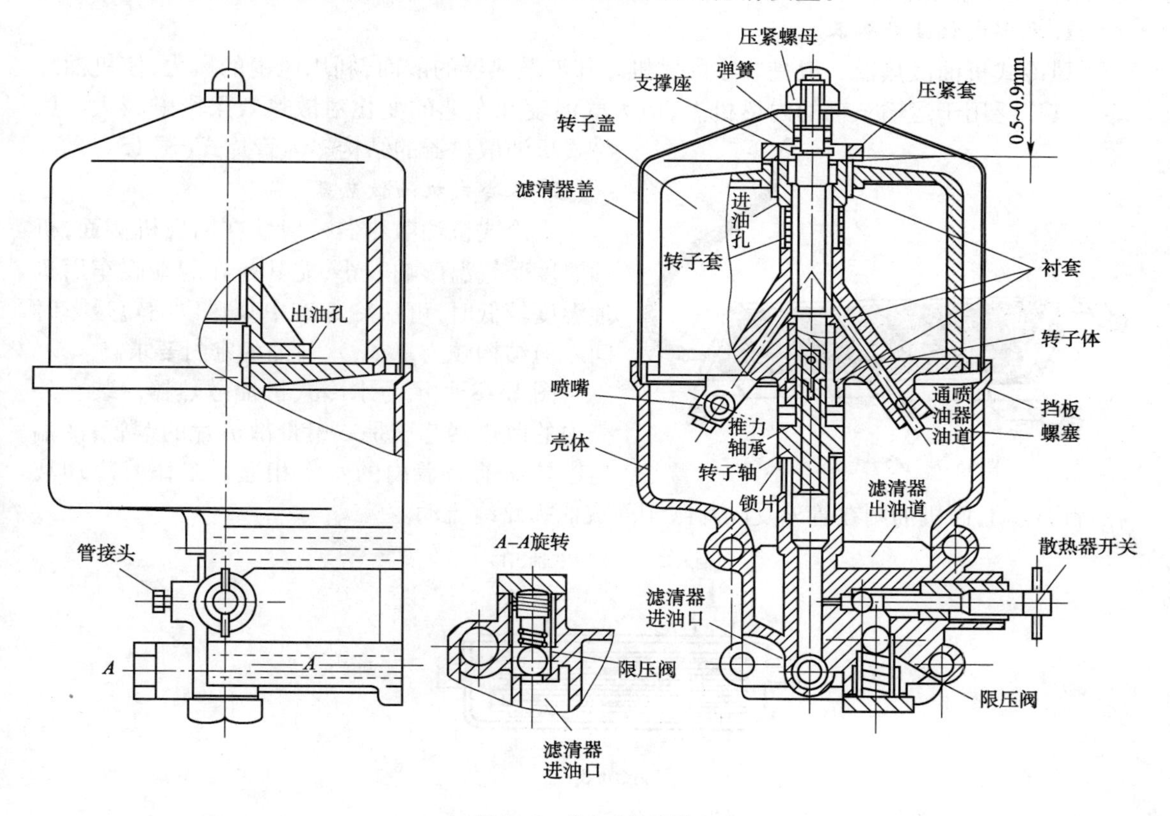

图15-6 离心式滤清器

发动机工作时，从机油泵来的润滑油进入滤清器进油孔。当润滑油压力低于100kPa时，进油限压阀不开，润滑油不进入滤清器而全部流向主油道，以保证发动机可靠润滑。当机油压力超过100kPa时，进油限压阀被顶开，润滑油沿外壳和转子轴的中心孔经出油孔进入转子内腔，润滑油做高速旋转。在离心力作用下，润滑油中的杂质被甩向转子盖内壁并沉淀，清洁的润滑油由出油道流向油底壳。

离心式滤清器滤清能力强，并且不需要滤芯。但它对胶质的滤清效果差，同时，制造和装配精度要求较高。喷嘴喷出润滑油没有压力，一般只能做分流式连接。转子上的喷嘴又是油的限量孔，它保证了通过滤清器的油量为油泵出油量的10%～15%。判别转子是否旋转正常的方法是看当发动机熄火后是否由于惯性应有轻微的“嗡、嗡”声。否则，应检查维护。

(三)机油散热器

内燃机工作时机油的循环从机体上带走大量的热量,使机油温度升高,而且进入机油的热量随着内燃机的强化程度而增加。为了防止机油温度过高引起机油黏度下降影响润滑效果,所以对于功率较大的内燃机一般均设有机油散热装置,即机油散热器。机油散热器分为风冷和水冷两种。在工程机械上,内燃机负荷大,行驶速度低,采用风冷式机油散热器效果较差,因而多采用水冷式机油散热器。

1. 风冷式机油散热器

风冷式机油散热器一般是装在内燃机冷却液散热器的前面,利用风扇的风力,使机油冷却。其广泛用于运输车辆的内燃机上,但大气温度和车速的变化对散热效果影响较大。风冷式机油散热器的结构多为管片式(图 15-7)。

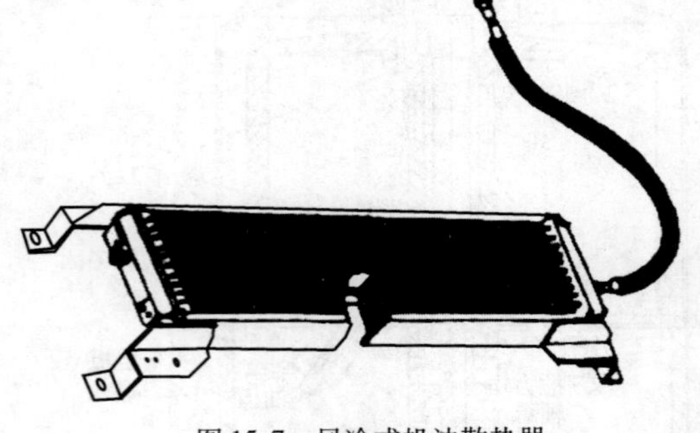

图 15-7　风冷式机油散热器

2. 水冷式机油散热器

水冷式机油散热器一般装在内燃机侧面,机油温度受气温影响较小,尤其是在起动暖车而机油温度较低时,可从冷却液中吸热以缩短暖车时间。但结构较为复杂,水与油的密封要求高。

图 15-8 所示为水冷式机油散热器。装在外壳内的散热器芯子是一组带散热片的铜管;两端与散热器前后盖内的水室相通。工作时冷却液在管内流动,而机油则在管外受隔片限制而成曲折路线流动。

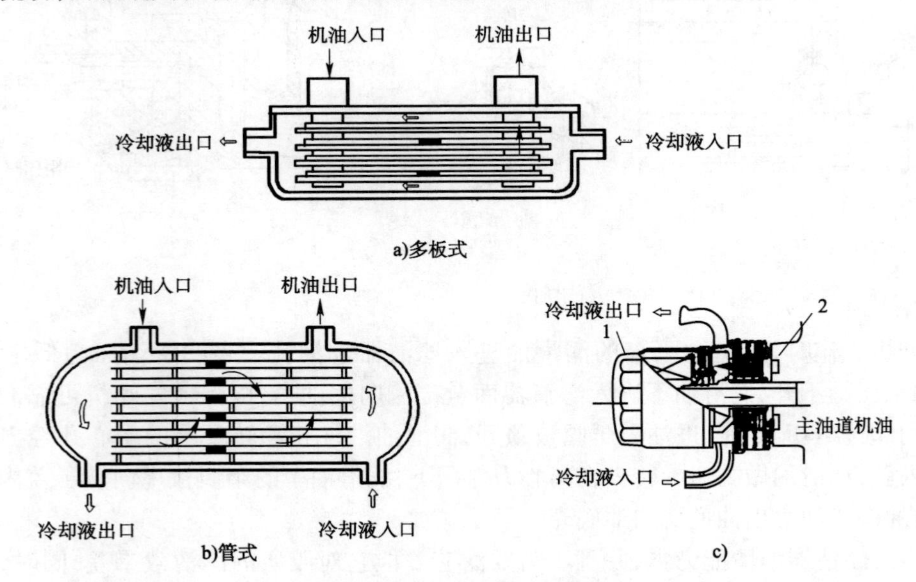

图 15-8　水冷式机油散热器

高温机油的热量通过水管上的散热片传给冷却液而被带走,达到了机油冷却的目的。

3. 机油散热器的通道

在发动机正常工作时,高温的机油从油底壳经集滤器吸入油泵,油泵将机油送到冷却器冷却后再到滤清器。过滤后的机油就流到主油道,分别润滑发动机的各个部件。

当发动机在冷态时,机油的温度也较低,黏度较大,机油泵产生的压力较高。另一方面,高黏度的机油通过冷却器和滤清器产生的压差也较大。此时旁通阀将打开,机油将不经冷却而直接到主油道。旁通阀在冷却器或滤清器堵塞时也会打开以保护发动机。

(四)曲轴箱通风

1. 曲轴箱通风的作用

柴油机工作过程中,汽缸内混合气燃烧后的部分废气经活塞、活塞环与缸壁之间的间隙窜入曲轴箱内,未燃烧的燃油、废气中的水蒸气凝结,使润滑油稀释,从而影响润滑;废气中的酸性物、硫化物,对柴油机零件产生强腐蚀;废气还会导致曲轴箱内压力升高,破坏柴油机的密封导致柴油机漏油。

曲轴箱通风装置的作用就是将这些气体及时从曲轴箱内抽出,保证润滑系的正常润滑,延长润滑油的使用寿命,保证柴油机机件不被腐蚀,防止发生泄漏。

2. 曲轴箱的通风方式

轴箱通风的方式有 2 种:自然通风、强制封闭式通风。

(1)自然通风。

柴油机曲轴箱一般采用自然通风方式。它在曲轴箱连通的气门室盖或润滑油加注口接出一根下垂的出气管。管口处切成斜口,切口的方向与车辆行驶的方向相反。

由于车辆的前进和冷却系风扇所造成的气流作用,使管内形成真空而将废气抽出,曲轴箱中的气体被直接导入大气中去。这种通风方法称曲轴箱的自然通风。

(2)强制封闭式通风。

进入曲轴箱内的新鲜混合气和废气在进气管真空度作用下,经挺杆室、推杆孔进入汽缸盖后罩盖内,再经小空气滤清器、管路、止回阀进气歧管,与进气通道提供的新鲜混合气混合后,进入燃烧室参加再燃烧。新鲜空气经汽缸盖前罩盖上的小空气滤清器进入曲轴箱。为了降低曲轴箱通风抽出的机油消耗,除在汽缸盖后罩盖内装有挡油板外,在后罩盖上部还装有起油气分离作用的小滤清器,在管路中串联曲轴箱止回阀。

当发动机小负荷低速运转时,由于进气管真空度较大,止回阀克服弹簧力被吸在阀座上,曲轴箱内的废气经止回阀上的小孔进入进气管。随着发动机转速增高,负荷加大,进气管真空度降低,弹簧将止回阀逐渐推开,通风量也逐渐加大。当发动机大负荷工作时,止回阀全开,通风量最大,从而可以更新曲轴箱内的气体。

(五)润滑系统的维护与检修

润滑系统不是发动机所特有的系统,任何具有连续、相对运动的零件之间,都需要进行润滑。润滑系统发生故障,对发动机的影响往往是毁灭性的。因此,在检修润滑系统时,一定要特别小心。

1. 润滑系统的维护

润滑系统的维护应注意以下四点。

(1)按照柴油机的维护要求,及时更换、添加指定牌号的机油,机油的牌号与使用的环境温度有关,应按照说明书的要求,使用相应的机油。

(2)在发动机的使用过程中,机油是不断消耗的,要注意及时补充。

(3)更换机油时,应在热机的时候进行。

(4)根据机油的状况,可以判断发动机的其他故障。

2. 机油滤清器的检修

(1)集滤器的检修。

拆开油底壳,检查集滤器滤网,如果滤网堵塞,清洗滤网;如果滤网破损,则更换滤网。

(2)机油滤清器的检修。

机油滤清器的常见故障有密封圈损坏,滤芯、滤网堵塞或破损。密封圈损坏,应更换。按照柴油机的使用维护说明书的要求定期清洗滤网或更换滤芯。

3. 机油泵的检修

机油泵主要损伤形式是由零件的磨损所造成的泄漏,使泵油压力降低和泵油量减少。机油泵的端面间隙、齿顶间隙、齿轮啮合间隙以及轴与轴承间隙的增大,各处密封性和限压阀的调整都将影响泵油量和泵油压力。由于机油泵工作时,润滑条件好,零件磨损速度慢,使用寿命长,故可以根据它的工作性能确定是否需拆检和修理。

(1)转子式机油泵各部分检测方法如图 15-9 所示。

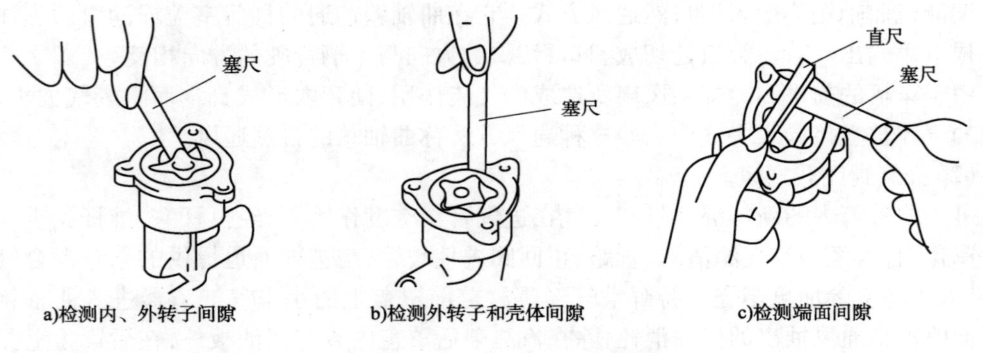

图 15-9 转子式机油泵的检测

①用直尺和厚薄规检查齿轮端面到泵盖端面的距离,即检验端面间隙,一般为 0.05 ~ 0.15mm。

②用直尺和厚薄规检查泵盖端面的平面度,平面度误差大于 0.05mm 应修磨平面。

③用厚薄规检查齿顶与泵体之间的间隙,间隙值一般为 0.05 ~0.15mm。

④用厚薄规测量齿轮的啮合间隙,同时在相邻 120°的三点上进行测量,间隙值一般为 0.05 ~0.20mm,三点齿隙相差不应超过 0.10mm。

机油泵磨损后,各部间隙大于使用限度时,应更换零件或更换总成。

(2)试验方法。

机油泵检修后,可通过以下一些试验方法检验其工作性能。

①简易试验法。将机油泵放入清洁的机油中,用螺丝刀转动机油泵轴,应有机油从出油孔中排出,如用拇指堵住出油孔,继续转动机油泵时,应感到有压力。

②试验台试验法。机油泵装复后,应在试验台上进行性能试验,以检查机油泵在规定的

转速、油温、机油黏度条件下的泵油压力及泵油流量。

机油泵压力的调整,可以通过增减限压阀螺塞下面的调整垫片或增减限压阀弹簧座处的垫片来调整。

4. 油管和油道的检修

发动机的油管一般是橡胶管、无缝钢管、铜管,橡胶管容易老化,老化或开裂时必须更换。钢管和铜管漏油时,可拆下用焊接的方法将裂纹堵死,如裂纹较大,则更换。另外,注意油管的两端是否漏油,若漏油,则必须更换垫片。汽缸体和汽缸盖上的油道一般不会堵塞,除非使用很久,油泥堵塞油道,此时,可用压缩空气吹通或用钢丝捅穿,再用吹烟的办法检查油道是否疏通。

5. 控制阀的检修

发动机润滑系统的止回阀一般装在滤清器和散热器的盖板上。止回阀的常见故障为止回阀弹簧弹力变小、阀芯运动不灵活。此时,应更换弹簧和阀芯。

6. 曲轴箱通风装置的检修

曲轴箱强制通风装置的常见故障是通风管损坏以及管路漏气。通风管损坏应更换,管路漏气时,一般是密封圈损坏、管路连接不牢等原因,应更换密封件,加固连接。

7. 润滑系指示装置的检修

现代发动机润滑系设置机油压力传感器、机油压力表、机油油温传感器、机油温度表、滤清效果指示器等。这些指示装置,对润滑系的正常工作起着很重要的作用。如果指示装置失效,驾驶人就不能随时了解润滑系的工作情况,滤清器轻度堵塞(如滤清效果指示装置失效)时,未经滤清的机油从旁通阀不经过滤进入主油道,加速零件磨损;严重堵塞(如压力检测装置失效)时,发动机在无机油压力情况下运行,造成烧瓦抱轴等事故性损坏。因此,润滑系的指示装置必须经常处于完好状态。如遇压力表、传感器、指示灯、报警装置等有故障时,须及时检修,必要时换用新件。

8. 机油散热器的维护与检修

发动机长期运转后,机油散热器内会沉积砂粒、尘土、磨屑等油泥状杂质。更换机油、清洗润滑系时,必须对机油散热器进行认真清洗。否则,不是散热器上的油管接头平台不平或有划伤、刮伤等损伤。如遇此情况可用锉刀、刮刀或砂布等工具仔细修平,然后换用新铜垫或铝垫。散热管破裂漏油时,可用氧焊焊补,具体操作同散热器冷却液箱的修理。

二　任务实施——机油泵的检测

(一)准备工作

(1)汽车发动机 6 台。

(2)6 套工具,塞尺,机油泵、滤清器各 6 个,精密直规。

(二)技术要求与注意事项

(1)机油泵齿轮的侧隙应为 0.05mm。

(2)机油泵齿轮与泵体的端隙应为 0.05 ~0.1mm。

(3)机油泵主动轴与泵体孔的径向间隙应为0.03~0.075mm。

(三)操作步骤

(1)检查齿轮啮合间隙。检查时,将机油泵盖拆下,用塞尺在互成120°角三个位置测量机油泵主、从动齿轮的啮合间隙。新机油泵齿轮啮合间隙为0.05mm,磨损极限值为0.20mm。

(2)检查主、从动齿轮与泵盖接合面的间隙。主、从动齿轮与机油泵盖接合面间隙的正常间隙应为0.05mm,磨损极限值为0.15mm。

(3)检查主动轴的弯曲度。将机油泵主动轴支承在V形架上,用百分表检查其弯曲度。如果弯曲度超过0.03mm,则应对其进行校正或更换。

(4)检查主动齿轮轴与泵壳的配合间隙。主动齿轮轴与泵壳配合的间隙应为0.03~0.075mm,磨损极限值为0.20mm。否则,应对轴孔进行修复。

(5)检查泵盖。泵盖如有磨损、翘曲和凹陷超过0.05mm,应以车、研磨等方法进行修复。

(6)检查安全阀。检查安全阀弹簧有无损伤、弹力是否减弱,必要时予以更换。检查安全阀配合是否良好、油道是否堵塞、滑动表面有无损伤,必要时更换安全阀。

三 评价与反馈

1. 自我评价

(1)通过本学习任务的学习,你是否已经知道以下问题:

①机油泵的安装位置在哪里?

____

____

②机油冷却器的通道是什么?

____

____

③机油泵的工作原理是什么?

____

____

(2)实训过程完成情况如何?

____

____

(3)通过本学习任务的学习,你认为自己的知识和技能还有哪些欠缺?

____

____

签名:__________ ______年____月____日

2. 小组评价与反馈

小组评价与反馈见表15-1。

小组评价与反馈表　　表 15-1

序号	评价项目	评价情况
1	着装是否符合要求	
2	是否能合理规范地使用仪器和设备	
3	是否按照安全和规范的流程操作	
4	是否遵守学习、实习场地的规章制度	
5	是否能保持学习、实习场地整洁	
6	团结协作情况	

参与评价的同学签名:＿＿＿＿＿＿　＿＿＿＿年＿＿月＿＿日

3. 教师评价与反馈

＿＿＿＿＿＿＿＿＿＿＿＿＿＿＿＿＿＿＿＿＿＿＿＿＿＿＿＿＿＿

＿＿＿＿＿＿＿＿＿＿＿＿＿＿＿＿＿＿＿＿＿＿＿＿＿＿＿＿＿＿

＿＿＿＿＿＿＿＿＿＿＿＿＿＿＿＿＿＿＿＿＿＿＿＿＿＿＿＿＿＿

签名:＿＿＿＿＿＿　＿＿＿＿年＿＿月＿＿日

四 技能考核标准

技能考核标准见表 15-2。

技能考核标准表　　表 15-2

项目	操作内容	规定分	评分标准	得分
机油泵的检测	机油泵的拆卸	20 分	拆卸机油泵盖组,检查泵盖上的限压阀组	
	机油泵的分解	20 分	分解机油泵主、从动齿轮,再分解齿轮和轴; 清洗、检查、测量所有零件。 操作方法不正确扣 10 分,操作不熟练扣 5 分	
	机油泵的检测	40 分	按操作标准视情况得分	
	机油泵的装配	20 分	更换所有的垫片; 按规定力矩拧紧螺栓。 操作方法不正确扣 10 分,操作不熟练扣 5 分	
总分		100 分		

项目六 柴油发动机冷却系统的构造与维修

学习任务16 冷却系统的功用与分类

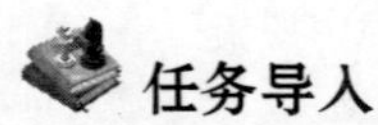

1. 认知发动机冷却系统的组成、功用及原理;
2. 掌握发动机冷却液的选取及更换方法。

任务导入

一辆轿车在高负荷工作一段时间后出现冷却液温度高,散热器内冷却液出现开锅现象。根据客户报修情况,可以初步诊断为冷却系统散热不良,主要故障原因如下:节温器损坏;冷却风扇不工作;冷却液不符合使用要求;散热器盖真空阀弹簧变软;冷却液道有积垢、堵塞。

一 理论知识准备

(一)冷却系统的功用与分类

1. 冷却系统的功用

冷却系统的功用是使发动机在所有工况下都保持在适当的温度范围内。在发动机工作期间,汽缸内燃烧温度可达1800~2500℃。直接与高温气体接触的机件(如汽缸体、汽缸盖、气门等)若不及时冷却,则其中运动机件将可能因受热膨胀过大而破坏正常间隙,或因润滑油在高温下失效而卡死;各机件也可能因高温而导致其机械性能下降甚至损坏。所以,为保证发动机正常工作,必须对其进行冷却。

但冷却会消耗一部分有用的热量,因此冷却必须适度。如果发动机冷却过度,会导致汽缸壁温度过低,燃油蒸发不良,燃烧品质变坏;混合气与冷汽缸壁接触,使其中原已汽化的燃油又凝结并流到曲轴箱,使磨损加剧;发动机零件因润滑油黏度增大而加速磨损。这些都会导致发动机功率下降,经济性变坏,使用寿命降低。

2. 冷却系统的分类

根据冷却介质的不同,内燃机的冷却方式有水冷和风冷两种形式。以空气为介质的冷却系统称为风冷系统,以冷却液为冷却介质的系统称为水冷系统。工程机械和车用内燃机普遍使用的是水冷系统。

(二)风冷系统的组成

风冷系统是在汽缸体和汽缸盖上制有许多散热片,以增大散热面积,利用机械前进中的空气流或特设的风扇鼓动空气,吹过散热片,将热量带走,如图 16-1 所示。风冷系统一般由风扇、导流罩、散热片、分流板、汽缸导流罩组成。风冷系统特点是结构简单、不易损坏、无须特殊维护。但在多缸发动机上,会使各缸的冷却不均匀,并且在冬季时起动困难,燃油和润滑油耗量也较大,因此,在现代工程机械发动机上采用较少。

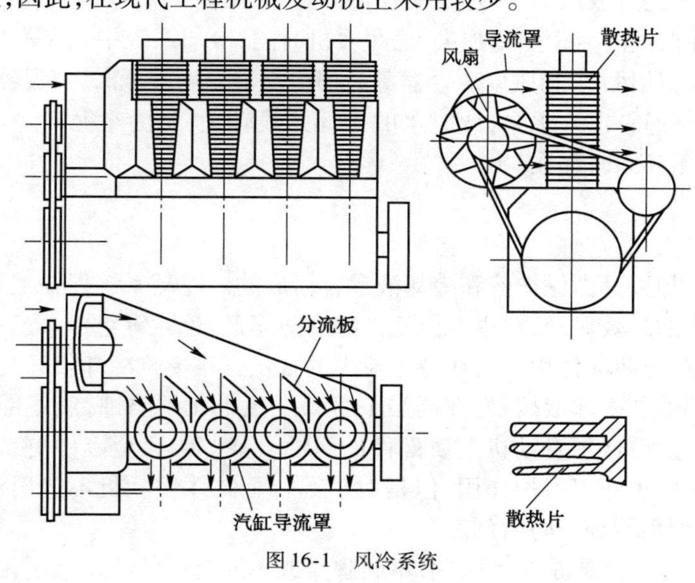

图 16-1　风冷系统

(三)水冷系统的组成

工程机械的冷却系统为强制循环水冷系统,即利用水泵提高冷却液的压力,强制冷却液在发动机中循环流动。水冷系统的特点是冷却均匀可靠、使发动机结构紧凑、制造成本低、工作噪声和热应力小等,因而得到广泛应用。工程机械发动机水冷系统主要由散热器、水泵、风扇、风扇离合器、节温器、水套、百叶窗等组成,如图 16-2 所示。

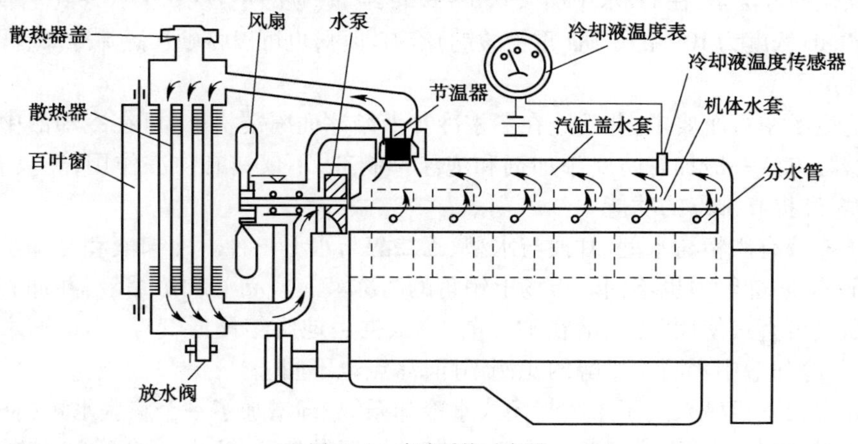

图 16-2　水冷系统示意图

此外,为便于驾驶人及时掌握冷却系统的工作情况,还设有冷却液温度表或冷却液温度警告灯等指示装置。在一些工程机械上装用的暖风装置,是利用冷却液带出的热量来达到取暖的目的。为提高燃油汽化程度,还可利用冷却液的热量对进入进气管道内的混合气进行预热。

发动机工作时,由曲轴通过皮带轮带动水泵转动,由水泵将冷却液压入机体水套,吸收机体热量后,再流经散热器,将热量传给散热片使之被流经散热器的空气带走,经过冷却后的冷却液再次被水泵吸入后压进机体水套。如此反复循环,保持发动机在最适宜的温度下工作。此时,冷却液经过散热器,循环路线较长,称为大循环。

为使发动机在低温时减少热量损失,缩短暖机时间,冷却系统中安装有冷却强度调节装置:节温器、百叶窗(挡风帘)和风扇离合器等。当冷却液温度较低时,节温器关闭,冷却液不经散热器,直接从旁通管进入水泵,此时水的循环路线较短,称为小循环。当节温器处在半开启状态时,大小循环同时存在。

(四)冷却液

现代发动机冷却液是由保护液和冷却液混合而成的。冷却系统保护液能对发动机提供防腐、防气蚀、防冻的高效保护,它主要由乙二醇和防腐剂、色素等组成。乙二醇的作用是降低冷却液的凝固点,起防冻作用。它在冷却液中的含量直接影响冷却液的凝固温度。

冷却系统的部件和冷却液接触,在高温下容易发生电化学腐蚀,使零部件的寿命降低,冷却液中加入防腐剂可保护发动机金属部件的腐蚀。某些铝合金零件更易被腐蚀,冷却液中加入的防腐剂对此也能起保护作用,但是对于铝合金缸体发动机不能用铁制缸体发动机一样的冷却液,必须用特别的防腐剂。

冷却液中加入色素纯粹是为了区别,不同牌号或不同公司的冷却液的配方都不一样,采用不同的颜色可避免混淆。

1. 冷却液

冷却液最好使用软水,即含盐类矿物少的水,如雨水、雪水或自来水等。含有盐类矿物质的硬水,如泉水、井水、海水等必须经过软化后才能使用,否则水套易产生水垢,影响冷却效果,造成发动机过热。

硬水软化的方法是:在1L水中加入0.5~1.5g纯碱(碳酸钠)或0.5~0.8g(氢氧化钠),或加入30~50mL浓度为10%的红矾(重铬酸钠)溶液即可,也可以将硬水煮沸冷却后再使用。

2. 防冻液

为了适应冬季行车要求,并防止在冬季冷却液结冰而冻裂机体,可在冷却液中加入适量的防冻液。防冻液一般加有防腐添加剂和泡沫抑制剂,不仅具有防冻作用,还具有防腐、防氧化、防结垢和提高沸点的功能。

一般防冻液有酒精与水型、甘油与水型、乙二醇与水型三种。冷却液和冷却液添加剂选配的比例不同,防冻能力也不同。市场上销售的防冻液有成品液和浓缩液,并加有色素予以识别。成品液可直接使用,浓缩液在加注前,应根据当地历年最低气温,加蒸馏水调配。以乙二醇为例,冷却液中水与乙二醇的比例不同,冰点也不同。

现代许多工程机械采用了永久封闭式水冷却系统,即增加了一个膨胀水箱(补偿水箱)。发动机工作时,冷却液蒸发进入膨胀水箱,冷却后流回散热器,这样可减少冷却液的损失。

一般发动机1~2年均不用补充冷却液。

防冻防锈液的使用方法为：

(1)入冬时，必须检查加在冷却系内的防冻防锈液浓度，确保发动机能在较低的气温状态下正常运行。

(2)冷却液内只准加入同种冷却液添加剂。放出的冷却液不宜再使用，应妥善处理。

(3)防冻防锈液更换周期为2年。更换缸盖、缸垫、散热器等，也必须更换冷却液。

其他注意事项为：

(1)每日维护和首次起动前要检查冷却液液面和泄漏情况。

(2)避免在冷却液低于60℃或高于100℃情况下持续运转发动机，若在发动机运转时发生上述情况应尽快查找原因，予以排除。

(五)冷却系统的维护

发动机在使用过程中，冷却系统会因零件的腐蚀、磨损和积垢等原因，影响发动机的冷却效果。表现为发动机过冷或过热，这都将影响发动机的正常工作。因此在使用过程中，要注意对冷却系统进行维护，以保证冷却系统正常工作。

1. 冷却液液面高度检查

在正常使用过程中，每月至少检查一次冷却液液面高度。如果气候炎热，检查次数应更多一些。封闭的冷却系统只有在过热、渗漏时冷却液才会损耗。

膨胀水箱内一般有自动液位报警装置，当液面过低时，位于仪表板中的冷却液温度、液面警告灯会连续闪烁。

当液面低于“LOW”线时，应及时添加冷却液，液面应位于“LOW”和“FULL”线之间。

2. 风扇皮带松紧度的检查与调整

工程机械在使用过程中，若风扇皮带紧度过大，将增加动力损失，增加发电机和水泵轴承的负荷，使轴承磨损加剧，同时也导致皮带的早期损坏；若风扇皮带紧度过小，则会使皮带打滑，造成发动机过热，同时影响发电机发电。当出现电流表不显示充电、发动机温度过高等现象，应首先检查皮带松紧度。检查方法：用大拇指按压皮带中部(约98N)，皮带应下凹15~20mm。如果不符合要求，应松开调整螺母，改变发电机位置加以调整，如图16-3所示。

图16-3　水泵皮带的检查与调整

3. 水垢的清洗

为保证发动机在正常温度下工作，应定期清洗冷却系统中的水垢。

就车清洗时先将冷却液放净，然后加入配有水垢清洗液的溶液，工作一个班次后放出清洗液，再换用干净的冷却液让发动机运行一个班次后放出，至清洁无浑浊即可。

维修过程清洗时应先拆除节温器，将冷却液从正常水循环相反的方向压入(从出水管压入)，到流出的冷却液清洁时为止。当水垢严重积聚、沉淀或有固着在金属表面上的硫酸钙、碳酸钙等物质时，可加入水垢清洗液使其溶解，然后再用清水清洗。

二 任务实施——冷却液的检查与补充

(一)准备工作

(1)实验车辆。

(2)常用工具、接油桶、加注专用工具、维修手册。

(3)冷却液。

(4)多媒体课件、视频资料。

(二)技术要求与注意事项

(1)要坚持常年使用冷却液，要注意冷却液使用的连续性。那种只需要在冬季使用的观点是错误的，只知道冷却液的防冻功能，而忽视了冷却液的防腐、防沸、防垢等作用。

(2)要根据汽车使用地区的气温，选用不同冰点的冷却液，冷却液的冰点至少要比该地区最低温度低10℃，以免失去防冻作用。

(3)要针对各种发动机具体结构特点选用冷却液种类，强化系数高的发动机，应选用高沸点冷却液；缸体或散热器用铝合金制造的发动机，应选用含有硅酸盐类添加剂的冷却液。

(4)要购买经国家指定的检测站检测合格的冷却液产品，应向商家索要检测报告、质量保证书、保险以及使用说明书等资料，切勿贪便宜购买劣质品，以免损坏发动机，造成不必要的经济损失。

(5)冷却液的膨胀率一般比水大，若无膨胀水箱，冷却液只能加到冷却系容积的95%，以免冷却液溢出。

(6)如果发动机冷却系统原先使用的是水或换用另一种冷却液，在加入新的一种冷却液之前，务必要将冷却系统冲洗干净。

(7)不同型号的冷却液不能混装混用，以免起化学反应，破坏各自的综合防腐能力，用剩后的冷却液应在容器上注明名称，以免混淆。

(三)操作步骤

(1)打开发动机舱盖，将冷却液加注口打开。

(2)找到2处放气螺栓位置，并将其旋松。

(3)举升车辆。

(4)放置好接油盘。

(5)找到散热器下水管并将其拔下。

(6)当冷却液停止流出后将水管安装回位。

(7)将车辆下降到距地面30cm处。
(8)将加注专用工具安装于加注口。
(9)将新冷却液加注专用工具。
(10)用专用工具加注并观察放气螺栓处。
(11)当放气螺栓处无气泡产生后扭紧放气螺栓。
(12)将冷却液加至规定刻线。
(13)运转发动机片刻后再次观察刻线,若液面下降再次添加冷却液至规定刻线。

三 评价与反馈

1. 自我评价

(1)通过本学习任务的学习,你是否已经知道以下问题:

①水冷系统由哪些主要部件组成?各起什么作用?其工作原理如何?

____

____

②分别写出冷却系统的大小循环路线。

____

____

③简述防冻液的作用及使用方法。

____

____

(2)实训过程完成情况如何?

____

____

(3)通过本学习任务的学习,你认为自己的知识和技能还有哪些欠缺?

____

____

签名:____________　________年____月____日

2. 小组评价与反馈

小组评价与反馈见表16-1。

小组评价与反馈表　表16-1

序号	评价项目	评价情况
1	着装是否符合要求	
2	是否能合理规范地使用仪器和设备	
3	是否按照安全和规范的流程操作	
4	是否遵守学习、实习场地的规章制度	
5	是否能保持学习、实习场地整洁	
6	团结协作情况	

参与评价的同学签名:____________　________年____月____日

3. 教师评价与反馈

____

____

____

签名:__________ ________年____月____日

四 技能考核标准

技能考核标准见表16-2。

技能考核标准表 表16-2

项目	操作内容	规定分	评分标准	得分
冷却液的检查、补充	做好前期车辆停放和工具准备工作,三件套和车轮挡块的安装	10分	根据操作情况扣分	
	正确操作举升机、正确使用工具、仪器及使用前后的清洁	20分	操作方法不正确扣10分; 操作不熟练扣5分	
	正确检查冷却液的加注量和质量	40分	操作方法不正确扣20分; 操作不熟练扣10分	
	根据车辆的行驶里程或行驶时间确定冷却液的正确使用	20分	操作方法不正确扣10分; 操作不熟练扣5分	
	操作过程中,能做到安全、规范、文明操作	10分	根据操作情况扣分	
总分		100分		

学习任务17 水冷系统的构造与维修

学习目标

1. 熟悉发动机冷却系统各部件的工作条件、结构、安装位置及相互连接关系;
2. 掌握发动机冷却系统的拆装工艺;
3. 掌握发动机冷却系统的维护方法。

任务导入

一辆轿车出现发动机升温缓慢和工作温度过低现象,根据客户报修情况,通过分析主要故障原因包括:机械方面主要表现为节温器黏结卡滞在开启位置,不能闭合,使冷却液始终进行大循环;电气方面主要表现为发动机冷却液温度传感器工作不良,信号不准确,而造成怠速、散热风扇工作时间过长等。

一 理论知识准备

(一)水冷系统主要部件

1. 散热器

散热器也称水箱,安装在发动机前的车架上,作用是将冷却液在水套内吸收的热量传给外界空气,从而保证发动机处在适宜的温度范围内工作。其工作原理是:由水泵驱动已冷却的冷却液通过缸盖高温处进行热交换,然后由缸盖出口进入散热器的上水室,再流经散热器芯,与由风扇吹过的高速、温度较低的气流进行热交换,冷却后的冷却液流入下水室,再由下水室出口吸入水泵进口,从而完成一次散热循环。

(1)散热器的构造。

普通散热器由上储水室、下储水室、散热器芯、散热器盖等组成,如图 17-1 所示。

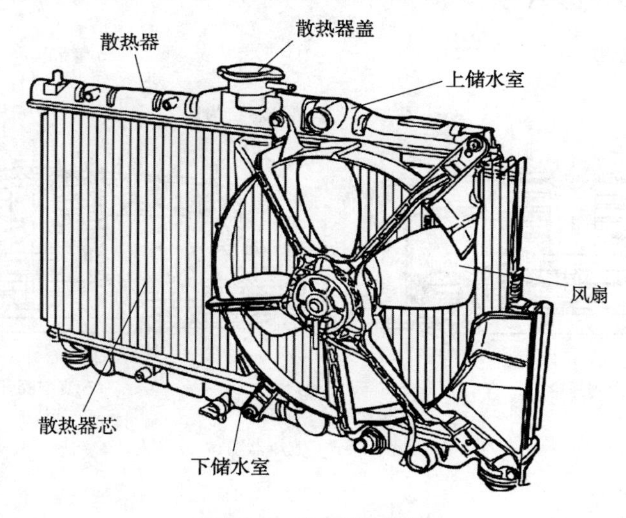

图 17-1 散热器的构造

上水室顶部有加水口和散热器盖,上、下水室分别用软管与缸盖出水管、水泵相连;下水室设有放水开关。

为了增大散热面积和传热速度,散热器芯由许多铜或铝制冷却管和散热片组成,常用形式有管片式和管带式,如图 17-2 所示。管片式散热器芯由冷却管和散热片构成,冷却管是焊在上、下水室之间的直管,其断面为扁圆形,散热面积大,且万一冷却液结冰膨胀时,扁形管可借其横断面变形而避免破裂,在冷却管的外表面焊有散热片以增强散热能力,同时还增大了散热器的刚度和强度,这种散热器芯散热面积大,结构强度和刚度较好,耐压高,但制造工艺较复杂,成本高;管带式散热器芯片采用波纹状的散热带和冷却管相间排列,在散热带上有类似百叶窗的缝孔,有利于提高散热能力,这种散热器芯散热能力强,制造工艺简单,成本低,质量小,但结构刚度较差。

(2)散热器盖。

散热器盖的作用是密封水冷系统并调节系统的工作压力。散热器盖装有真空压力阀,如图 17-3 所示。在一般情况下,压力阀和真空阀在各自的弹簧作用下处于关闭状态。当系统冷却液温度升高,压力增大到一定值时,压力阀开启,使一部分水蒸气排出,经溢流阀进入膨胀水箱,以防由于压力过大而导致散热器破裂;当发动机停机后,冷却液温度下降,系统中产生的真空达到一定值时,真空阀开启,补偿水箱内的冷却液流回散热器,防止水管和储水室被大气压瘪。

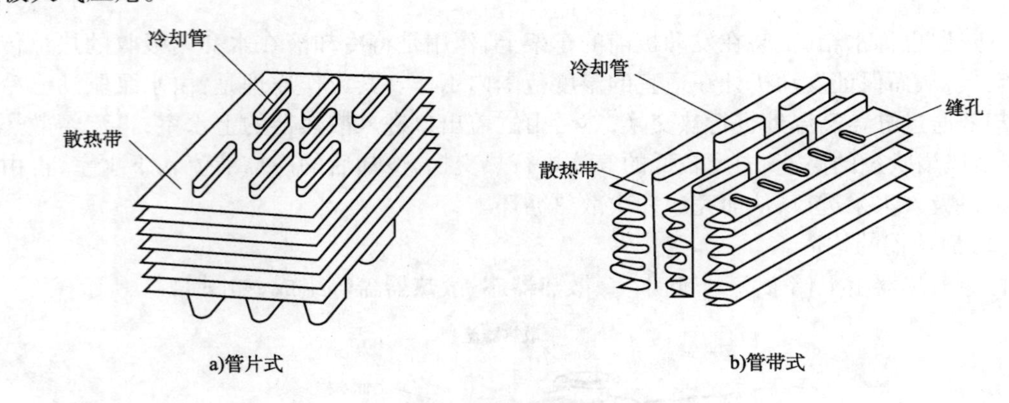

图 17-2 散热器芯结构

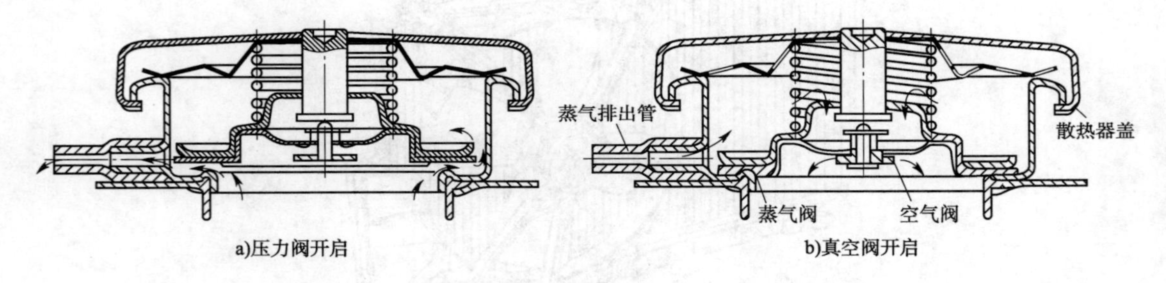

图 17-3 散热器盖

2. 冷却液补偿装置

在闭式冷却系中,散热器盖上的阀门虽然能调节冷却系内的压力,但在调节过程中会放掉一部分水蒸气,这样散热器中的冷却液会逐渐减少,同时导致防冻液浓度升高而腐蚀发动机部件。有的冷却系将散热器排气管连通到膨胀水箱的底部,管子插入冷却液中,以便蒸汽冷凝后再吸回散热器。

膨胀水箱避免了冷却液的耗损,保持冷却系统内的水位不变。膨胀水箱多用透明材料制成,位置略高于散热器水平面。这样可以不打开散热器盖检查液面。膨胀水箱内冷却液不能注满,加注冷却液时必须在“LOW”和“FULL”线之间。

在闭式冷却系统中,水蒸气混在冷却液中无法分离。散热器盖的阀门虽然能调节冷却系统的压力,但在调节过程中会放掉部分水蒸气,冷却时又会吸进一部分空气。冷却系中的空气、蒸汽和冷却液一起循环,会使冷却能力下降,水泵的泵水量降低,并造成冷却系内压力不稳定和冷却液的不断消耗。为此,在水套和散热器的上部,容易积存空气和蒸汽的地方用水套将出气管、旁通管与膨胀水箱相连,使空气和蒸汽不再放出而引导到膨胀水箱内。在这里,蒸汽会冷凝为水,后又可通过补充水管进入散热器,使水泵进水口处保持较高的水压,增大了泵水量。而积存在膨胀水箱液面以上的空气，得到了冷却，不再受热膨胀，因而变成了冷却系内压力上升的缓冲器和膨胀空间，使压力保持稳定状态。所以膨胀水箱解决了水气分离和防止冷却液消耗问题。

3. 水泵

水泵一般安装在发动机前端，由曲轴通过皮带轮驱动，其功用是对冷却液加压使其在冷却系统中循环流动。

(1)水泵的构造。

工程机械发动机广泛采用离心式水泵，其基本结构由泵体、泵盖、叶轮、水泵轴、轴承、水封座圈等组成，如图 17-4 所示。

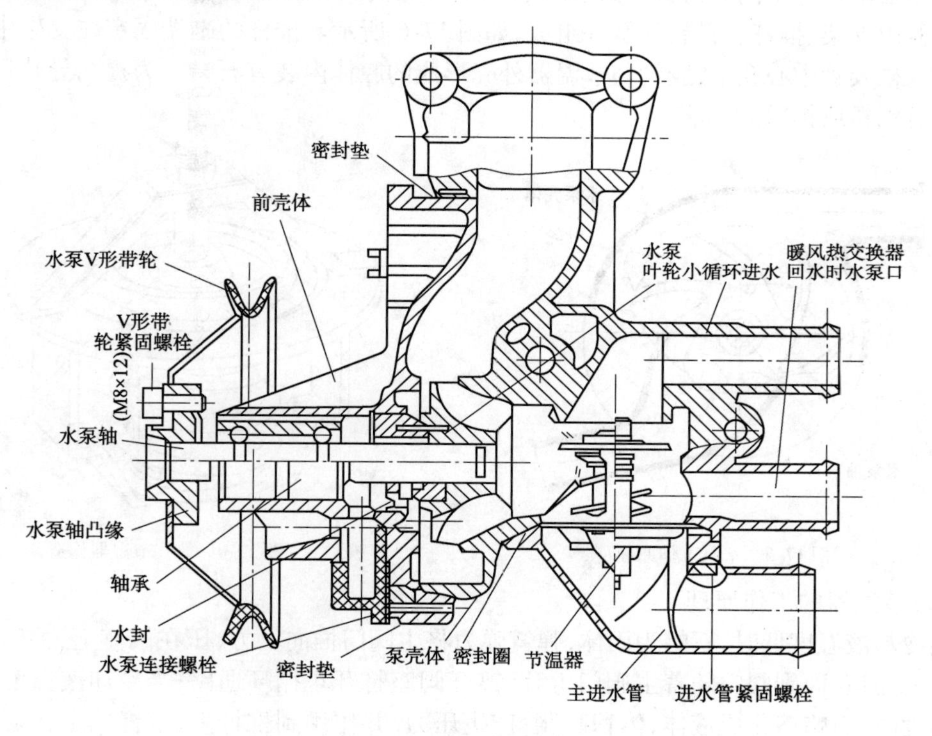

图 17-4 离心式水泵

泵体由铸铁铸成，上有进水口，用螺钉固定在发动机前部。泵体与泵盖之间有衬垫。泵盖有的是单独制造，有的是制在正时齿轮盖上，水泵的出水道铸在泵盖上。泵轴前端装有皮带盘，后端装有水封和叶轮，叶轮与轴是过盈配合。为了防止水沿轴向前渗漏，在叶轮中央装有自紧式水封，由密封垫、皮碗和弹簧组成。

水泵壳体上的泄水孔，位于水封之前。一旦有冷却液漏过水封，可从泄水孔泄出，以防止冷却液进入轴承而破坏轴承的润滑。如果发动机停机后仍有冷却液泄漏，则表示水封已经损坏。

(2)水泵的工作原理。

如图 17-5 所示，发动机工作时，通过皮带传动使泵轴转动，水泵中的冷却液被叶轮带动一起旋转，并在自身的离心力作用下，向叶轮的边缘甩出，同时产生一定的压力，然后经泵盖上的出水口压送到发动机水套内。同时叶轮中心部分压力降低,散热器中的冷却液便从进水口被吸入叶轮中心处。

4. 冷却强度调节装置

冷却强度调节装置即节温器,其根据发动机负荷大小和冷却液温度的高低自动改变冷却液的循环流动路线,以达到调节冷却系的冷却强度的目的。当冷却液温度过低时,不经过散热器,只在水套内循环,即小循环,使冷却液温度很快上升;当冷却液温度过高时,使冷却液经过散热器进行循环,冷却液温度下降,保持发动机在正常的温度下工作。

(1)节温器的构造。

节温器因构造不同分为折叠式、蜡式、双金属热偶式,现代发动机多用蜡式节温器。蜡式节温器由支架、推杆、石蜡、弹簧等组成,如图17-6所示。推杆的上端固定在支架中心,另一端插入橡胶管中心孔中,胶管与节温器外壳形成的腔体内装有石蜡。为提高导热性,石蜡中常掺有铜粉或铝粉。

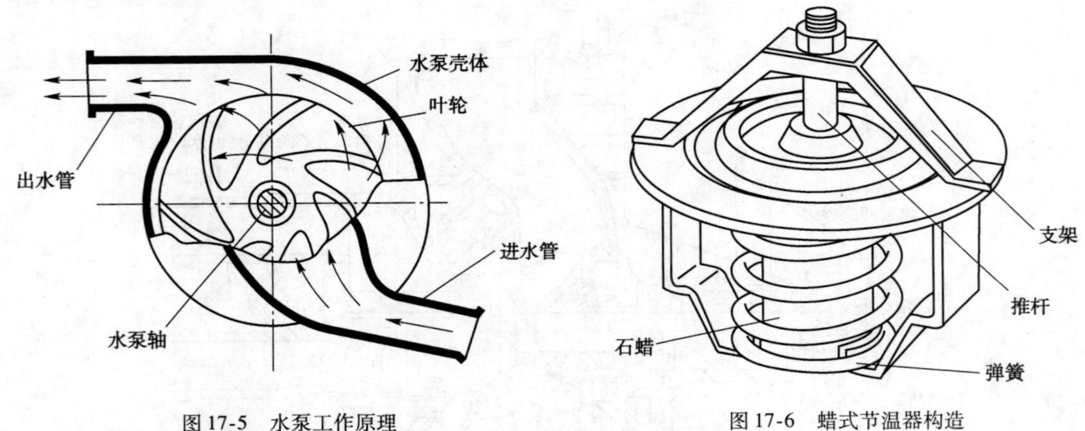

图17-5 水泵工作原理　　图17-6 蜡式节温器构造

(2)节温器的工作原理。

当冷却液温度低时,石蜡为固体,弹簧弹力将主阀门推向上方,压在阀座上,关闭水套到散热器的通道,而副阀门随着主阀门上移,离开阀座打开小循环通路;当冷却液温度上升到规定温度时,石蜡溶化成液体,体积膨胀,产生压力,并作用到推杆上,推杆固定在支架上不能动,其反作用力使主阀门克服弹簧力向下移动,打开水套与散热器的通道,冷却液进行大循环,而副阀门也下移关闭小循环通道。

蜡式节温器阀门的开闭完全由石蜡的体积变化来控制,作用力大,不受冷却系统内压力变化影响,阀门的开闭完全依温度而定。工作可靠,结构简单,坚固耐用,制造方便,故被广泛采用。

5. 风扇及风扇控制装置

(1)风扇。

风扇有机械风扇和电动风扇。一般装在水泵皮带盘前端、散热器后端。其功用是将空气吸进散热器并吹向发动机外壳,降低散热器中冷却液的温度,同时使发动机外壳及附件得到适当冷却。为了减小风扇旋转时因共振而引起的噪声,提高风扇转速,可以采取将风扇叶片制成不等间隔和不同曲率弧度等措施。传统风扇一般采用钢板冲压而制成;现代发动机风扇通常采用合成树脂材料制成，以减小噪声。

(2)风扇控制装置。

风扇控制装置可以根据发动机温度控制风扇的转速，以调节冷却系统的冷却强度。主要采用各种风扇离合器。

①硅油式风扇离合器的结构与工作原理。

a. 结构。硅油式风扇离合器是一种以硅油为转矩传递介质的，利用散热器后面的气流温度，自动控制硅油液力的传动离合器，如图 17-7 所示。

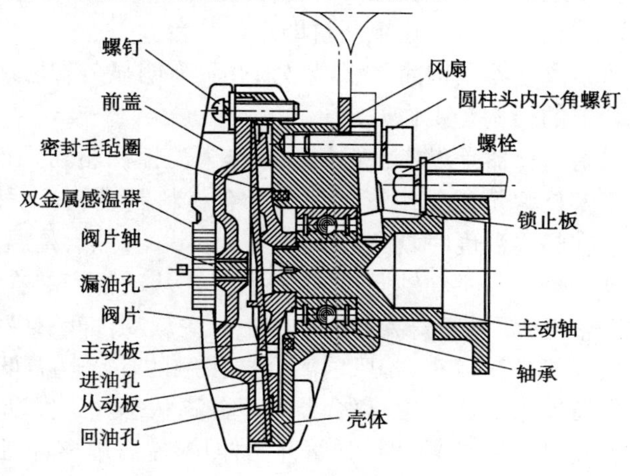

图 17-7　硅油式风扇离合器

前盖、壳体和从动板用螺钉组装为一体，通过轴承安装在主动轴上。为了加强对硅油的冷却，在前盖上铸有散热片。主动轴随水泵轴一起转动，风扇安装在壳体上。从动板与前盖之间的空腔为储油腔(油面低于轴中心线)，从动板与壳体之间的空腔为工作腔。主动板固接在主动轴上，它处在工作腔内，它与壳体及从动板之间均有一定的间隙。从动板上有进油孔，若偏转阀片，则进油孔即可打开。阀片的偏转靠螺圈状的双金属感温器控制，并受从动板上定位凸台的限制。双金属感温器外端固定在前盖上，内端卡在阀片轴的槽内。冷有漏油孔的直径大于阀片轴孔的直径，以防静态时从阀片轴孔泄漏硅油。

b. 工作原理。发动机在小负荷下工作时，流经散热器的冷却液的温度不高，即流经散热器的气流温度也不高，因而双金属感温器接触的空气温度也较低，此时进油孔被阀片关闭，硅油不能从储油腔流入工作腔，工作腔内无油，离合器处于分离状态。主动轴与水泵轴一起转动，风扇随离合器壳体在主动轴上空转打滑，转速很低，风扇流量很小。

当发动机负荷增加，散热器中冷却液温度升高时，流经散热器的气流温度也随之升高，当气流温度达到 60 ~ 65℃时，感温器受热变形而带动阀片轴和阀片转动，进油孔打开。当吹向感温器的气流温度超过 65℃时，进油孔完全打开，硅油在离心力的作用下，从储油腔进入工作腔，主动板利用硅油的黏性即可带动壳体和风扇转动。此时风扇离合器处于接合状态，风扇转速迅速升高，风扇的扇风量增大，冷却强度增大。在风扇离合器接合期间，硅油在壳体内不断地循环。由于主动板的转速比从动板高。因此，在离心力作用下从主动板甩向工作腔外缘的油液压力比储油腔外缘的油压力高，硅油从工作腔经回油孔流回储油腔，而储油腔又经进油孔及时地向工作腔补充油液，工作腔内的缝隙始终充满硅油使离合器处于接合状态。在从动板的回油孔旁,有一个刮油凸起伸入工作腔的缝隙内,其作用是使离合器转动时回油孔一侧的硅油压力增高,使硅油从工作腔流回储油腔的速度加快,从而可以缩短风扇离合器回到分离状态的时间。

发动机负荷下降,流经散热器的冷却液温度降低,吹向双金属感温器的气流温度低于35℃时,双金属感温器恢复原来形状,阀片将进油孔关闭。工作腔内剩余的油液在离心力的作用下,继续从回油孔流向储油腔,直至甩空为止。这时风扇离合器又回到分离状态,风扇缓慢转动。为了防止温度过低,双金属感温器使阀片反向转动而打开进油孔,在从动板上加工出一个凸台,对阀片进行反向定位,这个凸台即定位凸台。

c. 特点。硅油式风扇离合器结构简单、效果好,并具有明显节省燃油的优点,应用广泛。

②机械式风扇离合器的结构与工作原理。

a. 结构。机械式风扇离合器是以形状记忆合金作为温控和驱动元件的。兼起温控和压紧作用的形状记忆合金螺旋弹簧就是用形状记忆合金材料制成的,这种合金具有形状记忆效应和超弹性特性。它在临界温度时具有大幅度改变形状的特点,是温控元件的理想材料。

机械式风扇离合器主动件与主动轴通过滑键相连接,从动件安装在滚动轴承外圈上,滚动轴承内圈安装在主动轴上,而风扇安装在从动件上。主从动件间有摩擦片。

b. 工作原理。当发动机负荷较小,若风扇离合器接触的环境气温低于(50 ±3)℃时,形状记忆合金螺旋弹簧保持原来形状,风扇离合器处于分离状态。当发动机负荷逐渐增加,使风扇离合器周围的气温超过(50 ±3)℃时,弹簧开始伸长,使风扇离合器逐渐接合,风扇转速也随之增加。当气温上升到60℃时,弹簧伸长完毕,风扇离合器完全接合,使得风扇转速与主动轴转速相同。当气温逐渐下降到54℃左右时,风扇离合器开始分离,风扇转速降低。气温下降到40℃时离合器完全分离,此时风扇只是由于摩擦力矩驱动而低速旋转。

c. 特点。与硅油式风扇离合器相比,机械式风扇离合器功率损失小,温控灵敏度高,且结构简单,工作可靠,维修也较方便。

③电动风扇的结构与工作情况。

a. 结构。许多发动机的水冷系统采用电动风扇,风扇由电动机带动,电动机由蓄电池直接供电,与发动机转速无关。

电动风扇是由电动机、风扇、继电器和冷却液温度开关组成的。继电器和冷却液温度开关组成控制回路,控制电动风扇的工作。

b. 工作情况。电动机转速由冷却液温度开关自动控制。当冷却液温度为92℃时,冷却液温度开关接通风扇电动机的1挡,风扇以低速1挡转动。当冷却液温度高到98℃时,冷却液温度开关b接通风扇电动机2挡,风扇以较高的2挡转速转动。若冷却液温度为92~98℃时,风扇电动机恢复1挡转速。当冷却液温度降到84℃时,冷却液温度开关切断电源,风扇停止转动。电动风扇的优点是结构简单,布置方便。

(二)冷却系统的检修

1. 水泵的检修

(1)水泵常见的损伤。

水泵常见的损伤是泵体破裂、叶轮破裂、水封变形或老化损坏、泵轴或轴承磨损、带轮凸缘配合孔松动等。损伤后，将出现吸水不佳、压力不足、循环不良、漏水、发动机过热等故障。

(2)水泵检修的方法与注意事项。

①检查水泵体有无裂缝和破裂，螺孔螺纹有无损坏，前后轴承孔是否磨损过限，与推力垫圈的接触面有无擦痕和磨损不平，分离平面有无挠曲变形。

水泵体破裂可以用生铁焊条氧焊修理；螺孔螺纹损坏可扩孔后再攻丝，或焊补后再钻孔攻丝；轴承松旷超过规定(轴向间隙不超过0.30mm，径向间隙不超过0.15mm)时应更换；轴承孔磨损超过0.03mm时，可用镶套法修复，套和孔配合过盈量为0.025~0.050mm的推力垫圈接触平面有擦痕、垫圈座有麻点或沟槽不平时，可用铰刀修整；壳体与盖连接平面如挠曲变形超过0.05mm，应予以修平。

②检查水泵轴有无弯曲，轴颈磨损是否过限，轴端螺纹有无损伤。水泵轴的弯曲一般应在0.05mm以内，否则予以冷压校正。

③检查水泵叶轮上的叶片有无破碎，装水泵轴的孔径是否磨损过限。叶轮叶片破裂可堆焊修复，孔径磨损过限可以镶套修复。

④检查水封、胶木垫圈的磨损程度，如接触不良则应换用新件。

⑤检查皮带轮毂与水泵轴的松旷情况，装水泵轴的孔径若磨损过限，可镶套修理。

⑥检查水泵轴及皮带轮键槽的磨损情况，如键和销子已磨损不适用时，应换用新件。

(3)水泵的装合方法。

①将密封弹簧、水封皮碗、胶木垫圈装于叶轮孔内，再装上水封锁环。

②用压力机或铜锤轻轻将水泵轴压入或敲入水泵叶轮。

③装上后轴承锁环和后滚珠轴承。

④装进轴承隔管、前滚珠轴承及前轴承锁环。将风扇皮带轮装在水泵轴上，垫上垫圈，紧固螺母。测试水泵叶轮，叶轮转动应灵活。

⑤装上水泵盖及衬垫，用螺栓紧固，向弯颈油嘴注入润滑脂。

(4)水泵装合后的检验。

泵壳应无碰击感觉，最后在水泵试验台上进行检验。

当水泵轴以1000r/min的转速运转时，每分钟的排水量不低于规定的数值；在10min的试验过程中，应无任何碰击声响和漏水现象。

2. 散热器的检修

(1)散热器常见的损伤。

散热器常见的损伤包括：散热器积聚水垢、铁锈等杂质，形成堵塞；芯部冷却管与上、下水室焊接部位松脱，冷却管破裂，上、下水室出现腐蚀斑点、小孔或裂缝而造成漏水等。

(2)散热器的检修。

①散热器的检查。渗漏是散热器最常见的损伤，检查渗漏可用压力试验法。检查前将冷却液注满散热器。安装散热器测试器，再施以规定压力，观察散热器各部位和接头有无渗漏。

散热器堵塞检查，通常采用新旧散热器水容量对比来判定，如水容量减少说明已堵塞。

②散热器的修理。对于散热器渗漏，如果裂纹较小(0.3mm以下)的，可用堵漏剂进行堵漏修补；如果渗漏部位裂纹较大，可用焊修法修补或换用新件。

3. 节温器的检修

节温器失灵时，主阀门可能处于常闭状态，冷却液只进行小循环；主副阀门同时处于开启状态，冷却液不能完全进行小循环或大循环，这都将引起冷却系统工作失常。

检查节温器时，将它置于水容器中，然后逐步将水加热，提高冷却液温度，观察主阀门开启时的温度和开启升程，开启温度和升程都必须符合要求，否则予以更换。

4. 风扇的检修

风扇叶片如出现变形、弯曲、破损，应及时更换；连接风扇的铆钉如有松动，应重铆。

5. 风扇离合器的检修

(1)硅油风扇离合器冷状态的检查。

机械在过夜之后，硅油风扇离合器的前隔板与后隔板之间会残留有黏度很高的硅油，这时在未起动发动机前，用手拨动风扇会感觉到有阻力。将发动机起动，使其在冷状态下怠速运转 1 ~ 2min，以便使工作室内的硅油返回储油室。在发动机停止转动以后，用手拨动风扇应感到比较轻松。

(2)硅油风扇离合器热状态的检查。

将发动机起动，在冷却液温度接近 90 ~ 95℃时，仔细观察风扇转速的变化。当风扇转速迅速提高，以至达到全速时，将发动机熄火，用手拨动风扇，感到有阻力为正常。

(3)离合器和双金属弹簧的检查。检查离合器有无漏油现象，检查双金属弹簧是否良好，必要时更换离合器总成。

6. 电动风扇的检修

(1)检查冷却液温度传感器。将传感器置于水容器中加温，如图 17-8 所示，当冷却液温度达到 95℃时，传感器应将电路接通，否则应更换。

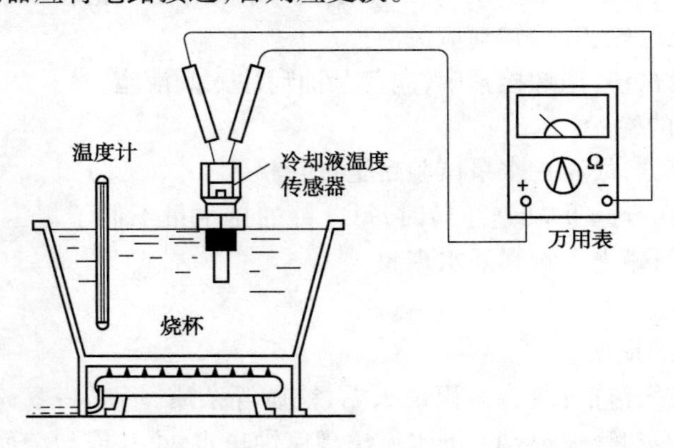

图 17-8　冷却液温度传感器检查

(2)检查风扇电动机。检查电枢线圈、磁场线圈有无断路、短路及搭铁。把风扇电动机的正极与蓄电池的正极相连，把风扇电动机的负极与蓄电池的负极相连。如风扇电动机旋转，表明工作正常，否则应更换风扇电动机。

(3)检查冷却液温度开关。将温控开关放入冷却液中，使万用表显示为电阻挡，将两个表笔分别接在温控开关的接线端和外壳上，改变冷却液的温度，观察万用表指针的变化。当冷却液温度达到 92℃左右时，温控开关开始导通，万用表指针指示接通。当冷却液温度开始下降时，温控开关仍然导通，冷却冷却液使其温度降至87℃时，万用表指针应指示断开。

二 任务实施

（一）准备工作

（1）发动机实验台若干、拆装工作台、零件架。

（2）常用工具、量具若干，如塞尺、扳手、螺丝刀等工具、维修手册。

（3）节温器工作原理实验的相关装置（加热装置、温度计等）。

（4）多媒体课件、视频资料。

（二）操作步骤与技术要求

1. 节温器的拆装

1）节温器的拆卸

（1）断开蓄电池负极导线，放出冷却液。

（2）拆下节温器壳体。

（3）拆下节温器，卸下垫片。

2）节温器的安装

（1）认真清洁所有零件尤其是外壳结合表面，保持拧紧冷却套的螺栓没有生锈或损坏，清洁螺栓，以防损坏发动机上的螺孔。用冷却液涂抹垫片后，装上垫片。

（2）把节温器安装在壳体内，把壳体与发动机上的位置对准。

（3）添加冷却液到合适的位置。

（4）连接蓄电池负极导线，去掉散热器盖，车辆运转到使节温器打开，向散热器添加冷却液至规定的范围。

（5）安装散热器盖，关掉发动机使其冷却。待机体冷却后，再检查散热器和储液箱的冷却液量。

2. 散热器的拆装

1）散热器的拆卸

（1）断开蓄电池负极导线。

（2）待发动机及冷却系统冷却，排放出冷却液。

（3）从散热器上卸下上部管路和储水箱的管路。

（4）卸下冷却风扇。

（5）抬起车身并牢固地支撑住。从散热器上卸下下部管路。

（6）卸下固定支架，抬出散热器。注意不要损坏散热片。

2）散热器的安装

（1）检查散热器管路，看有否硬化、裂纹、膨胀变形或流动不畅的迹象。若有，就要更换。维修时，小心不要损坏散热器的进水口和出水口。布置好散热器管路。接口处大部分采用弹簧式管卡，如果要更换，应采用原来式样的弹簧卡。

（2）将散热器落座进入原位。

(3)安装固定支架,连接下部管路。

(4)安装液力耦合冷却风扇。

(5)连接上部管路及储液箱管路。

(6)加注冷却液。

(7)连接蓄电池负极导线。起动汽车待节温器开通,将散热器加满,再检查自动变速器驱动桥冷却液液位。

(8)待汽车冷却后,再检查冷却液液位。

3.水泵的拆装

1)水泵的拆卸与分解

(1)首先放尽冷却液,拆下散热器进、出水软管及旁通软管,取出取暖器软管,卸下V形带及带轮。然后拧下水泵的固定螺栓,拆下水泵总成。

(2)清除水泵表面脏污,将水泵固定在夹具或台虎钳上。

(3)拧松并拆下带轮紧固螺母,拆卸带轮。

(4)用专用拉具拆卸水泵轴凸缘。

(5)拧松并拆卸水泵前壳体的紧固螺栓,将前泵壳段整体卸下,并拆下衬垫。

(6)用拉具拆卸水泵叶轮,应仔细操作,防止损坏叶轮。

(7)从水泵叶轮上拆下锁环和水封总成。

(8)如果水泵轴和轴承经检测需要更换,则先将水泵加热到75~85℃,然后用水泵轴承拆装器和压力机将其拆卸下来。

(9)拆卸油封及有关衬垫,从壳体上拆下浮动座。

(10)换位夹紧,拆卸进水管紧固螺栓,拆卸进水管。

(11)拆卸密封圈、节温器。

(12)安装时更换所有衬垫及密封圈。

(13)将拆卸的零件放入清洗剂中清洗。

2)水泵的装配

水泵安装时基本顺序与拆卸顺序相反。但是,除更换衬垫及密封圈外,首先对清洗好的零件进行检查测量,磨损超差的,必须换用新件,各零部件检查合格才能装复。

(1)水泵轴与轴承的配合间隙,一般为-0.010~+0.012mm,大修允许为-0.010~+0.030mm。

(2)水泵轴承与轴承孔的配合间隙,一般为-0.02~+0.02mm,大修允许为-0.02~+0.044mm。

(3)水泵轴与叶轮轴承孔的配合间隙,无固定螺栓(螺母)的一般为-0.04~-0.02mm,有固定螺母的一般为-0.01~+0.01mm。

(4)水泵叶轮装合后,一般应高出泵轴0.1~0.5mm。

(5)水泵装合后,叶轮外缘与泵壳内腔之间的间隙,一般为1mm;叶轮与泵盖之间应有0.075~1.000mm的间隙。

(6)各部螺栓、螺母应按规定的力矩拧紧,锁止应可靠。

(7)水泵下方的泄水孔应畅通。

(8)水泵装合后,应对水泵轴承加注规定牌号的润滑脂。

安装时,特别注意水泵叶轮与水泵壳体的轴向间隙、水泵叶轮与壳体的径向密封处的间隙和轴承的润滑条件。

三 评价与反馈

1. 自我评价

(1)通过本学习任务的学习,你是否已经知道以下问题:

①风扇的工作原理及调整方法是什么?

____

____

②冷却系统常见的故障有哪些?其主要原因是什么?

____

____

③水冷系统中各主要部件的检修内容和方法是什么?

____

____

④散热器的常见损伤有哪些?怎样检验?如何修理?

____

____

(2)实训过程完成情况如何?

____

____

(3)通过本学习任务的学习,你认为自己的知识和技能还有哪些欠缺?

____

____

签名:____________　________年____月____日

2. 小组评价与反馈

小组评价与反馈见表17-1

小组评价与反馈表　　表17-1

序号	评价项目	评价情况
1	着装是否符合要求	
2	是否能合理规范地使用仪器和设备	
3	是否按照安全和规范的流程操作	
4	是否遵守学习、实习场地的规章制度	
5	是否能保持学习、实习场地整洁	
6	团结协作情况	

参与评价的同学签名:____________　________年____月____日

3. 教师评价与反馈

____

____

____

签名:__________ ________年____月____日

四 技能考核标准

技能考核标准见表 17-2。

技能考核标准表 表 17-2

项目	操作内容	规定分	评分标准	得分
冷却系拆装与调整	正确使用工具、仪器	10 分	工具使用不当扣 10 分	
	冷却系统总体的拆装	10 分	拆装顺序错误扣 5 分	
	离心式水泵的拆装	20 分	拆装顺序错误扣 10 分	
	节温器的检查	15 分	检查判断错误扣 10 分	
	散热器的拆装	15 分	拆装顺序错误扣 8 分	
	整理工具、清理现场	10 分	每项扣 2 分,扣完为止	
	冷却液循环分析	20 分	分析错误一次扣 10 分	
	安全用电、防火、无人身、设备事故		因违反操作安全发生重大人身和设备事故,此章按 0 分计	
总分		100 分		

项目七 柴油机电控系统的检修

学习任务18 柴油机电控系统的认识

学习目标

1. 掌握柴油机电控系统的基本组成和工作原理；
2. 掌握电控柴油机的传感器的类型及功用；
3. 认识柴油机电控系统各传感器、执行器和ECM的安装位置。

任务导入

有一辆牵引汽车，配置有潍柴WP6.240型共轨柴油机，当行驶43000km时，出现柴油机起动受控故障，将起动开关置于ST位置，起动机无任何动作，柴油机无法起动。

一 理论知识准备

（一）柴油机电控技术发展现状

柴油机电子控制（简称电控）技术是一种用微型计算机实现对柴油机工作过程优化控制的技术。它使用微型计算机控制技术替代传统柴油机中通过机械、液力和电气方式对供油时刻、供油量、转速、起动特性、加速特性、限速特性、超速保护等参数和工况进行控制，目的是能够获得更好的控制效果。随着柴油机电控化技术的发展，其应用范围在不断扩大，柴油机上可用微型计算机控制的内容也越来越多。而由于柴油机电控技术的发展，其内部结构和外围部件也有了新的发展方向，如可变进排气门、可调增压器喷嘴环、电控废气再循环阀、电控低温冷起动预热装置等都是柴油机电控化技术应用发展的产物。因此，电控技术不仅能应用于柴油机，同时也促进柴油机自身技术发生了重大变革。

1. 柴油机电控技术的发展历程

柴油机电控系统与汽油机电控系统相似，也是由传感器、电控模块（简称单元）和执行器三部分组成。其中传感器、电控模块的技术与其他领域的电控技术没有原则上的区别，只是在具体需求上有一定的特殊性。但在执行器方面却集中反映了柴油电控系统的主要特征，最主要的执行器是柴油机电控供油系统，因此，对于柴油机电控技术发展的阶段划分，主要是依据柴油机电控燃油系统的发展阶段来进行的。

最早柴油机电控技术的发展主要集中在对燃油系统的控制，人们习惯称柴油机电控系统为柴油机电喷系统，其技术内涵远远超出了控制喷油的范围，已经包含了日益增多的控制内容。

（1）位置控制式。

从20世纪70年代开始，随着电子微处理器技术的发展，对柴油机电控技术的研究开始起步，最早的电控燃油喷射系统称为位置控制式。这种系统保留了传统机械系统的喷油泵、高压油管和喷油器，同时也保留了传统高压油泵中调节供油量的齿条、齿圈、柱塞套和柱塞上用于调节每次供油量的斜槽等。但供油量调节，齿条不再是通过机械离心调速器来调控，而是通过电控系统操作电磁执行器或位置控制电动机来调控。这种系统对柴油机本体不需做什么改动，继承性较好，便于对现有柴油机的改造。但是，与原系统相比，这种系统的控制自由度没有什么优点，控制精度提高也不多。

（2）时间控制式。

时间控制式相对于位置控制式电控喷油系统应用较多，它用高速卸载电磁阀替代传统的调节供油量的齿条、齿圈、柱塞套和柱塞上用于调节每次供油量的斜槽，但油泵柱塞依然按原来的方式由凸轮轴驱动，并进行压油作业。高速卸载电磁阀处于柱塞腔的上方，当电磁阀打开时，柱塞腔与进油道相通，柱塞上行只会使燃油回到进油道，但如果在柱塞上行期间的某一时段内关闭高速卸载电磁阀，柱塞上方将形成封闭的高压油腔，压力会迅速上升并通过高压油管和喷油器喷入汽缸，通过对柱塞上行期间供油时段的选择，可以对供油提前角和供油持续角做出调整，对供油持续角的调整就是对每次供油量的调整。

从时间控制式电控喷油系统的原理可以看出，它已经在相当程度上摆脱了机械结构对供油时刻的限制，可以利用柱塞上行过程任一段行程实现供油，从而获得理想的供油正时。由于只能利用柱塞上行时段实现供油调节，所以供油在一定程度上受限于供油泵凸轮结构的形式，这使得供油压力受转速影响较大。实践证明，时间控制式电控喷油系统对于改善柴油机工况帮助很大，可以借助这种系统实现国Ⅲ排放标准。国外较有代表性的产品是德国Bosch公司的EUP系列电控单体泵，国内则有成都威特电喷公司的WP-2000和WP-1000等产品，在应用中获得了很好的效果。使用这种电控泵，最大喷油压力可达130～160MPa，可以明显地改进燃油雾化效果。

目前，时间控制式电控喷油系统已经被国内柴油机生产厂商所接受和应用，有人认为它将是下一阶段国内最有可能广泛流行的系统。国内自主设计生产这种时间控制式燃油系统的历史还不长，但是，市场需求量却很大，由于这种系统国产化，制造成本及销售价格也相对合理，产销量会有较大的提高。

（3）时间—压力控制式。

时间—压力控制式电控燃油系统的特点是有一个共用的高压燃油油轨系统（Common Rail Fuel System，CRFS），国内称这种系统为高压共轨系统。一般高压油轨被安装在汽缸盖侧方，呈管状，与曲轴轴线平行，在与各汽缸相对的位置，引出高压油管连接对应汽缸的喷油器，而喷油器受电驱动信号控制，当存在驱动电流时，喷油器的高速电磁泄压阀会被打开，引发喷油器针阀两端压力差升高、针阀抬起、每次供油量大体与供油时间成正比，因此燃油喷入汽缸，由于在油轨内压力一定，每次供油量大体与供油时间成正比，因此也被称作时间—

压力式控制系统。高压共轨系统具有很突出的特点：

①燃油喷射压力与柴油机转速和负荷无关，在柴油机低转速时，仍可以实现较高的燃油喷射压力，这可以使柴油机低转速、低负荷时的性能得到改善。

②对喷油时刻和喷油量的控制非常自由。

③对喷油规律的调节能力很强。喷油控制仅取决于高速电磁阀这个运动部件，由于这个运动部件质量比较小，因此，其运动惯性也很小，实际控制时，可以实现在一个工作循环内的多次喷射，有效地改进燃烧效果。

④能够实现很高的燃油喷射压力，可以达到160～200MPa。

⑤适应性较强，可以用于多种柴油机机型。

由于高压共轨系统具备上述优异的性能，得以较好地控制柴油机燃烧的压升率，燃烧噪声也得到了控制，拓宽了柴油机的使用领域，同时，也降低了排放。尽管共轨系统优点突出，但由于其对制造技术要求很高，且生产设备投入资金需求较多，因此，只有少数国外的技术先进厂商实现了共轨系统的批量制造，其中主要有德国的博世、美国的德尔福、日本的电装等，他们的产品已经在货车和轿车柴油机上得到了广泛应用。国内有一汽集团无锡油泵油嘴研究所的共轨系统、二汽集团的东风康明斯、广西的玉柴、山东潍坊柴油机等国内厂商也已在研制和推出高压共轨燃油系统。

2. 国内柴油机电控技术的发展现状

国内柴油机电控技术在起步方面晚于先进工业国家，但是，由于近年来市场需求方面的强力拉动，已经在多个方面取得了一定的进步。

首先是一些高校研究人员取得的成绩。国内的高校研究人员在柴油机电控研究工作起步并不算晚，只是由于国内配套技术不健全，影响了其成果的产业化进程，但却为国内这一领域的发展起到了带头作用。国内较突出的研究成果有：大连理工大学的张育华教授、上海交通大学的卓斌教授、北京理工大学的王尚勇教授等通过学习国外先进技术和自身的开拓性研究，掌握了柴油机电控技术的基本要素，依照电控柴油机的示范样机，总结和撰写了一些技术专著，成为电控技术的早期书籍，并培养了一批国内柴油机电控技术的新生力量，为国内柴油机电控技术的发展提供了专门人才。这些高校专家对国内柴油机电控技术的贡献主要是完成了柴油机微型计算机控制系统的设计，为后续的控制系统的发展提供了方向。他们还尝试制造出柴油机电控系统的控制器和执行器，主要是按照国外产品的样本，通过消化吸收并提出自己的设计创意，但由于国内加工制造条件的限制，在产业化应用上还不是很理想。

在实用性的技术研发领域，一些有条件的科研机构也在柴油机电控技术发展做出了努力，如一汽集团无锡油泵油嘴研究所是国内最早开始柴油机电控共轨燃油系统研究的单位之一；由成都飞机集团创办的成都威特电喷有限公司是国内最早将电控单体泵系统转为实用化的公司。在此之前，更多人认为应该直接实现共轨式燃油系统，因为这是国际已成熟的主流技术，但根据国情，由于现有的柴油机制造资源不可能在短时间内快速更新，因此如何通过继承来实现发展，显得很重要。采用电控单体泵系统实现传统柴油机的电控升级技术改造，能够最大限度保持原有柴油机技术的继承性，这就使对原柴油机制造生产线的改动最小化，同时缩短了技术改造的周期，使原有产品经过改造后短时间内就能形成批量的生产，满足市场需求。

目前,在柴油机电控化改造工作中存在一股不可忽视的力量,这就是一些颇具实力的柴油机高压油泵和喷油器制造企业,这些企业的共同特点是具备成熟的大规模精密制造能力,在国内企业中其制造设备、开发投入能力、技术支持能力都较好,更重要的是可以实现柴油机的国Ⅲ排放标准。因此,这些企业既担负着历史使命,又面临残酷的生存压力。另外,由于国外厂商的技术保护,柴油机电控系统的相关制造技术难以通过技术市场直接获得。在这种情况下,有些油泵制造企业通过自己组织研发,在柴油机电控燃油系统的开发上取得了令人瞩目的进步,在电控共轨系统、电控单体泵系统和电控分配泵系统等方面的研究工作都处于推进过程中。

在柴油机电控体系中,电控模块(ECM)作为一个重要的部件,也属于核心技术。国内企业有成都威特公司校仿德国博世、美国德尔福的做法,通过同时提供包括 ECM 部件在内的完整电控系统来向用户提供服务;而亚新科南岳有限公司则与专业的 ECM 服务商合作,共同推出柴油机电控燃油系统。

近年来,国内能够独立提供 ECM 技术服务的企业主要有两家:一家是江苏镇江恒驰科技有限公司,该公司由于开发出了通用 ECM 平台 HTU 而在国内产业技术中处于领先地位。另一家是创建恒驰公司,张育华博士通过 HTU 的开放式技术构架,为柴油机专业人员自主开发 ECM 产品提供了一个基础平台,同时也为柴油机的电控化改造提供成套技术服务。

3. 国内柴油机电控技术发展中存在的问题

国内柴油机电控技术发展中存在的问题主要涉及三个技术领域。

(1)传感器制造技术。

传感器是电控系统的输入信号源,在电控柴油机上最基本的传感器配置一般有曲轴位置传感器、凸轮轴位置传感器、加速踏板位置传感器、进气温度和压力传感器等。国内柴油机电控技术发展方兴未艾,而汽油机电控却已经成为广泛市场化的一种技术,到了 2010 年,国内各类汽车的生产量已经达到 1850 万辆以上,其中也包括重载、专用和城市公交(部分公交车辆燃料为 LNG 或 CNG)等机型的柴油车辆,而在各行业的重型机械设备电控柴油机的应用也在推进中,这种情况促使大量的相关低端技术逐渐国产化,而普通传感器技术大体上可以归于这样一类技术,国内有许多企业能够为电控汽油机配套生产各种传感器,这些汽油机传感器中的大多数原则上也能适用于柴油机,这无疑为国内柴油机电控化发展准备了基础条件。所以,传感器需求已不再是国内柴油机电控技术发展的障碍。

(2)执行器制造技术。

涉及柴油机电控系统的执行器,主要有电控高压燃油系统、电控废气再循环阀、电控可调喷嘴环增压器、电控变速器等。其中最主要的还是电控高压燃油系统,这是实现柴油机电控化最重要的执行部件。

迄今为止,国内电控高压燃油系统的研发已进行了多年,有些较成熟的产品已经开始装车运行。在研发和制造电控高压燃油系统的技术中,最主要的技术难点是高精度的机械加工技术和高速电磁执行器技术,特别是针对高压共轨系统核心部件高速电磁阀,其机械加工制造精度是机械工业技术能达到的最高水准,以国内现有的制造工艺难以实现。显然,如果要实现国内企业对于柴油机电控燃油系统的加工制造,必须伴随着工业基础制造能力的提升和技术改造。

近年来，以成都威特公司、衡阳亚新科公司、一汽集团无锡油泵油嘴研究所等厂商为代表的企业，通过较大的资金投入，引进国外最先进的制造设备，整体地提升了制造水平，为实现电控高压燃油系统的国产化打下了基础，国内也初步实现了柴油机电控单体泵系统的批量生产，但对于高压共轨系统的成批制造，仍需要做出很大的努力。

柴油机电控单体泵系统和高压共轨系统的制造难度主要集中在高速电磁阀上，这种阀件工作频率要求极高，以转速为3000r/min的四冲程柴油机为例，阀的工作频率为1500Hz，因此，要求要保证阀的密封性能，又要保证阀件电磁驱动的可靠性和使用寿命。综合上述条件，对于阀材料的机械强度、物理性质、疲劳强度以及零件的结构和加工精度等，都提出了极高的要求。

对于柴油机高压共轨系统，还存在高压油泵的工作性能和静态密封性的问题。共轨系统的高压油泵，要实现稳定的高压油输出，输出压力要求达到160～200MPa以上，这对高压油泵的结构、材料和制造精度的要求都非常高。共轨系统整个高压部分在工作过程中处在持续的高压状态，这对于所有接头和整个结构的密封要求更为严格，只有完全解决这些问题，才能满足高压共轨系统工作的可靠性。

(3)ECM制造技术。

对于ECM的制造，依赖于微处理器元件。国内在微处理器的设计制造技术方面，虽然取得很大突破，但针对制造柴油机ECM所需要的单片机元件，还没有对应的专利。国内在ECM技术所依赖的单片机元件，常用飞思卡尔、英飞灵、英特尔公司等国外企业的产品，这些产品不仅性能优越，而且价格也比较合理，能够满足国内市场的需求，但长远来看，仍存在自主知识产权问题。

在ECM设计制造技术领域，国内的专业人员已经进行了多年的努力，特别是最近几年，国内ECM制造已经出现了较完整的技术平台和各类产品模块，针对任何一种具体需求，都能够较容易地找到可以直接应用的成型ECM产品。但是，国内柴油机ECM技术仍受到很大的制约，由于国内尚无较成熟的电控燃油系统，使ECM的应用受到限制，而来自国外的柴油机电控系统供货商提供的都是自己的成套技术服务，使国内ECM服务商的产品难以得到应用。目前，由于受到国内的柴油机电控燃油系统逐渐实现产品化的影响，国外的电控燃油系统执行器部件也开始从系统技术服务商控制下的专属产品，逐渐转变为市场上可以直接从制造商手中购得的自由产品，价格也不得不降到合理水平。

4. 国外电控柴油机的发展简介

国外柴油机实现电控始于20世纪80年代末期。在美国和欧洲各国家从小型客车到轻、中、重型载货汽车装用经济、环保、电控柴油机已经很普遍。柴油车之所以被人们重视，是因为柴油机比汽油机省油，同功率的柴油机和汽油机相比，柴油机要节省25%～30%的燃油；CO_2排放量比汽油机低30%左右，HC的排放量也比汽油机低；并且柴油机热效率高、寿命长，更适合应用于大负荷作业的工程机械装机要求。

柴油机中最关键的电控燃油喷射技术，均来自德国的博世、西门子、美国的德尔福和日本的电装等跨国公司，我国及世界各国柴油机电控技术由于受到制造工艺和制造经验的限制，其主要制造技术现仍被这四家公司垄断着。柴油机电控技术的发展经历了第一代位置控制和第二代时间控制，现已经发展到第三代时间—压力控制方式，即高压共轨系统。而就高压共轨燃油喷射系统而言，德国博世公司也已将该项技术发展到了第三代，见表 18-1。

博世三代高压共轨燃油喷射系统特性　　表 18-1

特性系统	第一代	第二代	第三代
最大喷射压力(MPa)	135	160	200
喷油器	带电磁阀的喷油器	带电磁阀的喷油器	压电式喷油器
喷嘴孔形式	柱式(内外一致)	锥形(内大外小)	锥形(内大外小)
喷孔直径和数量	0.2mm;5 孔	0.14mm;5～6 孔	0.1～0.13mm;6 孔
喷射次数	根据发动机负荷和排放要求有预喷、主喷 1～2 次	根据发动机负荷和排放要求有预喷、主喷和后喷 1～4 次	根据发动机负荷和排放要求有预喷、主喷和后喷 1～5 次
排放标准	欧Ⅲ	欧Ⅳ	欧Ⅳ、欧Ⅴ

1997 年，博世公司开始生产第一代高压共轨系统；2003 年，开始批量生产第三代带压电式喷油器的共轨燃油喷射系统。从表 18-1 可以看出，第一代、第二代共轨燃油喷射系统采用带电磁阀的喷油器，电磁阀线圈通电时电感存在滞后时间，而压电式喷油器在加上电压 0.1ms以内就会做出响应，解决了电磁响应阀滞后时间问题，它的切换十分迅速准确，可重现性好。博世第三代采用压电式喷油器替代了电磁阀的喷油器，技术更为先进。

近年来欧洲的排放标准越来越严格，在参照欧洲排放标准的基础上，影响最大的国Ⅲ标准由国家环境保护总局和国家质量监督检验检疫总局共同发布，主要包括 GB 18352.3—2005《轻型汽车污染物排放限值及测量方法(中国Ⅲ、Ⅳ阶段)》和 GB 17691—2005《车用压燃式、气体燃料点燃式发动机与汽车排气污染物排放限值及测量方法(中国Ⅲ、Ⅳ、Ⅴ阶段)》。GB 18352.3—2005 的国Ⅲ、国Ⅳ阶段最基本的Ⅰ型试验为最终排放量不超过表 18-2 的限额，则满足标准要求。

国Ⅲ、国Ⅳ阶段Ⅰ型试验排放值　　表 18-2

阶段	类别	级别	基准质量 *RM* (kg)	限制(g/km) 一氧化碳(CO)		碳氢化合物(HC)		氮氧化物(NO_x)		碳氢化合物和氮氧化物($HC+NO_x$)		颗粒物(PM)
				汽油	柴油	汽油	柴油	汽油	柴油	汽油	柴油	柴油
Ⅲ	第一类车	—	全部	2.30	0.64	0.20	—	0.15	0.50	—	0.56	0.050
	第二类车	Ⅰ	*RM*≤1305	2.30	0.64	0.20	—	0.15	0.50	—	0.56	0.050
		Ⅱ	1305 < *RM*≤1760	4.17	0.80	0.25	—	0.18	0.65	—	0.72	0.070
		Ⅲ	1760 < *RM*	5.22	0.95	0.29	—	0.21	0.78	—	0.86	0.100
Ⅳ	第一类车	—	全部	1.00	0.50	0.10	—	0.08	0.25	—	0.30	0.025
	第二类车	Ⅰ	*RM*≤1305	1.00	0.50	0.10	—	0.08	0.25	—	0.30	0.025
		Ⅱ	1305 < *RM*≤1760	1.81	0.63	0.13	—	0.10	0.33	—	0.39	0.040
		Ⅲ	1760 < *RM*	2.27	0.74	0.16	—	0.11	0.39	—	0.46	0.060

5. 国内柴油机电控技术的展望

目前，国外厂商以其技术上的优势地位，在国内的柴油机电控技术市场上占据统领地位。但由于其产品价格较高,因此主要是面向国内的高端市场。目前,国内已经有多种的中、重型柴油机配用了进口的电控设备,从厂商的目标出发,主要是为了应对国Ⅲ标准所准备的方案。由于国外的技术引入大多会引发柴油机产品价格的变化,造成产品市场区域的重新定位。对于中、重型柴油机,由于其价格基数较高,由电控系统引发的价格增加的比例相对影响较小,因此发展得快一些。在不断严格的环境保护压力作用下,国内市场上这些产品已经有了一定的市场,但由于国外厂商所提供给国内的大多是服务性的技术,在实现应用的同时也增加了一种依赖,最终柴油机企业甚至会更像是"零部件生产商",而提供系统服务的电控技术服务商则会较多地成为控制产品总体性能的责任人,并由此获取主要的市场利益。有观点认为这种情况的发展可能会引发柴油机生产厂商的生存忧虑,而国内ECM企业的开放式服务理念,最终将会使控制权回到柴油机企业的手中,这对于柴油机制造厂商必然有较大的吸引力,国产部件的价格优势和对国内市场的定位,会使柴油机电控系统最终成为柴油机的普通部件,成为柴油机企业自由选择柴油机配件的内容。

柴油机电控化技术和产品的国产化趋势,一直伴随着对国外先进技术的引进而不断发展,其应用几乎已经到了水到渠成的地步,国内柴油机电控技术还远不如国外同类技术成熟,但是由于在出现时就打上了"中国造"的印记,所以对国内市场的适应性、开放性表现特别出色,市场价格也大大低于国外同类产品,这使其成为国内低端市场的首选。展望下一步的发展,以国内技术为特征的柴油机电控化技术和相关产品将在一个时期内与国外先进技术共同在国内市场上并存,国内技术成熟性落后于国外,而在价格成本上有一定优势,因此,最初将更多地在低端的市场得到应用。但由于国内技术的开放性,将日益使国内柴油机和制造企业转向国产技术,并通过电控技术的不断成熟,柴油机电控的主体技术将拥有自己的知识产权。而在技术上占据优势的国外技术服务商,也会在市场竞争中逐步地改变现有的服务方式,使其与中国市场的需求趋势一致,从而从中获得合理的市场份额,或是适当放弃中低端市场,追求更高层次的技术市场定位。

(二)电控高压柴油喷射系统原理

柴油机电控系统和汽油机电控系统一样,也是由传感器、ECM和执行器组成。在电控柴油机上所选用的传感器,有曲轴位置传感器、凸轮轴位置传感器、加速踏板位置传感器、车速传感器、燃油压力传感器、进气温度传感器、燃油温度传感器、冷却液温度传感器、增压压力传感器和空气质量流量传感器等。ECM根据各种传感器检测到的柴油机运行参数,与ECM中预先存储的参数值或脉谱图相比较,按其最佳值或经过运算后的目标值为指令输送到执行器(如喷油器电磁阀等),根据ECM指令控制喷油量(电磁阀开闭持续时间)和喷油正时(电磁阀开闭时刻)。电控柴油机喷射系统通过局域网(CAN网)控制器和底盘传动各种装置进行信息交流,以便对全车进行综合控制。

柴油机电控原理与汽油机电控原理有许多相似的地方,但柴油机实行电控要复杂得多。

1.电控高压柴油喷射技术

柴油机实行高压柴油电控的目的是为了改善柴油机的燃油经济性和降低排放污染。特别是世界能源日益缺乏和日益严格的排放法规的实施,驱使柴油机向高压柴油电控方向发展是必然结果。实施欧Ⅲ排放标准的电控柴油机,其最高喷射压力已达到200MPa以上,比汽油机喷射压力高出许多倍，并且柴油机喷射系统具有高压、高频、脉动等特点，这就要求柴油机电控喷油器结构复杂，喷油器电磁阀应响应速度快、重现性好；为降低排放污染物的生成，必须改善柴油机的燃烧，ECM 控制喷油器应进行预喷、主喷和后喷，目的是使柴油细化、更好地燃烧、有效地抑制 PM 和 NO_x 的生成。而汽油机 ECM 只控制喷油器进行主喷，且只有一个多点喷射模式。柴油机电控系统多样化也不同于汽油机。柴油机电控系统占主导地位的喷射类型有电控泵喷嘴、电控单体泵和高压共轨三种形式。每个系统中有不同的结构，喷射系统压力都很高，其结果是向着经济、环保方向发展。

2. 增压中冷技术

高速柴油机大都采用废气涡轮增压技术，目的是提高柴油机的功率输出，改善燃油的雾化性能，降低燃油消耗和 CO、HC 及 PM 的排放。增压后的柴油机由于热负荷的增大、扫气过程的改善和过量空气系数的增加，会使 NO_x 生成量增多，从而导致 NO_x 的排放量增加。为改善 NO_x 的排放，采用增压中冷技术，可以提高进气密度，降低发动机热负荷。目前，有可变截面涡轮增压器（Variable Geometry Turbin，VGT）与可调喷嘴增压器（Varying Nozzle Turbin，VNT）技术得到应用，可改变增压柴油机的低速扭矩特性和响应性，使柴油机的性能与排放得到更优化。

3. 废气再循环 EGR 技术

加热式 EGR 废气再循环系统通过在进气系统引入适量废气、降低燃烧开始的氧浓度以及通过降低燃烧速率和放热率（降低燃烧过程的高温持续区），可以有效控制 NO_x 的生成。

冷却式 EGR 系统是把从排气管引入的废气进行冷却后再导入进气管，对改善 NO_x 的排放作用更明显。但结构复杂、成本高，大多用在高档增压柴油机上，或者在实行欧Ⅳ标准时，在柴油机上采用此项技术。采用冷却式 EGR 的缺点是会影响排放效果的稳定性。

4. 排气后处理技术

微粒捕集器是一种捕捉颗粒物使之燃烧、减少颗粒物和降低 NO_x 排放的有效装置。减少柴油机可吸入颗粒物的方法有机内净化和机外净化两种，常用的机外净化主要是采用微粒捕集器，微粒捕集器是用于减少柴油机颗粒物的后处理装置，它的工作原理是用捕集器过滤废气中的颗粒物，然后通过氧化颗粒物来清洁捕集器使之再生。博世公司研制的微粒捕集器采用烧结的金属过滤体，它有很高的除粉尘功能、较小的压降，使用寿命比陶瓷材料过滤体寿命高一倍，它可以使微粒在过滤体上有规律地堆积、有规律地燃烧。

5. 均质燃烧技术

电控柴油机由于喷油压力高、燃油在较大范围内同时燃烧，所以汽缸内最大燃烧压力和压力升高率较大。柴油机混合气中空气过量，使压缩比高、燃烧剧烈，燃烧温度高、NO_x 生成量大。同时，由于柴油机中混合气的均匀度较差，容易造成局部燃烧不良，特别容易造成在燃烧室内温度较高和氧气不足而生成微粒和炭烟，所以柴油机的 NO_x 和微粒物、炭烟排放量比汽油机严重。另外，柴油机还存在 NO_x 和微粒物排放控制相冲突的矛盾，降低 NO_x 排放措施又会增加颗粒物的排放；而降低颗粒物排放又会提高 NO_x 的排放，这是由于非均匀燃烧造成的。为了避免扩散燃烧和降低局部的燃烧温度，必须促进燃油和空气的混合，许多研究者提出了预混合压缩燃烧技术，即 HCCI 均质燃烧。采用均质燃烧技术的柴油机热效率高、NO_x 排放量低，而又几乎没有炭烟排放。

6. 柴油机本身结构设计优化

柴油机结构设计优化是很重要的技术措施，广泛采用的是多气门机构、进气涡流优化、燃烧室优化和降低润滑油消耗等。

在中、重型柴油机上多采用每缸四气门技术，目的是增加进气量。为减小进气阻力，应加大进、排气门流通截面积，以增大汽缸排空速率，降低气门节流损失，有利于柴油机燃烧室扫气过程，在涡轮增压柴油机中，可以增大废气能量利用率，提高涡轮效率。

降低柴油机颗粒物排放的技术措施是提高喷射压力和增大进气涡流。这两种方法都可以促进均匀混合气的形成，防止燃油过浓造成燃烧不良，从柴油机结构上抑制颗粒物的生成。但进气涡流不能过大，过大的涡流会弱化火焰传播，同时增大进气阻力而影响发动机的动力性，所以进气涡流要优化设计。

柴油机汽缸盖燃烧室优化设计很重要，它是控制排放的基础。根据喷油器喷嘴孔直径尺寸、喷孔数量、喷油油束形状与燃烧室的配合关系，应选择合适的燃烧室形状，并根据进气旋流、喷油器安装位置、喷射压力等技术参数通过设计计算和实验确定最佳结构尺寸。

柴油机由于负荷大、压缩比高，汽缸壁润滑油参与燃烧是造成柴油机排放颗粒物的重要源头，也是造成润滑油烧损的原因。所以，优化设计活塞与汽缸的配合间隙、优化活塞环间隙和汽缸壁尺寸配合关系是降低润滑油消耗的措施。

（三）电控高压柴油喷射系统的种类

电控高压柴油喷射系统主要有位置控制、时间控制和高压共轨系统三种供油方式。

1. 位置控制式电控柴油喷射系统

位置控制式电控柴油喷射系统是第一代电控柴油喷射系统，在该系统中仍保留着喷油泵—高压油管—喷油器（PLN）、控制齿条、齿圈、滑套、柱塞上的螺旋槽等油量控制机构，齿条或滑套的移动位置由原来的机械控制改成电控。在改进后的位置电控系统中，常用博世公司的电控分配泵。在该系统中，ECM 根据滑套位置传感器输入的信号驱动油量调节器调节供油量，若滑套位置传感器和油量调节器失效，发动机运行将会不稳定直至熄火，这时发动机的预热指示灯闪烁。喷油器喷油正时控制，是由 ECM 根据安装在第 3 缸喷油器上的针阀升程传感器信号来确定喷油正时点的，如果针阀升程位置传感器失效，喷油器喷油正时信号将转换到开环控制。在正常工作时，喷油器喷油正时信号由闭环功能控制，即 ECM 根据发动机转速、负荷和温度等信号进行控制。若针阀升程传感器信号失效，发动机运转不稳定，废气排放恶化，发动机预热灯闪烁。

一汽捷达轿车 SDI 电控柴油喷射系统就是采用博世公司的 EDC，即在 VP37 分配泵的基础上实行位置控制式电控柴油喷射系统。

2. 时间控制式电控柴油喷射系统

（1）电控单体式喷油器系统（Electronic Unit Injection，EUI）。

电控单体式喷油器系统即电控泵喷嘴系统，其喷油量由安装在喷嘴总成上的电磁阀关闭时间决定，喷油正时由电磁阀关闭时刻决定，所以称作时间控制式电控柴油喷射系统。电控泵喷嘴由凸轮摇臂机构驱动，泵喷嘴系统将喷油泵、喷油嘴和电磁阀组合在一起，每缸安装一组泵喷嘴，四缸机有 4 个泵喷嘴，六缸机有 6 个泵喷嘴。泵喷嘴由安装在汽缸体上的凸轮轴摇臂驱动或由安装在汽缸盖上的凸轮轴摇臂驱动。

电控泵喷嘴没有高压油管，没有机械式供油量调节齿条。喷油量和喷油正时由喷油器电控模块(单元)取决于各种传感器输入的信号和加速踏板位置信号，电控模块指令电磁阀关闭执行喷油，电磁阀打开喷油结束。在电控泵喷嘴系统中，由于没有高压油管，所以具有很高的机械强度，喷油压力可达200MPa以上。

电控泵喷嘴可应用于小型客车、轻型车及中、重型载货汽车和中、小型工程机械柴油机上，其尾气排放可达欧Ⅲ标准以上。一汽大众宝来、奥迪A6TDI柴油机均采用博世电控泵喷嘴系统。

(2)电控单体泵系统(Electronic Unit Pump，EUP)。

电控单体泵和电控泵喷嘴一样，燃油喷射所需要的高压燃油，仍然由套筒内做往复运动柱塞产生，喷油量和喷油正时控制则由ECM根据各种传感器输入的信号控制电磁阀关闭执行喷油，电磁阀打开喷油结束。单体式喷油泵总成内的单体泵六缸发动机有6个，四缸发动机有4个。单体泵体上的滚轮由发动机凸轮轴驱动，推动套筒内的柱塞向上运动，产生喷射所需的高压，当ECM使电磁阀断电时，高压燃油顶开喷嘴针阀将燃油喷入汽缸，喷油完毕，ECM发出通电指令，电磁阀打开，柱塞在复位弹簧作用下向下移动时，低压燃油开始溢流回油箱。单体泵喷油压力可达180MPa以上。

每个单体泵上安装有一个电磁阀，ECM控制电磁阀的关闭和打开时间的长短，决定喷油量和喷油正时，所以电控单体泵仍属于时间控制式，是第二代电控柴油喷射系统。电控单体泵有高压油管，和电控泵喷嘴一样，没有机械式供油量调节齿条。

电控单体泵系统是由博世公司喷油泵—高压油管—喷油嘴(PLN)系统发展起来的高压燃油喷射系统，现已广泛应用在美国和欧洲各国的电控柴油车上，特别是在重型载货汽车柴油机上应用的电控单体泵，其燃油经济性好、排放可达欧Ⅲ标准。我国玉柴公司引用美国德尔福电控单体泵系统，研制和开发了排放达到欧Ⅲ标准的YC6G、YC6L、YC4G系列电控单体泵燃油喷射系统。

3. 高压共轨电控燃油喷射系统(Common Rail Fuel System，CRFS)

高压共轨电控燃油喷射系统是一种燃油喷射压力与发动机转速、负荷无关的供油方式，即喷射压力的产生和喷射过程相互分开。在该系统中，高压油泵(柱塞泵或分配式油泵)把高压燃油输送到公共油轨，油轨内的高压燃油通过燃油分配器，按发动机喷油顺序，将高压燃油输送到喷油器，喷油器内电磁阀根据ECM指令切断回油通路，高压燃油克服喷油器内弹簧预紧力而开启喷油。第三代油轨最高喷射压力可达200 MPa以上。

高压共轨系统是压力—时间控制式喷油系统，高压油泵只是向油轨供油以维持所必需的油压，而公共油轨中的油压由压力调节阀进行调节，以控制喷射压力大小，用电磁阀关闭时间长短控制喷油量。高压共轨系统喷油压力大小独立于发动机的转速和负荷，喷油正时、喷油压力和喷油持续时间可以在较宽的范围内选择。

共轨系统可以根据发动机的需要进行预喷射、主喷射和二次喷射，可以提高燃烧效率、减少NO_x排放，排放可达欧Ⅲ标准。

我国欧洲排放标准的城市公交客车，其发动机绝大多数是引进美国康明斯ISBe、ISCe发动机并在东风康明斯公司生产，这两款柴油机采用蓄压器高压共轨系统，发动机每缸四气门，废气涡轮增压，发动机功率较大，油耗低，其排放可达欧Ⅲ标准。这两款发动机广泛应用在国产大中型城市客车、旅游客车上，而工程机械、港口机械等重型施工机械实现柴油机电控化，将潜藏着一个很大的发展市场。

(四)柴油机电控系统的结构与组成

在直喷式柴油机上，采用电控可以有效地降低发动机的燃油消耗和排放，同时可以提高发动机的输出功率和转矩。柴油机燃油系统采用泵喷嘴或单体泵系统，其电控系统都由传感器、ECM 和执行器组成，这两种喷射系统工作原理相同，电控系统的逻辑结构也相似，如图 18-1 所示。

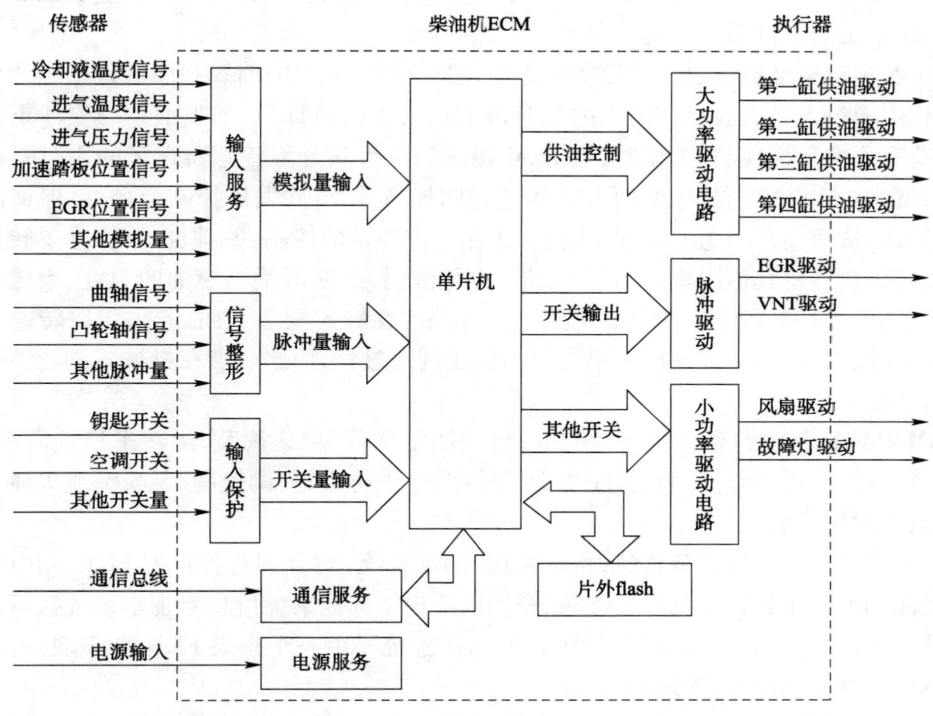

图 18-1 柴油机电控系统逻辑框图

传感器的作用是进行信号变换，即把在复杂的工作条件下的各种动态、静态的物理量变成电量，这种变换包括能量形态的变换。一般传感器变成的电信号都比较微弱，即信噪比较小，如进气与环境压力、冷却液温度、润滑油与燃油温度、进气流量、喷油泵油量调节机构（直列泵中的齿杆或 VE 分配泵中的油量调节环套）的位移、曲轴位置信号与柴油机转速、机械（或柴油车辆）的行驶速度、喷油器针阀的升程等。目标设定则包括柴油机转速与负荷（加速踏板或操纵杆的位置）等。反映上述各种信息的信号多数是模拟信号，有的是数字信号或脉冲信号，在送入 ECM 以后，尚需经过滤波、整形及放大处理，模拟信号还要经过 A/D 转换，全部转变成计算机能够接收且量程合适的数字信号。

电控模块的作用是根据 ECM 内存储的程序对发动机传感器输入的各种工况下的信息进行运算、处理、判断，然后发出指令，控制执行器动作，以快速、准确、自动控制发动机的运转及其他辅助系统的工作。

ECM 除了接收各种传感器信号和各种开关信号，并将它们进行处理、执行既定的程序、将运算结果作为控制指令输出到执行器。另外，它还有通信功能，ECM 和其他控制系统进行数据传输和交换，还可以根据实际情况修正燃油系统的执行指令，即修正喷油量、喷油提前角等，还可以向其他控制系统发送必要的信息。

ECM 是柴油机实现电控的核心部件，它的硬件部分包括微处理器或中央处理器(CPU)、各种存储器、输入/输出(I/O)接口以及上述各部分之间传递信息的数据总线、地址总线、控制总线以及产生时间节拍脉冲的计时器等。ECM 软件的核心内容是柴油机的各种性能调节曲线、图表和控制算法，其作用是接收和处理传感器的所有信息，按软件程序进行运算，然后发出各种控制脉冲指令给执行器或直接显示控制参数，其中喷油量和喷油正时脉冲是 ECM 发出的最重要的控制指令。

为了实现对柴油机喷射过程控制的优化，储存在 ECM 中的曲线和图表包括一些在产品开发过程中通过大量试验总结出来的综合各方面要求的目标值，如喷油量与喷油正时随转速与负荷变化的目标控制，工作时，当 ECM 接收到从针阀升程传感器送来的实时喷油始点信号时，就能对实际值与目标值两者之间进行比较与计算，并发出控制指令，以保证两者之间差别最小，从而实现理想的喷油正时；至于循环供油量的控制，原理也一样，除了转速与负荷以外，还与柴油机其他因素(如进气流量、冷却液温度、润滑油与燃油的温度、增压压力与环境大气压力等)和限制条件(如烟度限制)有关。在转速调节方面，若采用以转速为反馈信号的闭环控制，则不难实现调速率为零的恒速调速过程，而这一点在机械式调速器中是不可能做到的。

ECM 具体控制内容有启动油量调节、行驶油量调节、怠速调节、运转平稳性调节、限制油量调节、海拔校正、断缸控制、关闭发动机控制、电子防盗、空调控制、泵喷嘴或单体泵电磁阀等及其他附加控制。

此外，如果整机的各种装置(如传动系统、制动系统)均分别有各自的 ECM，则电控燃料供给系统的 ECM 还具有相互数据传输、交换以及根据其他系统信息修正本系统执行指令等功能，进一步可发展为整机或整车的所有控制任务统一由一个中央 ECM 来实现，这就成为整机或整车的统一电控与管理系统。

执行器是具体执行某项控制功能的装置，受 ECM 控制。执行器是 ECM 的执行者，由 ECM 控制执行器电磁阀线圈的搭铁回路，也有的是由 ECM 控制某些电控电路，完成一定的控制内容。

执行器接收 ECM 发出的控制指令，调节发动机的喷油量和喷油正时，从而调节发动机的运行状态。在电控柴油机上，执行器主要有喷油嘴电磁阀、发动机电热塞继电器、EGR 执行器、空调关闭执行装置、故障诊断与显示装置、节气门控制器(柴油车辆)、涡流执行器、CAN 通信以及用于制动的装置，如发动机制动装置、附加的发动机制动装置、电磁离合器(风机)控制等。

(五)电控柴油机主要传感器

1. 发动机冷却液温度传感器

它安装在冷却液套出水口(节温器与散热器间)处，用于测定发动机冷却液的温度，ECM 用温度信号修正喷油量。冷却液温度传感器测量的温度范围为 -40 ~ 135℃。

2. 进气温度传感器

它安装在进气道中(康明斯共轨柴油机安装在中冷器的出口处),用于测量进气温度,有些进气温度传感器与压力传感器集成在一起,ECM 还根据增压压力传感器测定的进气压力信号,精确确定吸入发动机的空气质量,进行闭环控制。该传感器测量的温度范围为 -40 ~ 120℃。

3. 润滑油温度传感器

柴油机润滑油温度传感器信号用于计算维护间隔。它可测量的温度范围为 -40 ~ 170℃。

4. 燃油温度传感器

燃油温度传感器安装在低压燃油管路上,ECM 根据燃油温度精确计算燃油量。它的测量范围是 -40 ~ 120℃。

5. 进气管压力传感器或增压压力传感器

增压压力传感器安装在增压器和柴油机之间的进气管上,用它来测定进气管的绝对压力。ECM 根据测定值精确确定空气质量,以便保证空燃比在不同工况下的优化。

6. 大气压力传感器

大气压力传感器安装在 ECM 内,ECM 利用大气压力信号校正不同海拔高度的喷油量值,也用于闭环控制的设定值。大气压力传感器测定的压力范围为 60 ~ 150kPa。

7. 润滑油压力和燃油压力传感器

润滑油压力传感器安装在润滑油滤清器上,用于测定润滑油的绝对压力,利用该信号可知柴油机的负荷情况,供柴油机维护显示用。它测量的范围为 50 ~ 1000kPa。

燃油压力传感器安装在燃油滤清器上,ECM 利用该信号监测燃油滤清器的污染程度。它的测量范围为 20 ~ 4000kPa。

8. 曲轴位置传感器

曲轴位置传感器用来检测曲轴位置,即柴油机活塞上止点具体位置和电磁阀控制的分配式油泵内柱塞位置。ECM 根据曲轴转速信号判断喷油正时点,转速传感器是柴油机电控系统很重要的信号源。

9. 凸轮轴位置传感器

凸轮轴位置传感器用于判定运动活塞在上止点时是处在压缩行程还是处在排气行程,该传感器将此信号输入 ECM,ECM 根据此信号控制喷油时刻。

10. 加速踏板位置传感器

加速踏板位置传感器用来采集加速踏板位置信号,ECM 获得加速踏板位置信号后,控制柴油机的喷油量。

11. 热膜式空气流量传感器

在车用柴油机上,热膜式空气流量传感器用来精确测定空气流量,ECM 根据空气流量信号调节空燃比和发火点,以保证柴油机的动力性、经济性和排放指标最优。热膜式空气流量传感器安装在空气滤清器后面的进气管内。

(六)柴油机电控系统的 ECM 及其控制电路

1. 柴油机 ECM 的主要功能

柴油机 ECM 组成如图 18-2 所示,它是柴油机电控系统的控制中心,其功能主要有如下方面。

（1）接收来自各个传感器的信号，以获得柴油机的运转参数，为控制柴油机各系统的工作提供依据。

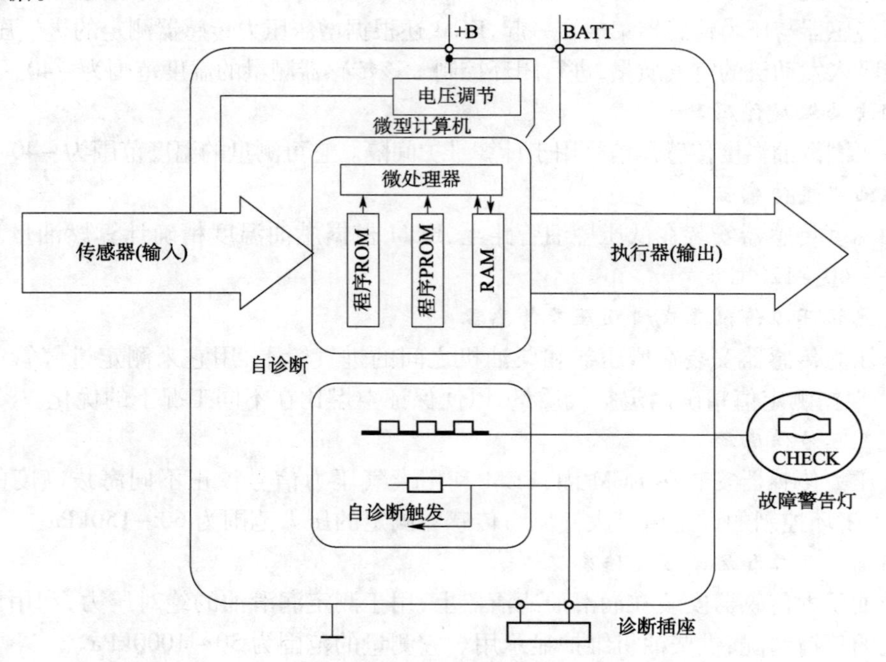

图 18-2 柴油机 ECU 的功能

（2）根据传感器所提供的柴油机各种运转参数，按照设定的程序和控制策略，向调节柴油机的喷油器、喷油正时装置等执行器输出控制信号，以实现对柴油机各个系统的控制。

（3）监测柴油机电控系统的各个传感器、控制电路、执行器等的信号，当发现信号异常时，及时点亮故障警告灯发出警报，同时将故障以代码的形式存储在 ECM 的存储器中，并启动失效保护功能，以维持柴油机的运转。此外，维修人员还可以通过特定的步骤触发 ECM 的自诊断功能，通过故障诊断插座读取 ECM 存储的故障代码和数据流，为故障诊断提供依据。

（4）柴油机 ECM 还具有对电控系统的电源进行控制、为某些传感器提供稳定的基准电压等功能。

2. 控制电路

柴油机电控系统的控制电路使 ECM 与各个传感器、执行器等部件相互连接，或与电源、搭铁连接。按其功能，控制电路可分为电源电路、搭铁电路、传感器电路、执行器电路等。这些电路是保障 ECM 和各个传感器、执行器得以正常工作的关键。

（1）电源电路。

电源电路是为电控系统的 ECM 及传感器、执行器的工作提供与之相适用电源的电路，包括 ECM 的电源电路、执行器的电源电路、传感器的电源电路。

①ECM 的电源电路。

ECM 的电源电路分为两种，一种是使 ECM 正常工作所需的工作电源电路；另一种是在关闭启动开关后使 ECM 的内存能将故障代码等信息长期保存的常电源电路。

工作电源是蓄电池正极经柴油机电控系统主熔断器（常称为 EFI 熔断器）、主继电器（常称为 EFI 主继电器)后送入 ECM 的电源,该电源同时也连接至电控系统的执行器、传感器或其他继电器等用电部件。当启动开关处于开启状态时,工作电源即被送入 ECM,使 ECM 完成计算机程序的启动,并进入工作状态。如果这个电路出现故障而无法为 ECM 提供电源,柴油机将无法启动运转,同时 ECM 也无法与故障诊断仪建立连接,完成故障诊断工作。

工作电源电路的控制方式有两种,分别为启动开关控制和 ECM 控制,其目的都是在启动开关开启后保证电源电路的导通,为 ECM 乃至电控系统的其他部件提供电源,并在启动开关关闭后切断电源电路。

启动开关控制的电源电路简图如图 18-3 所示。蓄电池电源经 EFI 熔断器后进入 EFI 主继电器,该继电器的电磁线圈一端经启动开关接蓄电池电源,另一端直接搭铁。当启动开关开启(ON)时,主继电器电磁线圈通电,使主继电器开关触点闭合,来自蓄电池的工作电源便经 +B 端子进入 ECM。当启动开关断开(OFF)时,主继电器电磁线圈断电,开关触点断开,切断进入 ECM 和电控系统的电源。这种电源控制电路结构简单,在早期的柴油机电控系统中被广泛采用。

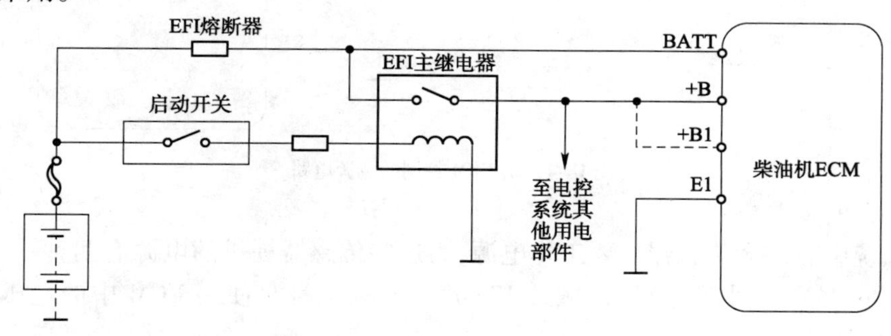

图 18-3 由启动开关控制的电源电路

在图 18-4 所示的 ECM 控制的电源电路中,蓄电池正极经启动开关连接至 ECM 的 ST SW端子的电源仅仅为 ECM 提供系统软件的启动和初始化所需的电源,同时也作为 ECM 判定启动开关是否已经闭合(ON)的信号电路,并为 ECM 控制 EFI 主继电器电磁线圈提供电源。当启动开关开启(ON)后,由启动开关通过端子 ST SW 直接送入 ECM 的电源使之完成系统软件的启动,ECM 中的主继电器控制电路开始工作,向 EFI 主继电器的电磁线圈提供电源,使继电器开关触点闭合,使蓄电池电源进入 ECM 的 +B 端子,作为其主要的工作电源。这种电源控制电路可以利用 ECM 的控制程序实现许多特殊的控制功能,已被越来越多的 ECM 厂家所采用。具有防盗功能的柴油机电控系统也常采用这种电源电路,它可以让 ECM 只有在收到防盗电脑送来的启动开关钥匙已通过身份认证的信号后,才向 EFI 主继电器的电磁线圈提供电源,使电控系统开始工作,以阻止使用未经认证的钥匙起动柴油机。

由于 ECM 常常要为电控系统中某些执行器提供控制电源,因此,经主继电器送入 ECM 的电源往往有两条(图 18-3、图 18-4 中的 +B 和 +B1)或更多,使之能承受足够大的电流。

常电源供电是蓄电池正极经熔断器(图 18-3、图 18-4 中的 EFI 熔断器)后,不经启动开关控制而直接施加在 ECM 上的电源,如图 18-3、图 18-4 中的 BATT 端子即是常电源供电。其作用是在关闭启动开关而使 ECM 的工作电源被切断后,让 ECM 中的随机存储器仍有电源,以保存故障代码、燃油修正系数及其他保存在随机存储器中的数据。如果没有该电源,只要 ECM 的工作电源正常，ECM 仍能工作，但在关闭启动开关后，存储在 ECM 的随机存储器中的有关数据将会消失，从而对电控系统的故障诊断工作造成影响，并影响 ECM 的喷油校正、点火正时修正等控制功能，有可能造成柴油机的性能下降。但也可以利用断开电源的方法，删除故障代码。

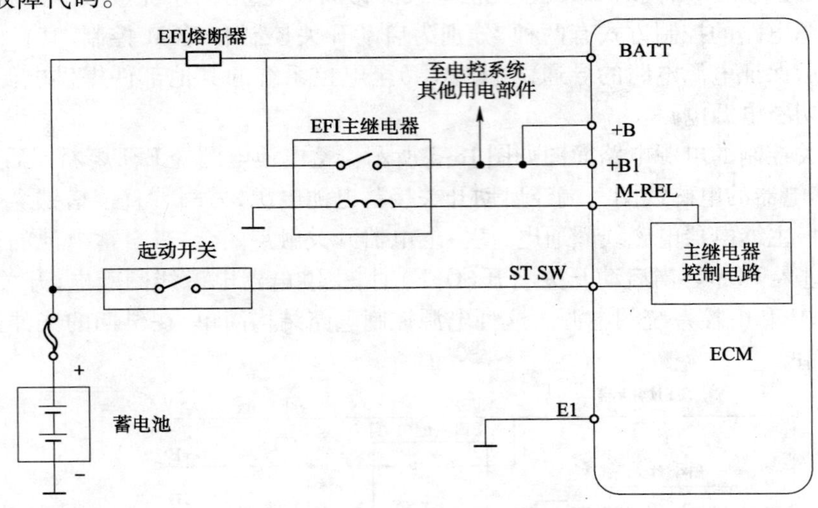

图 18-4　由 ECM 控制的电源电路

②传感器的电源电路。

电控系统中有许多传感器需要工作电源，为这些传感器提供的电源有两种：一种是直接使用蓄电池的 24V（或小型车辆、机械的 12V）电压；另一种是使用 ECM 中的电压调节电路所提供的 5V 基准电压。

内部有集成电路或其他电子电路的传感器（如空气流量传感器等）通常采用 12V（或 24V）电压作为电源，通常由 EFI 主继电器提供（图 18-3、图 18-4）。

采用可变电阻、电位计等作为传感器时，通常利用 ECM 的电压调节电路所提供的基准电压作为电源，该电压可以在蓄电池电压发生变化时（如充电电压过高或过低）时，保证其信号不受蓄电池电压变化的影响，提高传感器的检测精度。

③执行器的电源电路。

电控系统的执行器基本上均采用蓄电池的 12V（或 24V）电压作为工作电源。许多执行器的电源由 EFI 主继电器提供（图 18-3、图 18-4），个别重要的、工作电流不大的执行器可以由启动开关直接供电。

（2）搭铁电路。

搭铁电路是电控系统的 ECM 或其他部件与车身连接并最终接至蓄电池负极的电路。搭铁电路和电源电路一样重要，没有搭铁或搭铁电路异常，同样会使 ECM、传感器、执行器等部件无法正常工作。ECM 通常有多个搭铁端子，这些端子在 ECM 的内部是相互连接的，以保证 ECM 搭铁的可靠（图 18-5）。一些传感器采用外壳搭铁的方式；也有一些传感器通过 ECM 一起搭铁，这样可以防止各个搭铁点因状况不同而出现电位差，影响传感器的检测精度和 ECM 的控制效果。此外，许多由 ECM 控制的执行器也是通过 ECM 搭铁。因此，ECM 采用多个搭铁端子还必须保证搭铁线能承受足够大的电流。

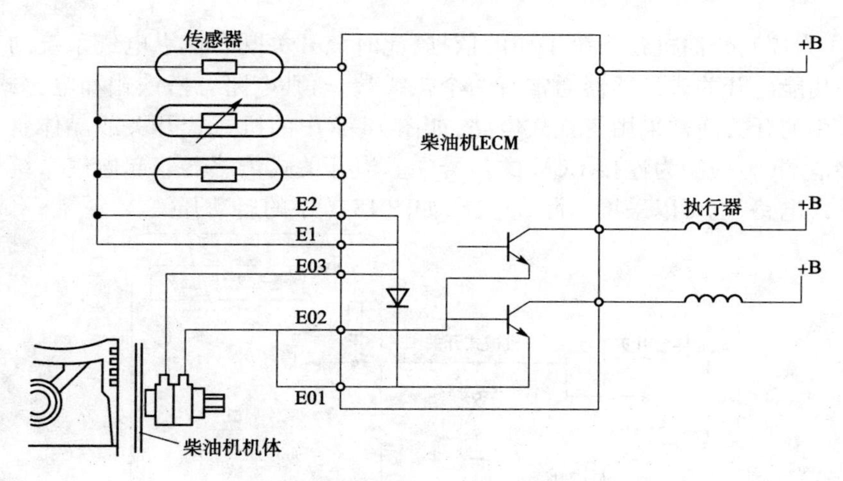

图 18-5　ECM 的搭铁电路

(3)传感器电路。

传感器的基本电路一般都有电源、信号、搭铁三个接线。有些传感器无须电源,或将电源电路内置在 ECM 中,从而只有信号和搭铁两条接线,如果又采用外壳搭铁,则可能只有一条送给 ECM 的信号线,从而使其电路十分简单。而有些传感器的电路则非常复杂,有 5 ~ 6 条甚至更多的接线。传感器电路的复杂程度取决于传感器自身的类型及结构原理,柴油机电控系统中的传感器主要有开关式、电阻式、脉冲式、电压式等类型,如图 18-6 所示。

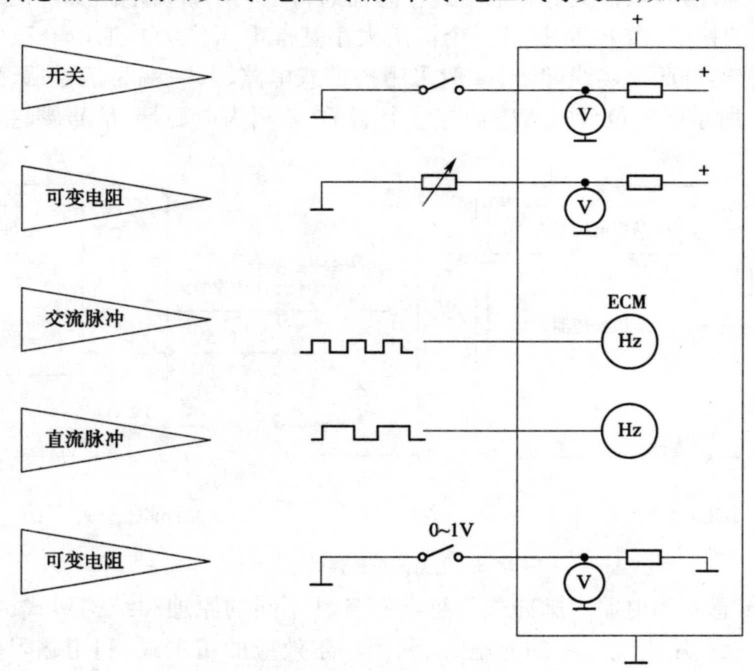

图 18-6　传感器的类型及电路

①开关式传感器的电路。开关式传感器是一种结构最简单的传感器,其结构有机械式开关和晶体管开关两种。电控系统中有只起传感器作用的开关(如加速踏板上的怠速开关),也有将某个电气系统的操纵开关接至 ECM,使 ECM 通过该传感器的电信号得知开关的

位置,以此作为控制柴油机各系统工作的依据,此时该开关既有操纵电气系统的功能,也具有传感器的功能。开关式传感器通常有两个接线端子,其电路有搭铁式和电源式两种。只起传感器作用的开关通常采用搭铁式电路,如图 18-7 中的机械式开关或晶体管开关,开关的一端为接地端,另一端为连接 ECM 的信号端。当开关式传感器兼起电气系统开关时,可以采用搭铁式电路,也可以采用电源式电路,如图 18-7 中的启动开关。

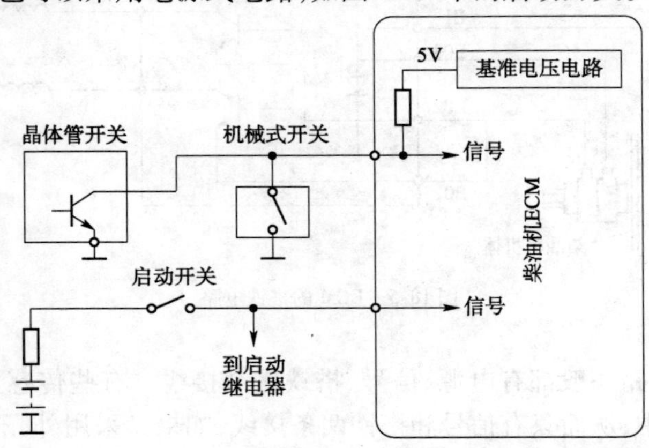

图 18-7 开关式传感器的电路原理

②电阻式传感器的电路。电阻式传感器也是电控系统中应用较多的传感器,其结构有可变电阻式、电位计式、电桥式等。电阻式传感器通常是利用直流电阻分压的原理产生电信号,为保证信号的精度,由 ECM 提供一个恒定大小基准电压作为其工作电压(一般为 5V)。可变电阻式传感器有两个接线端子,一般采用搭铁式电路,其一端为信号端,另一端为搭铁端,如图 18-8a)所示。电位计式传感器有三个端子,分别为电源端、信号端、搭铁端,其电路如图 18-8b)所示。

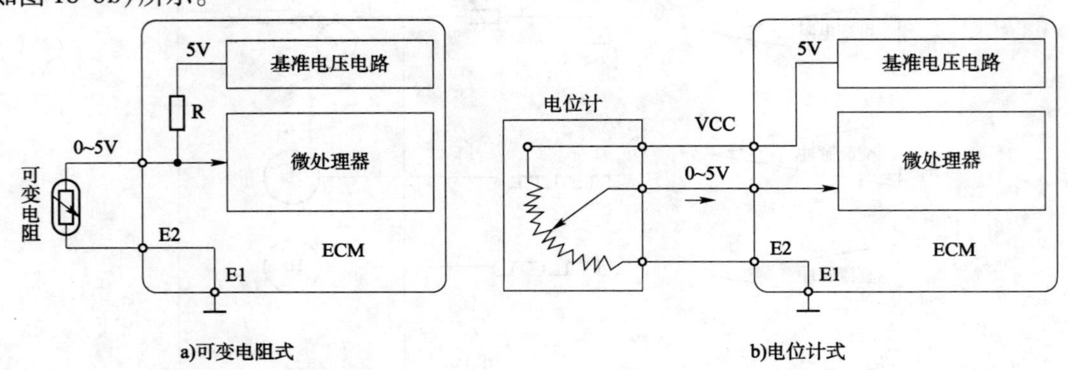

图 18-8 电阻式传感器的电路原理

③脉冲式传感器的电路。脉冲式传感器有各种不同的原理和结构形式,如利用电磁感应原理的电磁式、利用光电原理的光电式、利用霍尔效应的霍尔式、利用磁阻原理的磁阻式等,其信号有直流脉冲、交流脉冲两种,其电路除了连接 ECM 的信号线外,其余的线路取决于传感器的具体结构和原理,往往较为复杂多样。

④电压式传感器的电路。电压式传感器也有各种不同的类型,通常是利用电化学原理、压电原理等将被检测参数的变化转变为电动势的变化。大部分电压式传感器无须工作电

源,其电路有的很简单,例如采用外壳搭铁的爆震传感器只有一个接线端子(信号线)。也有些电压式传感器的电路较为复杂,如空燃比传感器,有5~6条接线端子。

(4)执行器电路。

部分执行器电路如图18-9所示,如电磁阀、继电器、预热器、电动机、三极管开关电路、指示灯等。执行器的电路通常较为简单,一般只有电源和搭铁两个接线。ECM对大部分执行器采用搭铁控制的方式,这种执行器的电源来自蓄电池,搭铁线则接到ECM,有些执行器采用电源控制的方式,其电源线来自ECM搭铁线则直接搭铁。

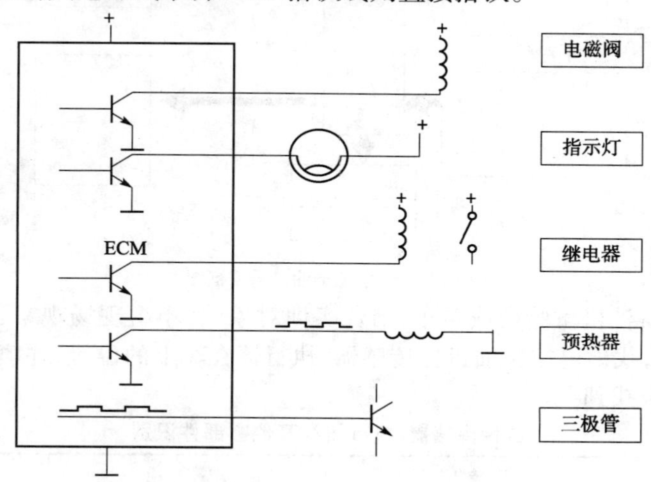

图18-9 执行器的类型及电路示意图

二 任务实施——柴油机电控系统总体结构的认识

(一)准备工作

(1)每6~8名学员组成1个工作小组,确定1名小组长,接受工作任务,做好准备工作。
(2)准备好实训用的电控柴油机实训台架,每个实训小组配置1台电控柴油机台架。
(3)配备维修手册(纸质或电子版)。
(4)配备维修工具。

(二)技术要求与注意事项

(1)通过阅读电控系统资料和现场观察,辨别所识别电控系统的类型、结构与组成。
(2)识别电控柴油机各传感器、执行器和ECM各组成的安装位置,表述各组成的功用。
(3)识读电控柴油机的控制电路图,会分析传感器、执行器和ECM的故障电路。
(4)表述柴油机电控系统的基本和工作原理。
(5)阅读实训中心规章制度,未经许可,不得移动和拆卸实训仪器与设备。
(6)遵守实训仪器与设备的安全操作规程。
(7)未确认运行安全条件之前,严禁擅自扳动仪器、设备的电器开关、启动开关。
(8)注意人身工作安全和仪器、设备的安全使用。

(三)操作步骤

(1)对照实训对象,填写下列柴油机电控系统框图(图18-10)。

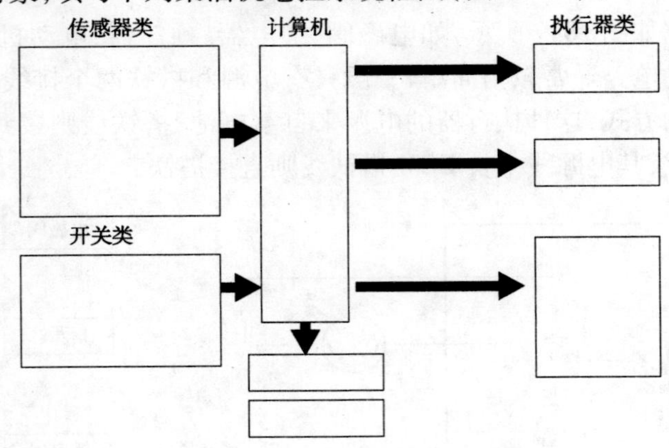

图18-10 电控柴油供给系框图

(2)启动电控柴油机试验台或整车,结合实训对象,各小组现场观察各传感器与执行器的工作情况。然后,找出电控柴油机各传感器、执行器在车上的位置,并填写表18-3,未找到的在备注栏填入"未找到"。

各种传感器、执行器和其他零部件识别　　表18-3

传感器和执行器名称	安装位置	作　用	备　注
加速踏板位置传感器			
进气温度传感器			
涡轮增压压力传感器			
冷却液温度传感器			
曲轴位置传感器			
凸轮轴位置传感器			
燃油温度传感器			
喷油器针阀升程传感器			
燃油切断阀			
共轨压力传感器			
高压油泵			
废气再循环阀			
可调喷嘴环增压器			
预热器			

注:空白部分根据不同实训对象,将找到的传感器、执行器实物自行填写。

三 评价与反馈

1. 自我评价与反馈

(1)通过本学习任务的学习,你是否已经知道以下问题:

①电控系统的结构由哪几大部分组成?

____

____

②柴油机电控系统主要有哪些传感器?

____

____

③柴油机电控系统主要有哪些执行器?

____

____

(2)实训过程完成情况如何?

____

____

(3)通过本学习任务的学习,你认为自己的知识和仅能还有哪些欠缺?

____

____

签名:__________　　________年____月____日

2. 小组评价与反馈

小组评价与反馈见表18-4。

小组评价与反馈表　　表18-4

序号	评价项目	评价情况
1	着装是否符合要求	
2	是否能合理规范地使用仪器和设备	
3	是否按照安全和规范的流程操作	
4	是否遵守学习、实训场地的规章制度	
5	是否能保持学习、实训场地整洁	
6	团结协作情况	

参与评价的同学签名:__________　　________年____月____日

3. 教师评价与反馈

____

____

____

签名:__________　　________年____月____日

四 技能考核标准

技能考核标准见表18-5。

技能考核标准表　　表18-5

项目	考核内容	规定分	评分标准	得分
柴油机电控系统总体结构的认识	识别电控系统的基本组成	20分	每错一次扣5分	
	指出各传感器、执行器的位置，并口头表述其功用和原理	30分	传感器种类、执行器名称错误，每错一次扣5分	
	填写实训工单	20分	每错一次扣5分，未填写不得分	
	工具、仪器正确使用方法	10分	符合操作规程、使用方法、熟练程度、读取结果视正确率酌情评分	
	安全文明生产与环境保洁	10分	安全使用电、气，无设备、人身事故，主动参与环境保洁，酌情评分	
	工作态度与协作精神	10分	视参与实践的自觉性、工作态度和团队协作精神酌情评分	
总分		100分		

学习任务19　电控柴油机传感器的检修

学习目标

1. 掌握电控柴油机各种传感器的结构、原理，会分析各种传感器的电路；
2. 掌握电控柴油机各种传感器的常见故障检测方法；
3. 掌握ECM常供电源电路、ON/ST电源及接地电路，并能对其进行故障检测。

任务导入

有一辆长城哈弗SUV汽车，配置GW2.8TC增压型共轨柴油机、五速手动变速器，当行驶到60000km时，因碰撞事故导致烧瓦故障。修复后，柴油机不能起动。

经检查发现，主继电器、相关的传感器及执行器的线束连接器连接、ECM的电源电路及搭铁电路等，均未发现故障，但依旧不能起动柴油机。

一 理论知识准备

(一)电控柴油机传感器的类型与功用

传感器是一种转换器，它的作用是进行信号交换，把被测的非电量信号转换成电信号。传感器是柴油机实现电控的关键技术之一。柴油机电控系统中应用多种不同类型、不同功能的传感器,如曲轴位置传感器、凸轮位置传感器、加速踏板位置传感器、冷却液温度传感器、油压和温度传感器等。这些传感器信号输入到电控模块,用于柴油机整个工作范围内控制最优燃油喷射量、喷射开始时刻,以减小废气排放并提高柴油机功率的燃油经济性。

1. 温度传感器

(1)燃油温度传感器。

向 ECM 提供燃油温度信号,一般设置在第二级燃油滤清器盖内。ECM 将根据燃油的温度变化调节供给喷油器的脉宽调制信号,因为燃油随着温度升高而膨胀,将会导致发动机功率降低。

(2)冷却液温度传感器。

用于向 ECM 提供发动机冷却液温度信号,该传感器可以用于触发自动降低发动机功率的保护功能。现在许多重型货车还利用该传感器对冷却风扇进行控制。

(3)进气温度传感器。

向 ECM 提供进气管内的空气温度,ECM 将根据进气温度调节喷油脉宽调制信号,以控制排放。

(4)润滑油温度传感器。

始终向 ECM 提供发动机的润滑油温度。通常 ECM 及发动机保护功能可以提供像润滑油压力过低时同样的保护特性。当润滑油温度超过正常的安全限值时,首先会将仪表板上的黄色报警灯点亮,当润滑油温度进一步升高到预设的最高温度限值时,将会触发发动机停机功能。许多电控发动机在起动时,特别是在寒冷环境下,该传感器信号将使 ECM 进入快怠速控制,有些发动机的 ECM 在这种情况下是根据冷却液温度传感器的输入信号进行快怠速控制的。该信号会使 ECM 改变喷油时间,以控制发动机冷态时的白烟排放。当润滑油温度或冷却液温度达到预设限值或发动机运转规定时间之后,发动机的怠速转速将自动恢复正常。

2. 位置传感器

(1)加速踏板位置传感器。

在加速踏板下面安装一个电位计或变阻器,该传感器用于向 ECM 传送驾驶人所希望提供的油量。加速踏板位置传感器从 ECM 获取 5V 基准电流电压,当驾驶人踩下加速踏板时,加速踏板位置传感器向 ECM 反映加速踏板踩下的百分比。在加速踏板位置传感器上设有怠速确认开关,该开关可以保证即使在加速踏板位置传感器电路发生故障时发动机仍然能够保持怠速运转,在加速踏板处于怠速位置时,ECM 向加速踏板位置传感器电位提供 5V 电压,电位计滑臂所处的位置使输入电压通过整个线圈,通过滑臂向 ECM 返回的电压大约只有 0.5V,微处理器将加速踏板位置传感器的输入信号与储存的加速踏板未踩下时的电压值进行比较。在加速踏板全踩下的位置时,通过滑臂向 ECM 返回电压大约只有 4.5V,将该电压与储存的代表加速踏板全踩下的电压值进行比较。加速踏板位于怠速和全开之间的任何位置时,由电位计滑臂位置决定的输出电压值与驾驶人要求供油量成正比例,因此,按照驾驶人要求的供油量,加速踏板位置传感器输出的电压信号为 0.5 ~4.5V。

(2)冷却液液位传感器。

用于检测散热器上水室或膨胀罐中冷却液液位。通常该传感器信号与 ECM 的发动机保护系统相联系,当冷却液液位过低时,会使发动机停止运转。此外,当该传感器测到冷却液液位过低时，发动机将不能起动，并使仪表板上的报警灯点亮。

(3)废气再循环开度传感器。

检测废气再循环阀开度对应废气再循环阀打开的形成信号。

3. 压力传感器

(1)共轨压力传感器。

共轨压力传感器的作用是以足够的精度、在相应较短的时间内、测定共轨中的实时压力，并向 ECM 提供电信号。

(2)燃油压力传感器。

一般检测第二级燃油滤清器出口处燃油压力，该传感器压力用于诊断目的。

(3)进气管压力传感器。

进气压力传感器提供的信号用于检查增压压力。发动机控制模块将实际测量值与增压压力图上的设定值进行比较。若实际值偏离设定值，发动机控制模块通过电磁阀调整增压压力，实现增压压力可控制。

(4)润滑油压力传感器。

向 ECM 通报发动机润滑油主油道压力，当润滑油压力低于期望值时，ECM 将启用降低发动机转速和功率的保护功能，来调节发动机的转速和功率。当检测到危险的润滑油压力时，ECM 将使仪表板上的红色报警灯点亮，向驾驶人发出报警信号，有些发动机还可能伴有蜂鸣声。如果 ECM 设有停机保护功能，当润滑油压力低于限值 30s 后会使发动机自动停机，有些系统可能还设有手动延时按钮，按下该按钮后，发动机的运转时间将延长 30s，以便驾驶人安全地停机。

(5)大气压力传感器。

向 ECM 传送一个瞬时环境空气压力信号，此值取决于海拔高度。有了该信号，ECM 可以计算出一个控制增压压力和废气再循环的大气压力修正值。

4. 速度传感器

(1)曲轴位置传感器。

发动机转速传感器产生的信号记录发动机转速和准确的曲轴位置(活塞上止点位置)，利用此信息，ECM 计算出喷油始点和喷油量。

(2)凸轮轴位置传感器。

凸轮轴每转一圈向 ECM 提供一个信号，ECM 据此确定哪个汽缸的活塞处于压缩行程上止点(TDC)。

(3)车速传感器。

该传感器一般安装在变速器输出轴上，向 ECM 提供速度信号。该信号用于进行巡航控制、车速限制和通过发动机压缩制动保持最高预设车速的自动控制，而且在发动机进行高强度压缩制动时，发动机冷却风扇离合器会自动进入接合状态，以实现发动机风扇制动，可以使发动机增加 15 ~ 33.5kW 的减速制动，使车速降低。

(二)温度传感器的构造与检修

柴油机电控系统中，需要正确地掌握柴油机的热状态，因此很多地方的温度需要测量，例如冷却液温度、进气温度、燃油温度及润滑油温度等，所以温度传感器是必不可少的。

1. 温度传感器的类型

(1)按温度传感器的检测用途分类：燃油温度传感器、冷却液温度传感器、进气温度传感器和润滑油温度传感器。其工作原理相似。

(2)按温度传感器的使用性能分类：正温度(PTC)形式，其温度上升电阻值也上升；另一种是负温度(NTC)形式，其温度上升电阻值下降。

以下以燃油温度传感器为例加以表述说明。

燃油温度传感器产生的信号用来检测燃油温度。柴油控制模块需要根据这个信号来计算喷油始点和喷油量。温度不同，燃油密度也不相同。另外，此信号也用来控制燃油冷却泵开关接合。

不同的燃油控制系统，其燃油温度传感器的安装位置不大相同。但均安装在低压油路上，如图 19-1 所示。

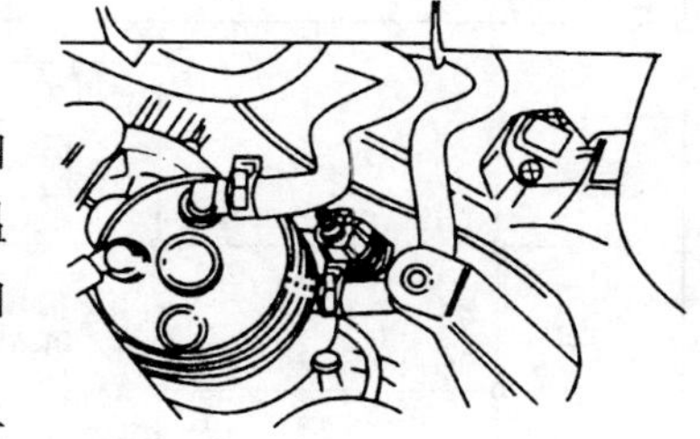

图 19-1 燃油温度传感器的安装位置

2. 温度传感器的结构原理

热敏电阻温度传感器结构如图 19-2 所示。燃油温度传感器采用负温度系统热敏电阻(NTC)，燃油温度升高时，传感器电阻值下降。燃油温度传感器的特性曲线如图 19-3 所示。

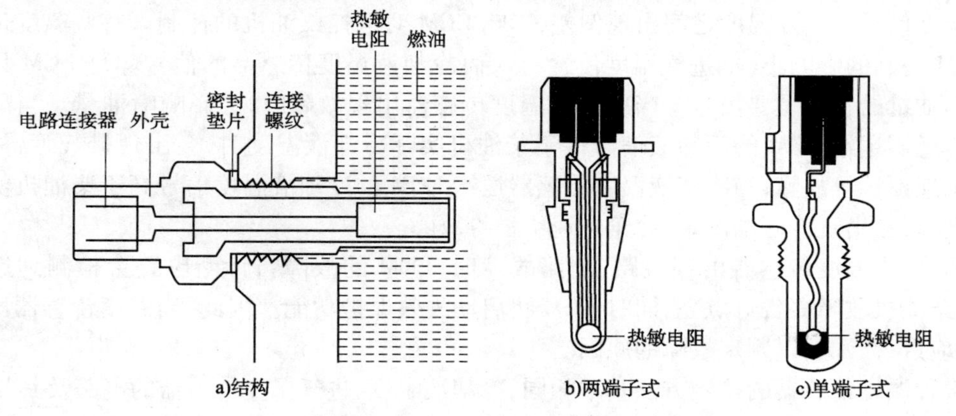

图 19-2 热敏电阻温度传感器

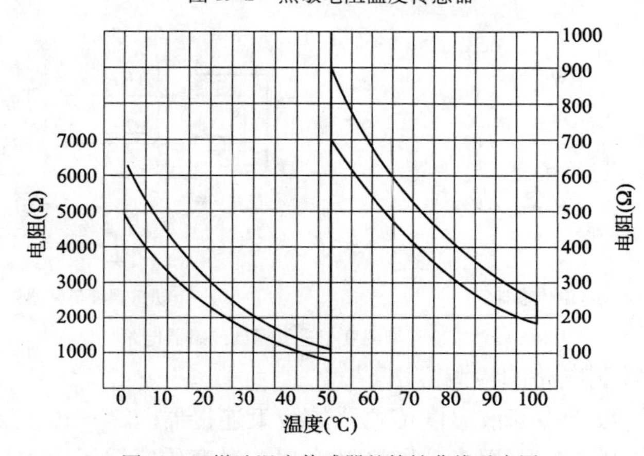

图 19-3 燃油温度传感器的特性曲线示意图

燃油温度传感器的输出电压是随温度升高而逐渐降低的，两者呈线性关系，如表 19-1 所示。燃油温度传感器的电路图如图 19-4 所示。

燃油温度传感器在不同温度下的电阻与电压值　　表 19-1

燃油温度（℃）	-20	-10	0	10	20	30	40
电阻值（Ω）	15000	9000	6000	3500	2300	1620	1200
输出电压（V）	4.72	4.62	4.45	4.14	3.77	3.42	3.09

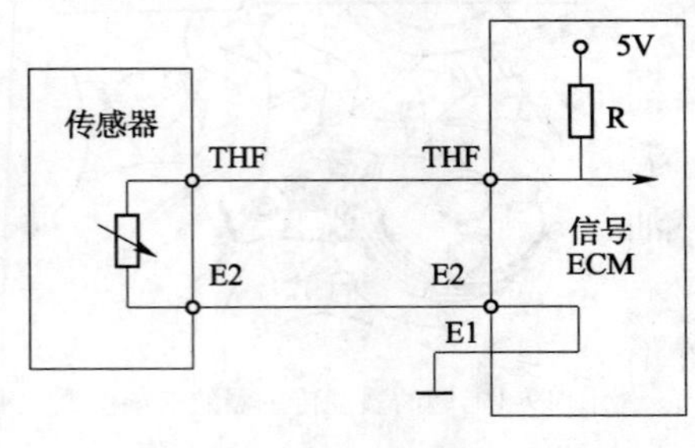

图 19-4　燃油温度传感器的电路

温度传感器适用于柴油机冷却系统、燃油系统和进气系统的温度测量，其量程虽略有不同，但均为 -40～170℃，所用的热敏电阻材料属于迁移金属的 N 型（以电子作为载流体的）陶瓷半导体，即由具有镍、锰、钴及铁等金属的氧化物做成的，这类热敏电阻的最高测量温度一般不超过 300℃，能够满足以上用途的需要，而对于排气温度（量程为 -40～1000℃），则需采用稀有金属铂制作的高温电阻或热电偶作用温度传感器。

3. 温度传感器的检修

温度传感器的常见故障是短路、断路，或其输出信号的电压不符合标准要求，使 ECM 获得的温度信号与实际温度之间出现偏差，影响 ECM 对电控柴油机的控制。有些温度传感器对 ECM 控制的影响小（如进气温度传感器），而冷却液温度传感器的信号却是 ECM 计算和确定喷油量的一个重要信号。当冷却液温度传感器出现故障时，会影响喷油量。当冷却液温度传感器送给 ECM 的冷却液信号低于柴油机实际冷却液温度时，会出现排气管冒黑烟、热车怠速不稳等故障；当冷却液温度传感器送给 ECM 的冷却液温度信号高于柴油机实际冷却温度时，会出现冷起动困难、冷车怠速不稳等故障。

另外，当温度传感器出现短路、断路故障时，ECM 的故障自诊断电路会检测到这个故障，使柴油机故障警告灯点亮，同时 ECM 将启动失效保护功能。因此，当温度传感器出现故障时，应进行检测，以判定故障的原因。

各种温度传感器的检测方法基本相同，冷却液温度、进气温度传感器的电路及其与 ECM 的连接如图 19-5 所示。下面以冷却液温度传感器为例加以说明。

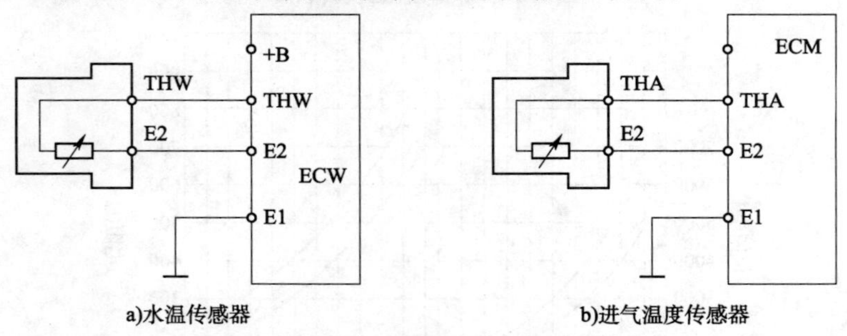

图 19-5　冷却液温度与进气温度传感器电路

（1）冷却液温度控制电路的检测方法。

①关闭启动开关，拔下冷却液温度传感器的线束连接器。

②打开启动开关，用数字万用表分别测量冷却液温度传感器线束连接器各端子。

第一步：使用万用表检测连接器上THW端子与E2之间的电压，应为5V。如电压值不符，说明控制电路或ECM有故障，应进一步检测。

第二步：测量冷却液温度传感器搭铁端子与蓄电池负极间的电阻，应为0Ω。如有异常，应检修搭铁线路。

也可插回连接器，起动柴油机，检测传感器THW端子与E2之间在不同温度下的电压，检测值范围应为0.5～4.5V，温度越低而电压越高，温度越高而电压越低。当柴油机冷却液温度低时，则怠速转速必须增加，喷油量增加和喷射时间（着火正时）提前，以改善预热性。

（2）冷却液温度传感器性能的检测方法。

①拔下冷却液温度传感器线束连接器，拆下冷却液温度传感器，先清洁表面水垢和异物。

②将冷却液温度传感器置于烧杯的水中，加热杯中的水，同时测量在不同温度下冷却液温度传感器两接线端之间的电阻。操作方法如图19-6所示。

③将测得的电阻值与标准相比较。如果不符合标准，应更换温度传感器。

冷却液温度传感器电压与电阻的测量，检修时检测结果应比照维修手册传感器参数。

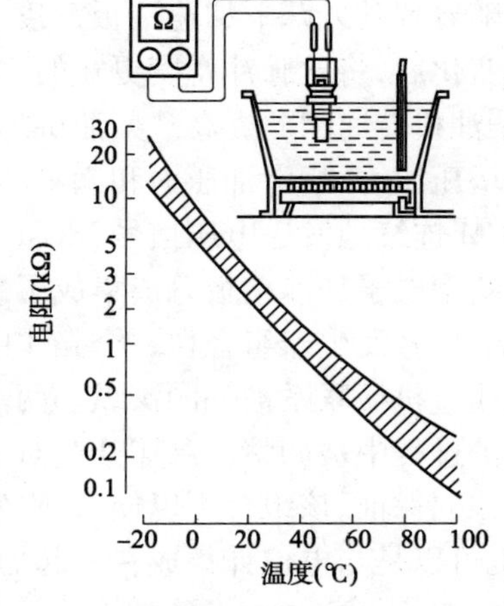

图19-6　冷却液温度传感器的检测方法示意图

（三）位置传感器的构造与检修

在柴油机电控系统中，位置传感器主要包括：加速踏板位置传感器、曲轴位置传感器、冷却液液位传感器等。这里主要介绍加速踏板位置传感器的构造与检修。

1. 作用。

加速踏板位置传感器广泛用于各种电子油门柴油机电控系统上，其功用是获取加速信号，然后传到电控模块，由电控模块操纵电控喷油泵或喷油器调节喷油量。加速踏板位置传感器是电控柴油机非常重要的传感器。

2. 安装位置

加速踏板位置传感器安装在加速踏板上，如图19-7所示。

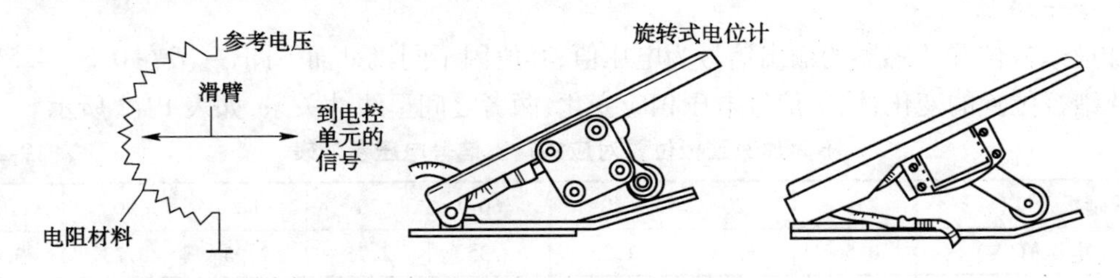

图19-7　加速踏板位置传感器的工作原理示意图

3. 构造原理

加速踏板位置传感器的工作原理如图19-7所示，一个简单的电位计或可变电阻将踏板的踩下情况直接转变为电压信号输出。当驾驶人踩下加速踏板时，与加速踏板位置传感器线圈接触的小型滑臂沿圆弧转动，加速踏板位置传感器从 ECM 接受恒定的 5V 直流基准电压，当加速踏板未踩下时(怠速)，滑臂转动到使基准电压通过全部线圈位置，加速踏板位置传感器产生约 0.5V 的输出信号，向 ECM 回馈；当加速踏板踩下处于全踩下位置时，滑臂转动到基准只通过很少线圈的位置，向 ECM 回馈的信号电压约 4.5V，加速踏板踩下处于怠速和全踩下之间位置时，加速踏板位置传感器向 ECM 回馈的信号电压将与滑臂在电阻上的位置成正比。ECM 按照程序将回馈电压信号进行查表比较，就能判定驾驶人所要求的节气门开度。

随着驾驶人踩下加速踏板深度的增大，传感器的电压信号也会随之变化，ECM 识别该电压变化后，将比脉冲宽度更宽的驱动电压发送给各喷油器电磁阀，使喷入汽缸的燃油量增多，柴油机转速因此提高。柴油机的实际喷油量及其功率输出还会受到柴油机冷却液温度、涡轮增压压力、润滑油压力和润滑油温度等传感器向 ECM 输入信号的影响，这些传感器都向 ECM 连续地发送电压信号，ECM 将根据这些输入信号计算确定喷油脉冲宽度信号。

新型电子加速踏板总成集成了怠速确认开关或传感器，它将加速踏板位置和怠速开关两个电信号发生器组合在一个壳体中，如图 19-8 所示，两个元件的电路是独立的，但与加速踏板通过机械联系被一同操纵。两个信号发生器在制造厂被校准设定，并在整个寿命期内的维护过程中被调整。怠速开关对加速踏板电位计所指示的踏板是否处于怠速位置的信号提供独立保证，该组合可以使 ECM 发现加速踏板总成的潜在问题，怠速开关可以使独立机构，也可以是与电位计集成在一起的开关。

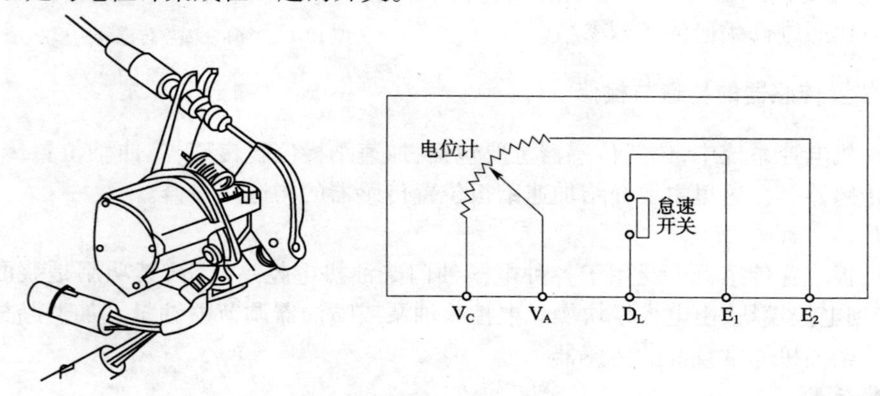

图 19-8 加速踏板位置传感器与怠速开关的组合为一体

4. 输出特性

加速踏板位置传感器的输出信号为电压值，其值因不同机型而不同，一般在 0.5 ~4.5V，随着加速踏板位置的变化，输出信号电压相应变化，两者之间呈线性关系，如表 19-2 所示。

不同加速踏板位置对应的输出信号电压参考表　　表 19-2

加速踏板开度(%)	0	20	40	60	70	80	90	100
输出电压值(V)	0.56	1.18	1.75	2.35	2.75	2.95	3.23	3.49

5. 加速踏板位置传感器的检修

加速踏板位置的大小反映了柴油机负荷的大小，柴油机转速一定时，进气量基本不变，而喷油量随负荷的大小而变化，负荷增大，喷油量就增大，如图 19-9a)、图 19-9b) 所示分别为电位计式和霍尔式加速踏板位置传感器电路图，其输出特性如图 19-9c) 所示。

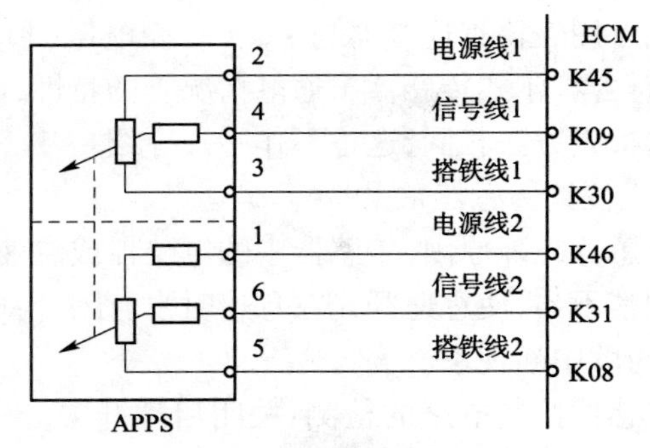

a)双电位计加速踏板位置传感器

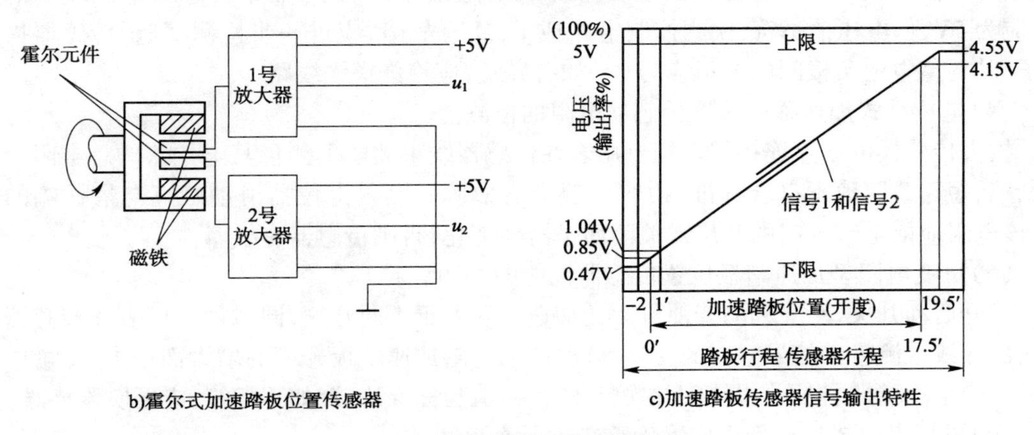

b)霍尔式加速踏板位置传感器　　c)加速踏板传感器信号输出特性

图19-9　加速踏板位置传感器电路图

(1)霍尔式传感器常见故障。

①传感器内部元件损坏,或内部线路断路、短路,无法产生信号。

②传感器电源电路、搭铁电路或信号电路不正常。

③传感器的安装位置不正确,与转子之间的间隙过大,导致输出信号不正常。

(2)霍尔式传感器检测。

霍尔式传感器主要通过外观检查、控制电路的测量等方法来检测。

①霍尔式传感器的外观检查。检查传感器的安装是否牢固,线束连接器是否连接有效,牢固可靠。其霍尔元件或磁铁与转子的距离是否符合标准要求,检修中应观察两者之间是否有污物或铁屑,如有应清洁干净。

②霍尔式传感器控制电路的测量。霍尔式传感器必须在电源搭铁正常的情况下才能产生信号,因此先检查测量其电源电路和搭铁电路。检查方法:

第一步:关闭启动开光,拔下传感器的线束连接器。

第二步:打开启动开光,用数字万用表分别测量传感器线束连接器各端子。

测量传感器电源端子,应为蓄电池电压24V(或12V或5V基准信号电压)。如电压与标准不符,说明有故障,应进一步检测电源线路。

测量传感器搭铁电路,其与蓄电池负极间的电阻应为0。如有异常应检修搭铁线路。

测量信号端子的电压,应为0.5~4.5V,如有异常,应检测该端子与ECM之间的连接线是否异常,ECM本身应无故障。

也可以使用数字式万用表检查连接器与ECM一侧电压（检测值约为45mV），而检测传感器内部电阻无穷大，符合霍尔式传感器未通电情况下的特性，说明传感器工作正常。

其他霍尔式传感器检查方法相同，这里不作一一介绍。

（3）电位计加速踏板位置传感器常见故障。

①加速踏板位置传感器故障原因：传感器中的电位器或怠速开关断路或短路；有怠速开关的供油位置传感器调整不当，使怠速开光在怠速时没有闭合；电阻型电位器的滑动触点接触不良，其输出信号有间歇中断现象。

②加速踏板位置传感器控制电路的检测：关闭启动开关，拔下传感器的线束连接器；打开启动开关，用数字万用表分别测量传感器线束连接器各端子；测量传感器电源端子的电压，应为5V，如电压值不符，说明控制电路或ECM有故障，应进一步检测；测量传感器搭铁端子，其与蓄电池负极间的电阻应为0。如有异常，应检修搭铁线路。

（4）电位计式加速踏板位置传感器电阻的检测。

拔去传感器的线束连接器。用万用表在传感器线束插座上测量其电位器的总电阻。如有断路、短路或阻值不符合标准，说明传感器有故障。测量电位器滑动触点与搭铁端的电阻，该电阻应能随节气门的开启或关闭而平滑地变化，否则传感器有故障。

（5）可变电阻型加速踏板位置传感器性能的检测。

打开启动开关，不要起动柴油机。让加速踏板处于不同开度，同时用电压表在传感器信号输出导线上测量其信号电压的变化，该电压值应随加速踏板开度的增大而增大，测量中不能拆开线束连接器，将不同开度下检测到的信号值与标准比较，如不相符，应更换传感器。

（6）可变电阻式加速踏板位置传感器数据流测量。

可变电阻式加速踏板位置传感器电压测量，检测结果应比照维修手册传感器实际标准，无标准时可参阅数据流，请参见表19-3。

GW2.8TC 柴油机可变电阻式加速踏板位置传感器数据流 表19-3

端子名称	加速踏板开度（%）	加速踏板1电位计电压（V）	加速踏板2电位计电压（V）
K09对负极、K31对负极	0	0.80	0.39
	8.63	1.10	0.55
	17.5	1.39	0.69
	22.35	1.53	0.77
	27.84	1.71	0.84
	37.25	1.98	0.98
	43.53	2.18	1.08
	49.8	2.38	1.18
	56.86	2.57	1.28
	63.53	2.79	1.37
	73.33	3.08	1.53
	84.31	3.42	1.69
	91.37	3.63	1.79
	94.90	3.75	1.86
	100.00	4.06	2.02

(四)压力传感器的构造与检修

柴油机电控系统中,很多地方需要压力传感器。进气压力需要压力传感器,共轨喷射系统中的高压油轨需要压力传感器,汽缸内工作压力也需要压力传感器。总之,柴油机电控喷油系统需要很多压力传感器,而且所测压力变化范围很大,像高压共轨喷射压力要达到200MPa,而进气压力又很低,即便是增压柴油机,也仅是零点几兆帕。再如工作环境恶劣,例如汽缸内工作压力处在高温环境下,压力传感器还有需要耐高温的性能。另外,向喷油器处压力传感器,处在振动环境中,其工作可靠性也很重要。用于柴油机电控系统中的压力传感器有共轨压力传感器、进气管压力传感器、涡轮增压压力传感器、润滑油压力传感器、大气压力传感器、燃油压力传感器。

1.共轨压力传感器

(1)作用。

共轨压力传感器安装在共轨上,其作用是以足够的精度,在相对较短的时间内,测定轨道中的实时压力,并向 ECM 提供电信号。

对共轨压力传感器的主要要求有如下方面。

①测量范围宽。要求能测量 20 ~ 200MPa 的燃油压力。

②精度要求高。精度要求达到 ±(2% ~3%)。

③可靠性好。在柴油机不同运行工况下能够精密控制燃油压力,在 200MPa 高压状态下,仍有很高的可靠性。

(2)结构原理。

图 19-10 所示是德国博世公司共轨压力传感器的结构图,图 19-11 所示是日本电装公司 ECD-U2 型电控共轨系统压力传感器的结构和特性曲线。

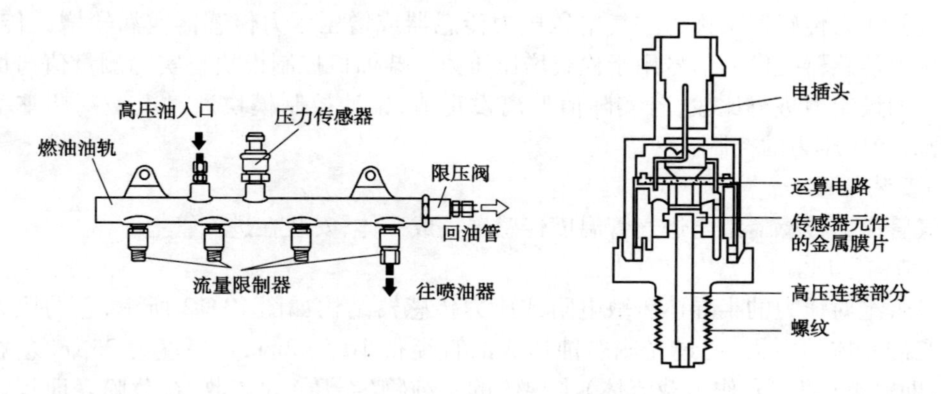

图 19-10 共轨及压力传感器

共轨压力传感器主要由压力敏感元件(焊接在压力接头上)、带求值电路的电路板和带导线线束连接器的传感器外壳等组成。

燃油经一个小孔流向共轨压力传感器,传感器的膜片将孔的末端封住。高压燃油经压力室的小孔流向膜片。膜片上装有半导体型敏感元件,可将压力转换为电信号,通过连接导线将产生的电信号传送到一个向 ECM 提供测量信号的求值电路。

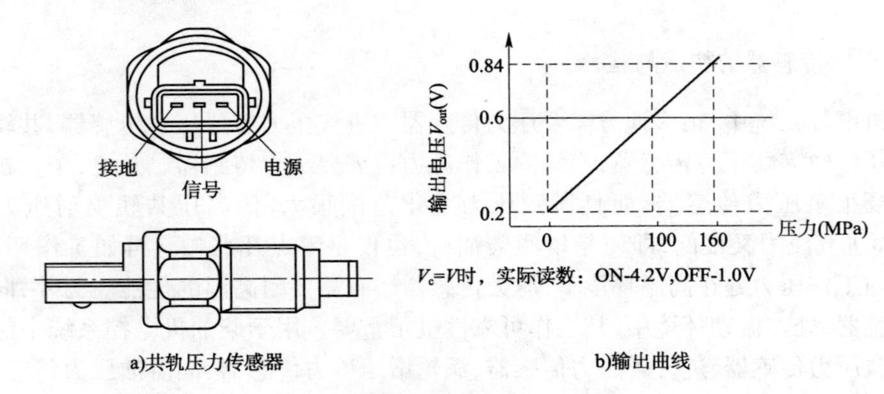

图 19-11　共轨压力传感器的结构和输出特性曲线

共轨压力传感器的工作原理：当膜片形状改变时，膜片上图层的电阻发生变化，这样，由系统压力引起膜片形状变化（150MPa 时变化量约 1mm），促使电阻值改变，并在用 5V 供电的电阻电桥中产生电压变化。电压在 0～70mV 之间变化（具体数值由压力而定），经求值电路放大到 0.5～4.5V。精确测量共轨中的压力是电控共轨系统正常工作的必要条件。为此，压力传感器在测量压力时允许误差很小。实测共轨压力及共轨压力传感器输出电压数据（部分）如表 19-4 所示。

GW2.8TC 柴油机共轨压力及共轨压力传感器输出电压数据流（部分）　　表 19-4

数据流	启动开关 ON	怠速	加速 1	加速 2
燃油系统共轨压力（MPa）	0.65	25	33.6	70.3
共轨压力传感器电压（V）	0.45	1.06	1.24	2.06

2. 进气管压力传感器

（1）作用。

进气管压力传感器又称为进气增压压力传感器或增压压力传感器或涡轮增压传感器。进气管压力传感器提供的信号用于检查增压压力。柴油机控制模块将实际测量值与增压压力图谱上的设定值进行比较，若实际值偏离设定值，柴油控制模块通过电磁阀调整增压压力，实现对增压压力的控制。

（2）安装位置。

进气管压力传感器常与进气管温度传感器集成一体，安装在进气管上。

（3）结构原理。

进气管绝对压力的半导体压敏电阻式压力传感器结构如图 19-12 所示，它的压力传感元件是在硅晶体的中央，通过光刻腐蚀形成的直径很小（约 2mm）、厚度为 25μm 左右的薄膜，再借助 P 型（以空穴作为载流体）半导体的不纯物（杂质）的扩散，在薄膜表面规定的位置上形成 4 个半导体应变电阻 R_1 和 R_2（各两个）并构成惠斯登电桥（Wheastone Bridge）电路，硅片上方为真空室，下方则与进气管的压力 P 相通，整个测量元件同真空室一起封装在外壳中，构成压力传感器，当他的硅晶体片上的薄膜感受进气管压力作用产生变形（10～1000μm）时，在它上面的应变电阻也随压力即薄膜变形呈线性变化（压阻效应），其中两个 R_1 电阻受到压缩，电阻随压力的增大而减小，两个 R_2 电阻受到拉伸，电阻随压力增大而增加，这样就改变了电桥的平衡，产生了与薄膜变形（测量压力 P）成正比的电压信号 U_M 采用这种四个应变电阻的差动电桥线路方案，可比单臂式（只用一个桥臂接应变电阻）连接方式的测量精度和灵敏度提高许多（输出电压相当于后者的4倍）。另外由于传感器内测量薄膜的另一边是真空室，因此测得的压力为绝对压力，这对计算进气流量十分方便。

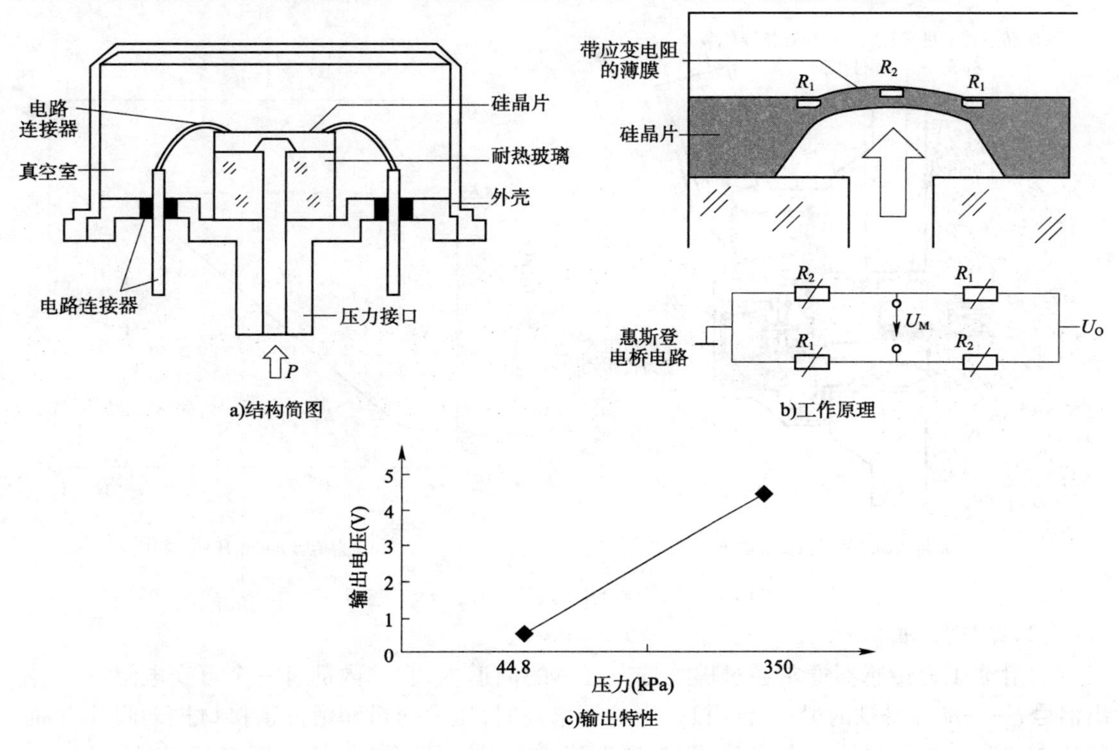

图19-12　半导体压敏电阻式压力传感器

U_O-参考电压；U_M-测量电压；R_1-应变电阻（压）；R_2-应变电阻（拉）

半导体压敏电阻式压力传感器的优点为利用半导体的压阻效应，具有尺寸小（硅晶片尺寸只有3mm^2）、精度高、成本低，响应性、再现性和抗振性好。缺点为受温度影响较大。

为此设置在硅晶片上的集成电路不仅可以实现信号放大和线性化的功能，而且还可以对测量结果进行温度补偿，这就大大缓解了对ECM的压力，即能将输出电压（0～5V）直接送入ECM，迅速完成A/D转换并能得到正确的测量压力。

东风康明斯ISDE210-31柴油机的组合型传感器如图19-13a）所示。图中的压敏电阻式传感器用于测量柴油机进气管压力的参数，这时在同一壳体中还封装了NTC型温度传感器，其可以实现用一个组合型传感器进行多种测量（进气压力和温度），以达到结构紧凑和使用方便的目的。如图19-13b）所示为其中压力传感器的特性曲线，显示输出电压随压力变化的关系，至于温度传感器的特性可参阅其他温度传感器的输出特性图。

3. 润滑油压力传感器

（1）作用。

向ECM发送柴油机润滑油主油道的压力，当润滑油压力低于期望值时，ECM将启用降低柴油机转速和功率的保护功能，来调节柴油机的转速和功率。当检测到危险的润滑油压力时，ECM将使仪表板上的红色报警灯闪亮，向驾驶人发出报警信号，有些柴油机还可能伴有蜂鸣声。如果 ECM 设有停机保护功能,当润滑油压力低于限值 30s 后会使柴油机自动停机。有些系统可能还设有手动延时按钮,按下该按钮后,柴油机的运转时间将延长 30s,以便驾驶人能够安全停机。

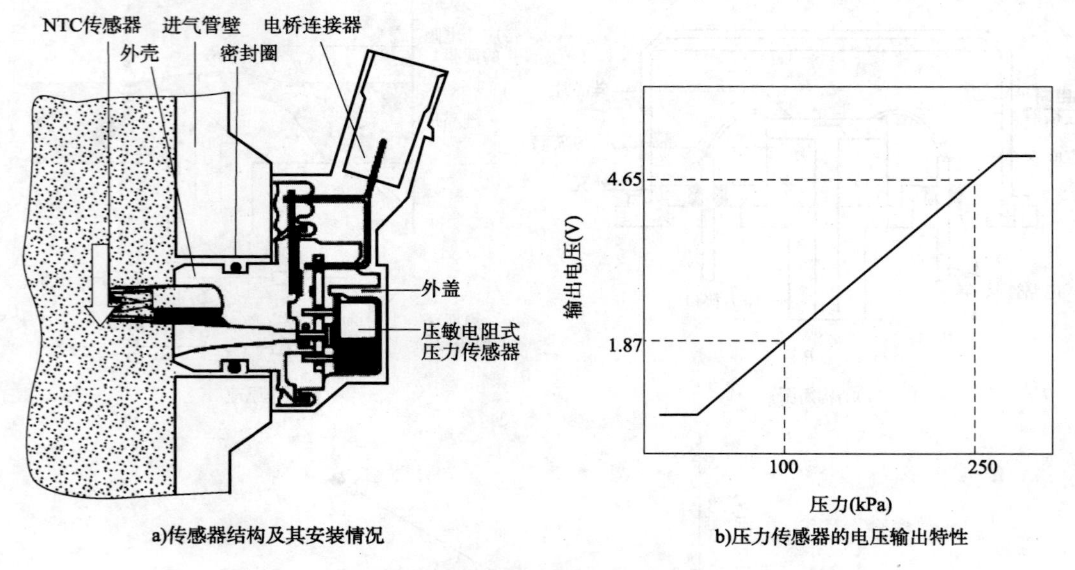

图 19-13　同时测量压力与温度的组合型传感器

(2)结构原理。

润滑油压力传感器通常通过螺纹拧入缸体的油道内,它的内部有一个可变电阻,一端输出信号,另一端和搭铁的滑动臂连接。当油压增高时,压力通过润滑油道接口推动膜片弯曲,膜片推动滑动臂移动到低电阻位置,输出电流增大;油压降低时,情况正好相反,如图 19-14 所示。

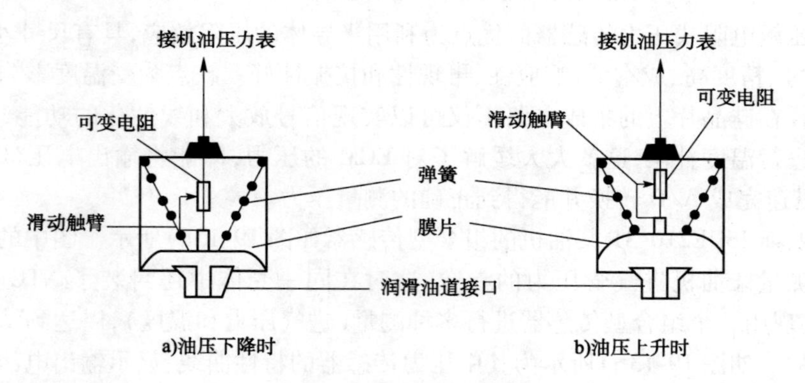

图 19-14　润滑油压力传感器

4. 大气压力传感器

(1)作用。

大气压力传感器向柴油机控制模块传送一个瞬时环境空气压力信号,此值取决于海拔高度,有了该信号,柴油机控制模块可以计算出一个控制增压压力和废气再循环的大气压力修正值。

（2）安装位置。

大气压力传感器一般安装在柴油机 ECM 内部，如图 19-15所示。

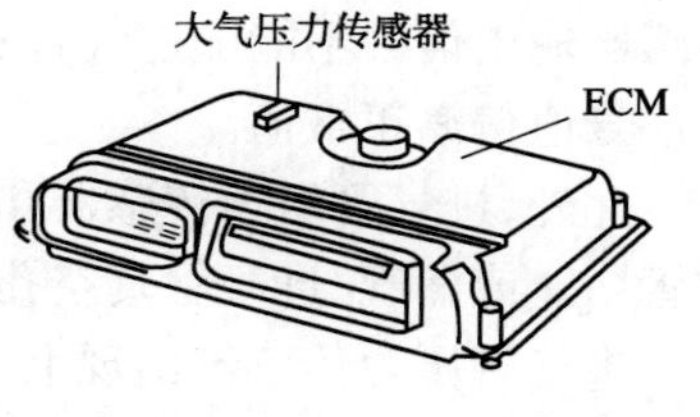

大气压力传感器

ECM

图 19-15　大气压力传感器的安装位置

（3）结构原理。

大气压力传感器采用集成电路 IC 技术与微加工技术，在一块半导体基片上形成压力传感器、温度补偿电路和放大电路。在硅片的中间，从反面经异向腐蚀形成了正方形的膜片，利用膜片将压力变换成应力。在膜片的表面，通过扩散杂质形成了四个 P 型测量电阻，它们按桥式电路连接，如图 19-16a）、图 19-16b）所示。利用压阻效应将加在膜片上的应力变换成电阻的变化，此电阻的变化通过桥式电路之后在桥式电路的两个输出端子之间以电位差的方式对外输出。

膜片的里面与硅杯之间设计成真空腔，用以缓和外部的应力，就以此真空腔的压力为基准检测大气压力。常温时大气压力传感器的输出特性如图 19-16c）所示。

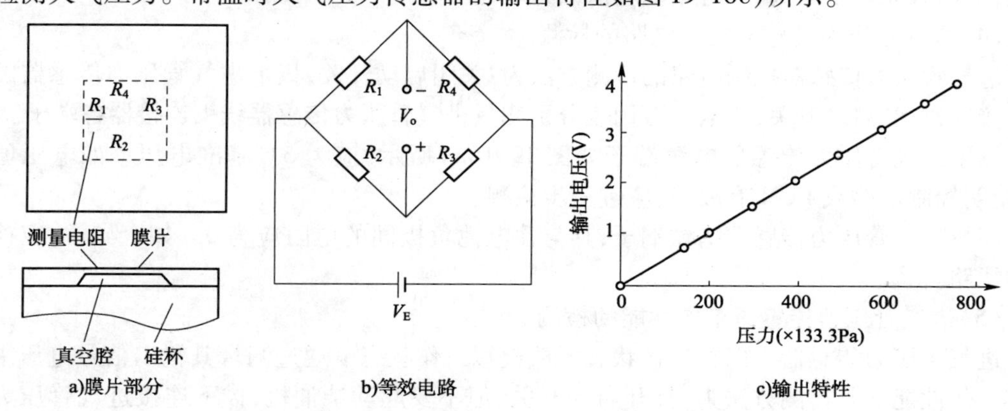

图 19-16　大气压力传感器的检测电路及其特性

大气压力传感器允许的测量误差为 ±0.003MPa，在海平面上大气压力设定值为 0.1MPa，相应的大气压力传感器的信号电压为 4.0V。

5. 进气管压力传感器的检修

（1）进气管压力传感器的控制电路。

进气管压力传感器的控制电路如图 19-17 所示。进气管压力传感器有三个接线端子，分别为电源（VC）、进气管压力信号（PIM）、搭铁（E2）。

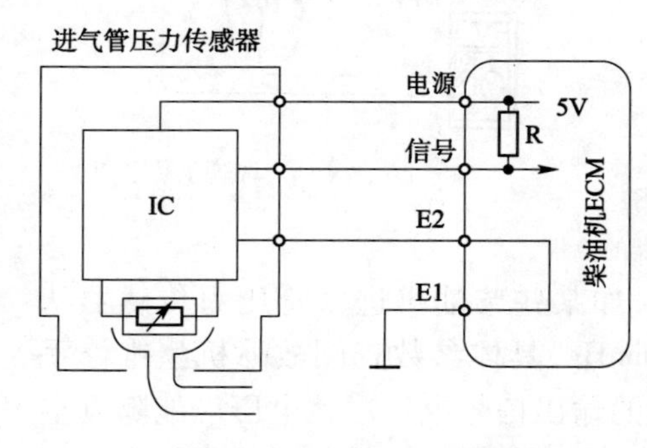

图 19-17　进气管压力传感器控制电路

进气管压力传感器的电源线接至 ECM，由 ECM 为其提供5V 基准电压作为工作电源。进气管压力信号是一个大于 0V、小于 5V 的电压，并随着进气管绝对压力值的增大而增大。该信号送入 ECM，作为 ECM 计算并判定进气量的依据。搭铁线通常先接入 ECM，再由 ECM 的搭铁端子搭铁，以保证搭铁电路的可靠性。

（2）进气管压力传感器常见故障。进气管压力传感器常见故障包括：传感器内部线路断路或短路；

传感器输出信号不能随进气管真空度的变化而变化；传感器输出信号的电压过大或过小，输出信号值偏离正常值。

此外，进气管压力传感器和ECM的连接线路断路或短路、传感器和进气管之间的真空软管堵塞或漏气、进气管真空孔堵塞等也会使传感器的输出信号不正常。

进气管压力传感器出现上述故障后，会使柴油机ECM的燃油喷射功能失常，出现柴油机怠速运转不正常或加速不良、柴油机排气管冒黑烟等现象。由于进气管压力传感器在结构上可靠性很好，一般不会损坏，因此在出现上述故障现象而对其进行检测时，要特别注意检查它的真空软管连接是否良好、控制电路是否正常。

(3)进气管压力传感器的外观检查。

检查进气管压力传感器线束连接器是否连接有效、牢固可靠。检查进气管压力传感器的真空软管有无松动或脱落。从进气管压力传感器上拔下真空软管，检查它与进气管是否相通，管内有无杂物堵塞，如有堵塞应清洁并疏通。

(4)进气管压力传感器控制电路的检测。

进气管压力传感器控制电路的检测方法为：关闭启动开关，拔下进气管压力传感器的线束连接器；打开启动开关，用数字万用表分别测量进气管压力传感器线束连接器各端子。

测量进气管压力传感器电源端子如图19-18a)所示，应为5V基准电压。如电压值不符，说明控制电路或ECM有故障，应进一步检测。

测量进气管压力传感器搭铁端子，其与蓄电池负极间的电阻应为0。如有异常，应检修搭铁线路。

(5)进气管压力传感器工作性能的检测。

进气管压力传感器可以在工作状态下或模拟工作状态下通过测量其输出信号电压来检测其工作性能。其检测方法为：打开启动开关，但不要起动柴油机；拔下连接进气管压力传感器与进气管的真空软管，如图19-18b)所示；用万用表在进气管压力传感器线束中的信号输出线上测量输出信号电压，如图19-18c)所示，并记下在大气压力状态下的输出信号电压。

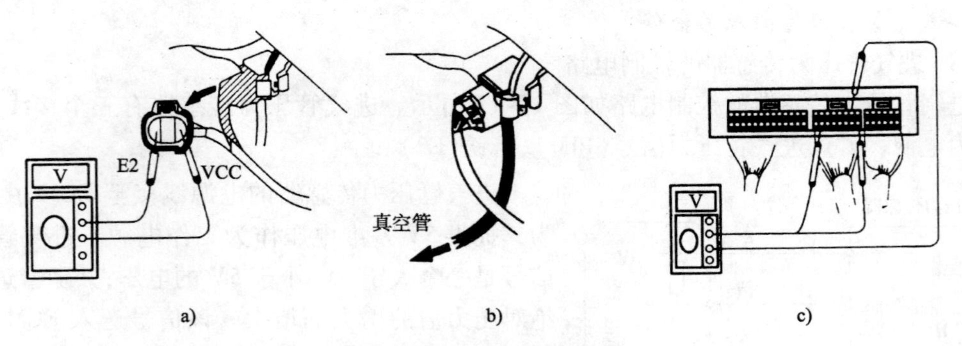

图19-18　进气管压力传感器的检测

通过真空软管向进气管压力传感器内施加真空，如某些柴油机进气管压力传感器从13.3kPa(100mmHg)开始，一直增加到66.7kPa(500mmHg，具体参数查阅故障机型维修手册)为止。测量在不同的真空度下进气管压力传感器的输出信号电压。该电压应能随真空度的增大而不断下降。将不同真空度下的输出信号电压与所修机型的维修手册中的标准相比较,参见表19-5(具体参数查阅维修机型手册)。如不相符,说明进气管压力传感器有故障。

某车用柴油机进气管压力传感器的检测标准值 表19-5

真空度(kPa)	13.3	26.7	40.0	53.5	66.7
电压降(V)	0.3~0.5	0.7~0.9	1.1~1.3	1.5~1.7	1.9~2.1

对于带涡轮增压器的进气温度和压力集成传感器相关参数的检测方法,与上述类似,这里不再赘述,具体参数参见表19-6。

带涡轮增压器的进气温度和压力传感器相关参数表 表19-6

供电电压(V)	5.0±2.5	检测温度范围(℃)	-30~+130
检测电压范围(MPa)	0.0448~0.35	热敏电阻(Ω)	86~47492

(五)曲轴位置传感器和凸轮轴位置传感器的构造与检修

1.曲轴位置传感器和凸轮轴位置传感器的构造与原理

(1)作用。

检测曲轴或凸轮轴的位置,为ECM进行喷油正时控制、气门正时控制等提供依据,此外ECM还利用曲轴位置传感器的信号计算柴油机的转速,作为控制柴油机运转的重要参数。

当曲轴位置传感器安装在曲轴皮带轮附近或飞轮附近时,ECM可以根据其信号确定曲轴转动的位置,或判定各汽缸活塞到达上止点的位置,因此常被称为曲轴位置传感器,并将其信号称为Ne信号,而当其安装在凸轮轴附近时,ECM除了可以根据其信号确定凸轮轴转动的位置、曲轴转动的位置外,还可以判定第一缸活塞到达压缩上止点的位置,因此有时也称其为凸轮轴位置传感器,将其产生的用于判定第一缸活塞到达压缩上止点的信号称为G信号。

(2)安装位置。

曲轴位置传感器通常安装在皮带轮后、飞轮附近或凸轮轴附近。

(3)结构与原理。

①磁阻式曲轴位置传感器。

电控柴油机曲轴位置传感器广泛采用电磁感应式,极个别采用霍尔式。

曲轴的转速信号直接反映柴油机的速度工况,曲轴的位置信号则用来判断活塞上止点的位置,以便控制燃料供给系统的喷油时序。常见的电磁式曲轴转速与位置传感器如图19-19a)所示。它的触发轮(或称信号盘)装在曲轴上与曲轴同步旋转,触发轮上加工出若干等节距的齿(例如Bosch公司4缸柴油机为58个齿和2个空缺齿,空缺处相应于第一汽缸活塞位置),当各齿转过固定在柴油机机体上的磁头(由永久磁铁、软铁芯和绕组组成)时,由于气隙的周期变化,在绕组两端产生交变的感应电动势,这个交流信号即可作为转速信号,经整形与放大以后形成方波送至ECM。同时,触发轮上的两个齿缺对应着一定的曲轴位置,从而产生了相应的上止点信号,如图19-19c)所示。

②霍尔式凸轮轴位置传感器。

凸轮轴位置传感器一般采用霍尔元件的居多,这是因为霍尔元件低频工作特性比磁电式传感器好。

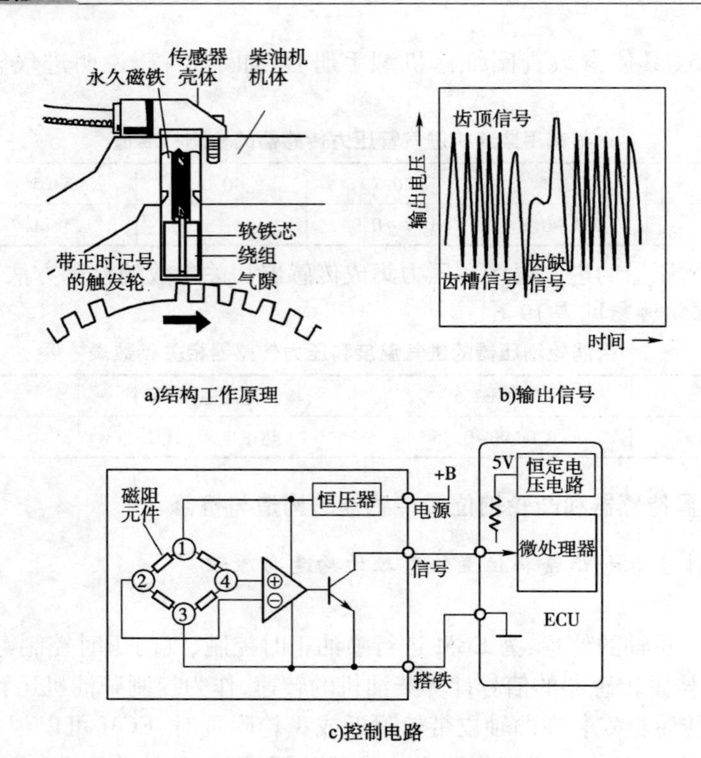

图 19-19　曲轴转速与上止点位置传感器示意图

在四冲程柴油机中，曲轴每两转才完成一个工作循环，为了区别压缩上止点与排气上止点，还应在凸轮轴上加装霍尔效应传感器才能保证正确的喷油时序，这种传感器的结构及其原理如图 19-20a）所示。它由霍尔元件和带有凹槽的触发轮等构成，霍尔元件处在永久磁铁产生的磁场内，磁力线与晶片垂直并通过气隙流向由铁磁材料制成的触发轮，构成磁通回路，当凸轮轴旋转时，触发轮齿顶 Z 和齿槽 L 交替通过它们与霍尔元件之间形成的气隙，引起磁场的剧烈变化（齿顶处气隙小，磁场最强，齿槽处磁场最弱），如果这时有恒定电流通过霍尔元件时，根据霍尔效应便会在其晶片两端与磁场和电流垂直的方向上产生如图 19-20b）所示的脉冲电压信号，其值只正比于磁场的强度而与凸轮的转速无关，因此只要正确布置触发轮，即可确定柴油机第一缸压缩上止点的位置，从而保证正确的喷油正时。

与曲轴信号齿轮相似，凸轮轴上也需要设置信号轮。这种信号轮根据实际结构的情况，有时设置在配气凸轮轴上，有时设置在燃油泵的凸轮轴上。对比飞轮这些轴尺寸都较小，凸轮轴上的信号轮的直径也都较小。6 缸柴油机的凸轮信号轮横截面如图 19-20a）所示，从图中可见，这种信号轮的“齿”其实只是一些凹槽。6 缸机信号轮的凹槽一般是沿圆周分布的 6 个凹槽，其中两个凹槽间距离前一凹槽 1/4 间距处也加工出一个凹槽，这一凹槽称为“多齿”。多齿的作用与缺齿相似，也是为了确定齿计数的始点。一般将多齿后第一齿编为 1 号齿，以后依次为 2 至 6 号。这种凸轮信号轮称为 6 + 1 型，如 4 缸凸轮信号轮称为 4 + 1 型，如 8 缸凸轮信号轮称为 8 + 1 型。

由于凸轮轴在柴油机一个工作循环内转一圈，所以，每一个凸轮齿，可以确定无疑地定下柴油机曲轴的一个转角相位。但由于凸轮齿数较少，所以这种定位只能确定较大的转角范围。如在上述6缸机的情况，凸轮齿只能对720°/6 = 120°的曲转角范围定位。

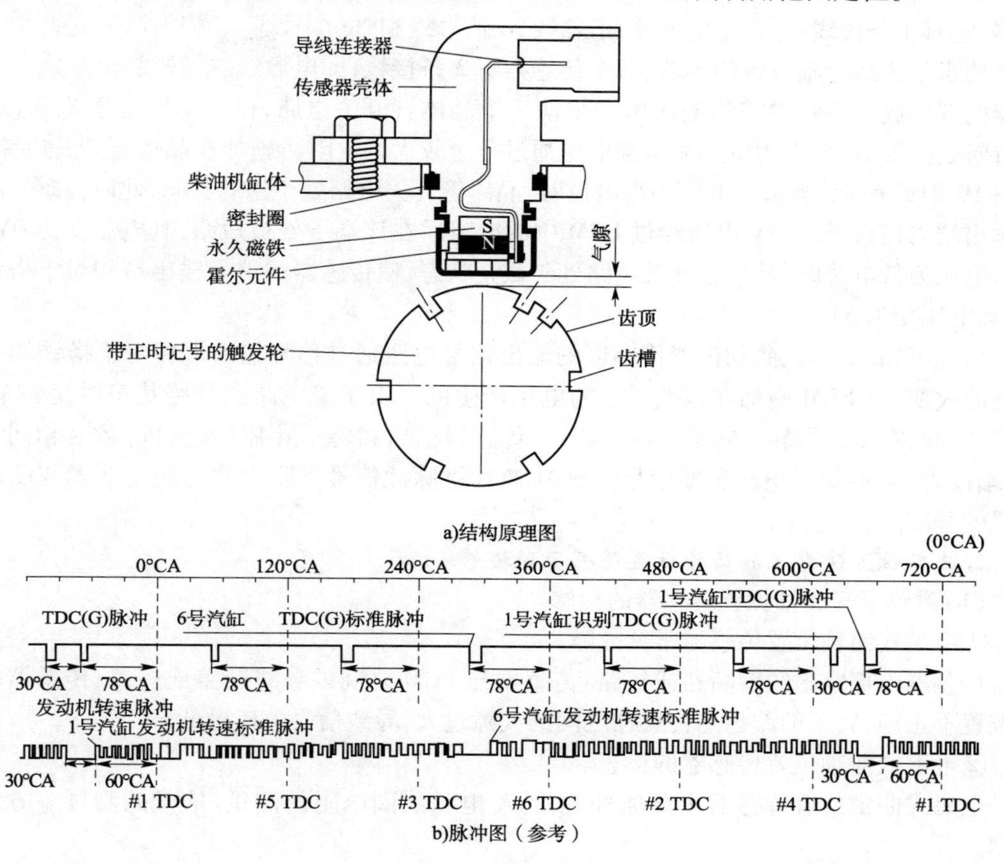

图19-20 霍尔式凸轮轴位置传感器

③控制电路。

霍尔式曲轴位置传感器内部的霍尔元件及放大电路都需要电源才能正常工作，它可以利用由蓄电池提供的24 V（或12V）电压，如图19-21a）所示，或由ECM提供的5V电压作为工作电源，如图19-21b）所示。

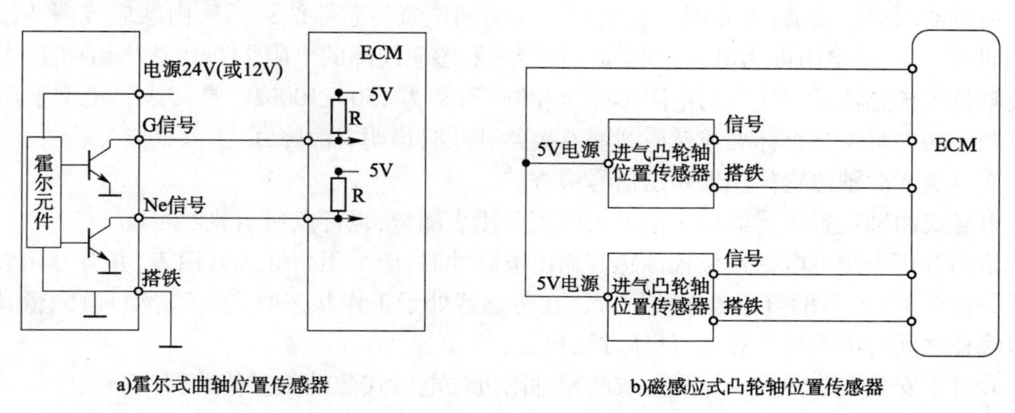

图19-21 霍尔式曲轴、凸轮轴位置传感器控制电路

图 19-21a)是一个能产生两组曲轴位置信号(G 信号和 Ne 信号)的霍尔式曲轴位置传感器,它有 4 条接线,分别是电源线、搭铁线、G 信号线和 Ne 信号线。图 19-21b)是两个分别独立的霍尔式凸轮轴位置传感器,每个传感器有 3 条接线,即电源线、搭铁线、信号线。在传感器内部的放大电路中霍尔电压用于驱动一个晶体管开关电路,使该电路处于饱和(即导通)或截止状态。ECM 中的 5V 基准电压通过一个较大的电阻后施加在晶体管开关电路上,如图 19-21a)所示,当霍尔电压为高电位时,晶体管开关电路处于饱和状态,此时传感器的信号输出端与搭铁导通,5V 电压经过 ECM 中的电阻后在该端子处被短路,其电压变为 0V;当霍尔电压为低电位时,晶体管开关电路处于截止状态,使传感器的信号输出端相对于搭铁开路,其电压变为 5V。

由此可知,霍尔式曲轴位置传感器的输出信号电压通过信号输出端相对于搭铁端导通状态的改变,由 ECM 施加在该端子上的电压产生的。由于该电路在开路状态时是一个 5V 电压,因此,在传感器转子转动一圈过程中,传感器输出和转子叶片(或窗口)数目相同个数的、幅值为 5V 的矩形电压脉冲信号。ECM 通常将脉冲信号下降沿作为判定曲轴或凸轮轴位置的基准点。

2. 曲轴位置传感器和凸轮位置传感器的检修

(1)磁感应式曲轴位置传感器的检修。

①电磁式曲轴位置传感器常见故障。

传感器内部电磁线圈断路或短路;传感器与 ECM 之间的导线断路或短路;传感器的安装位置不正确,转子的凸齿与传感器之间的气隙过大,导致信号电压过低。

②电磁式曲轴位置传感器的检查。

电磁式曲轴位置传感器主要通外观检查、电磁线圈电阻的测量、信号的测量等方法来检测。

电磁式曲轴位置传感器的外观检查:检查电磁式曲轴位置传感器的安装是否牢固,线束连接器是否连接有效、牢固可靠;检查传感器端头与转子凸齿的气隙是否符合标准要求,其气隙大小一般为 0.2 ~ 0.5mm,如超过 1.0mm,应予以调整;传感器与转子之间应无污物或铁屑,如有应清理干净。

使用万用表测量电磁式曲轴位置传感器电磁线圈电阻:关闭启动开关,拔下电磁式曲轴位置传感器线束连接器;用万用表测量电磁式曲轴位置传感器线束插座内感应线圈两接线端之间的电阻,该电阻即为电磁式曲轴位置传感器感应线圈的电阻,不同电控柴油机的电磁式曲轴位置传感器感应线圈的电阻不完全相同,通常为 150 ~ 1000Ω(参阅维修机型手册),如果测得的电阻不符合标准或感应线圈有短路、断路,说明有故障,应予以更换。

③电磁式曲轴位置传感器输出信号检查。

电磁式曲轴位置传感器输出信号可以用万用表测量,也可以用示波器测量。

使用万用表测量电磁式位置传感器输出电脉冲时,应采用指针式万用表,并将万用表选择开关转至 1V 左右的直流电压挡位置。在传感器处于工作状态时(转子转动时)测量其两个接线柱之间有无输出电脉冲,具体方法包括:

a. 对于安装在曲轴皮带轮附近或凸轮轴附近的电磁式曲轴位置传感器或凸轮轴位置传感器,可用发动机怠速运转,用万用表测量传感器有无输出电脉冲。如果在转动曲轴时万用表指针有摆动，启动时电压应高于0.1V，运转时电压一般为0.1～0.8V，说明传感器有输出电脉冲，其工作正常；否则，说明传感器有故障。

b.也可以使用示波器测量电磁式位置传感器输出电脉冲波形，将示波器测头与电磁式位置传感器线束中输出信号的导线连接好，并在电控装置处于工作状态下进行测量。例如，测量曲轴位置传感器输出电脉冲时，应在柴油机运转中进行。各种电磁式位置传感器输出电脉冲的波形基本相同。若有异常，如脉冲波形过于平缓，或有间断，说明传感器有故障。

(2)霍尔式曲轴位置传感器的检修。

①霍尔式曲轴位置传感器常见故障。

传感器内部元件损坏或内部线圈断路或短路，无信号产生；传感器电源电路、搭铁电路或信号接线断路或短路；传感器的安装位置不正确，与转子之间的间隙过大，导致信号电压不正常。

②霍尔式曲轴位置传感器的外观检查。

检查霍尔式曲轴位置传感器的安装是否牢固，线束连接器是否连接有效、牢固可靠；其端头与转子间的气隙是否符合标准要求，传感器与转子之间应无污物或铁屑，如有应清理干净。

③霍尔式曲轴位置传感器控制电路检查。

关闭启动开关，拔下传感器线束连接器；打开启动开关，用数字万用表测量传感器线束各端子；测量传感器线束电源端子，电压应为24V(或12V)蓄电池电压或5V基准电压，如果测得的电压不符合标准，说明有故障，应进一步检查电源线路；测量传感器搭铁电路，与蓄电池负极之间的电阻应为0，如果测得的电阻不符合标准，说明有故障，应检修搭铁电路；测量信号端子，电压应低于5V基准电压，如果测得的电压不符合标准，应检查该端子与ECM之间的连接及ECM本身是否异常。

④霍尔式曲轴位置传感器输出信号检查。

安装在曲轴皮带轮附近或飞轮附近的霍尔式曲轴位置传感器，应在安装良好的状态下，在柴油机运转过程中测量其输出信号。也可用发电机带动曲轴转动，用示波器测量传感器有无输出电脉冲的波形。如果波形显示不正常，说明传感器有故障，应予检修。

其他霍尔效应式传感器的检修与上述方法类似。

二　任务实施——柴油机电控系统传感器的检修

(一)准备工作

(1)每6～8名学员组成1个工作小组，确定1名小组长，接受工作任务，做好准备工作。

(2)准备好实训用的电控柴油机实训台架，每个实训小组配置1台电控柴油机台架。

(3)配备维修手册(纸质或电子版)。

(4)配备数字式万用表、示波器、诊断仪等检测仪器，普通维修工具。

(二)技术要求与注意事项

(1)熟悉各种温度传感器、加速踏板位置传感器、热膜式空气流量传感器、各种压力传感器、曲轴位置传感器等主要元器件的安装位置,会描述各种传感器的结构、原理,会分析各种传感器的电路。

(2)掌握各种温度传感器、加速踏板位置传感器、各种压力传感器、曲轴位置传感器等主要元器件信号的检测与波形的检查分析。

(3)掌握各种温度传感器、加速踏板位置传感器、各种压力传感器、曲轴位置传感器等主要元器件的常见故障检修方法。

(4)掌握各种温度传感器、加速踏板位置传感器、各种压力传感器、曲轴位置传感器等主要元器件的故障诊断方法与故障排除技能。

(5)检修 ECM 常供电电源、ON/ST 电源及接地电路故障。

(6)关闭启动开关后,才能拔下连接传感器的线束连接器。

(7)遵守各种检测仪器与设备的安全操作规程。

(8)检修时必须参阅故障机型的维修手册和检测、诊断仪的应用说明。

(9)注意人身工作安全和仪器、设备的完好。

(三)操作步骤

1. 冷却液温度传感器电压与电阻测量

用万用表电阻挡测量传感器两端子间的电阻,并填写表 19-7,注意观察电阻值随温度升高的变化(正温度系数或负温度系数),如某冷却液温度传感器显示 20℃时,电阻为 2.2kΩ,80℃时电阻为 0.25kΩ(冷却液温度传感器电压与电阻测量具体参照维修机型手册标准)。

冷却液温度传感器电压与电阻测量记录表　　　　表 19-7

端子名称	测量条件	标准电压(V)	检测电压(V)	标准电阻(kΩ)	检测电阻(kΩ)
	启动开关				
	“ON”				
	冷却液温度为 20℃				
	冷却液温度为 80℃				

2. 检测可变电阻式加速踏板位置传感器性能

检测可变电阻式加速踏板位置传感器性能,填写表 19-8。

可变电阻式加速踏板位置传感器电压测量表　　　　表 19-8

端子名称	加速踏板开度(%)	加速踏板 1 电位计电压(V)	加速踏板 2 电位计电压(V)
	0		
	50 ~ 60		
	100		

3. 检测进气管压力传感器性能

检测进气管压力传感器性能,填写表 19-9。

进气管压力传感器电压测量记录表　　表 19-9

端子名称	测量条件	标准电压(V)	检测电压(V)
未吹空气时信号端与 EI	启动开关“ON”		
吹入空气时信号端与 EI	启动开关“ON”		

4. 检测曲轴位置传感器输出信号

(1)检测电磁式曲轴位置传感器信号,并填写表 19-10。

电磁式曲轴位置传感器各端子间电压、电阻测量记录表　　表 19-10

端子名称	测量条件	标准电压(V)	检测电压(V)	标准电阻(Ω)	检测电阻(Ω)
	启动开关“ON”				
	启动开关“OFF”				
	怠速运转				

(2)检测霍尔式曲轴位置传感器信号,并填写表 19-11。

霍尔式曲轴位置传感器各端子间电压测量记录表　　表 19-11

端子名称	测量条件	标准电压(V)	检测电压(V)
	怠速运转		
	怠速运转		
	怠速运转		

三　评价与反馈

1. 自我评价与反馈

(1)通过本学习任务的学习,你是否已经知道以下问题:

①电控柴油机各种传感器的结构、原理及电路是什么?

____

____

②电控柴油机各种传感器的故障检测方法是什么?

____

____

③ECM 常供电源电路、ON/ST 电源及接地电路是什么?

____

____

(2)实训过程完成情况如何?

____

____

(3)通过本学习任务的学习,你认为自己的知识和技能还有哪些欠缺?

____

____

签名:__________　　________年____月____日

2. 小组评价与反馈

小组评价与反馈见表 19-12。

小组评价与反馈表　　表 19-12

序号	评价项目	评价情况
1	着装是否符合要求	
2	是否能合理规范地使用仪器和设备	
3	是否按照安全和规范的流程操作	
4	是否遵守学习、实习场地的规章制度	
5	是否能保持学习、实习场地整洁	
6	团结协作情况	

参与评价的同学签名：＿＿＿＿＿　＿＿＿＿年＿＿月＿＿日

3. 教师评价与反馈

＿＿＿＿＿＿＿＿＿＿＿＿＿＿＿＿＿＿＿＿＿＿＿＿＿＿＿＿＿＿

＿＿＿＿＿＿＿＿＿＿＿＿＿＿＿＿＿＿＿＿＿＿＿＿＿＿＿＿＿＿

＿＿＿＿＿＿＿＿＿＿＿＿＿＿＿＿＿＿＿＿＿＿＿＿＿＿＿＿＿＿

签名：＿＿＿＿＿　＿＿＿＿年＿＿月＿＿日

四 技能考核标准

技能考核标准见表 19-13。

技能考核标准表　　表 19-13

项目	考核内容	规定分	评分标准	得分
1	检测仪表挡位及量程选择	20 分	仪器及其挡位、量程选择，每错一次扣 5 分	
2	故障检查方法和检测步骤正确，故障判断结果准确无误	30 分	检测步骤每错一步扣 10 分，故障判断错误扣 20 分，步骤严重错误者不得分	
3	填写实训工单	20 分	每错一次扣 5 分	
4	工具、仪器正确使用方法	10 分	依照操作规程、使用方法、熟练程度、读取结果视正确率酌情评分	
5	安全文明生产与环境保洁	10 分	安全使用电、气，无设备、人身事故，主动参与环境保洁，酌情评分	
6	工作态度与协作精神	10 分	视参与实践的自觉性、工作态度和团队协作精神酌情评分	
总分		100 分		

学习任务 20　电控柴油机燃油喷射系统检修

学习目标

1. 掌握柴油机电控燃油供给系统的类型、结构组成，并能表述其工作原理；
2. 能够识读与分析柴油机电控燃油供给系统执行器控制电路；
3. 能够检测各种执行器、执行器控制电路，并进行典型执行器故障诊断与排除。

任务导入

有一台土方施工机械配置有WP10.336型共轨柴油机，在计时器读数为2100h时，机械在作业中突然出现熄火，柴油机共轨压力无法建立，进而引起柴油机不能起动故障。使用诊断仪检测时无故障码显示，检查共轨压力信号只有0.1MPa左右，初始电压值0.5V。因此，需要对电控系统和机械系统进行认真诊断与故障排除。

一 理论知识准备

柴油机电控燃料供系统在多年的发展过程中产生了多种结构类型，按照产生高压燃油的机构不同，可以分为电控喷油泵系统、电控单缸泵系统（包括电控泵喷嘴系统和电控单体泵系统）以及目前广泛应用的电控高压共轨喷射系统。

（一）电控单缸泵系统

电控单缸泵系统有电控泵喷嘴系统和电控单体泵系统两种，是在20世纪90年代由机械泵喷嘴系统或单体泵系统发展起来的。由于这类系统每个汽缸都有1个单独的喷油泵，并将喷油泵布置在汽缸盖上，可采用较短的高压油管，甚至取消了高压油管，使喷油泵具有机械结构刚性较好的特点，燃油喷射压力高（最高可达200MPa以上），可以满足日益严格的排放法规要求，不仅可用在各种载货汽车也广泛应用在轿车柴油机上。

电控单缸泵系统也是由喷油泵、喷油嘴和电控模块、传感器等组成，其传感器与前述电控直列泵系统、电控分配泵系统相同。

1. 电控泵喷嘴系统

（1）电控泵喷嘴系统的组成。

电控泵喷嘴系统包括燃油供给低压部分、高压部分、柴油机电控系统和外围设备。电控泵喷嘴系统是采用时间控制的电控喷油系统，其核心部件是泵喷嘴。泵喷嘴由喷油泵、喷油嘴和高速电磁阀组成的一个整体，即高压油管长度为零的燃油系统。由于无高压油管，可以消除长的高压油管中压力波和燃油压缩的影响。电控泵喷嘴通常安装在汽缸盖上，每缸一组泵喷嘴，由顶置式喷油凸轮机构直接驱动喷油泵喷油。在电控泵喷油嘴中，喷油泵的泵油柱塞没有螺旋槽，只是一个单纯的压油柱塞。喷油量和喷油正时由ECM根据各种传感器输入的信号，计算出最佳控制参数值，输出指令控制高速电磁阀的开闭时刻及开闭的时间长短，来控制喷油始点和断油时刻，实现喷油量和喷油正时的控制。

电控泵喷嘴安装在柴油机汽缸盖上，进、回油道均在汽缸盖内，由顶置式凸轮轴上的喷油凸轮直接驱动。宝来轿车的电控泵喷嘴如图20-1所示。喷油凸轮有一个陡峭的上升面（有利于泵活塞被快速向下压而迅速提高喷油压力）和缓慢的下降面（有利于向高压腔缓慢进油而避免在燃油中产生气泡）。喷嘴电磁阀（即高速电磁阀）的针阀用于接通和切断高压腔与低压油道之间的通道。收缩活塞的上部为圆台，圆台的锥面用来开启和关闭高压腔与收缩活塞之间的通道。收缩活塞和针阀缓冲元件（缓冲活塞）用于控制喷油器的喷油规律。

（2）电控泵喷嘴的工作原理。

泵喷嘴的工作过程分为三个阶段：高压腔进油阶段、预喷射阶段和主喷射阶段。喷油时间和喷油量由收缩活塞、喷油针针阀、喷油针阀复位弹簧、喷油针阀缓冲元件和电磁阀共同控制。

①高压腔进油阶段。

泵活塞在泵活塞弹簧压力作用下向上移动，高压腔内容积增大。喷嘴电磁阀不动作，电磁阀针阀处于初始状态，供油管到高压腔的通道打开，使柴油进入高压腔。高压腔进油阶段如图 20-2 所示。

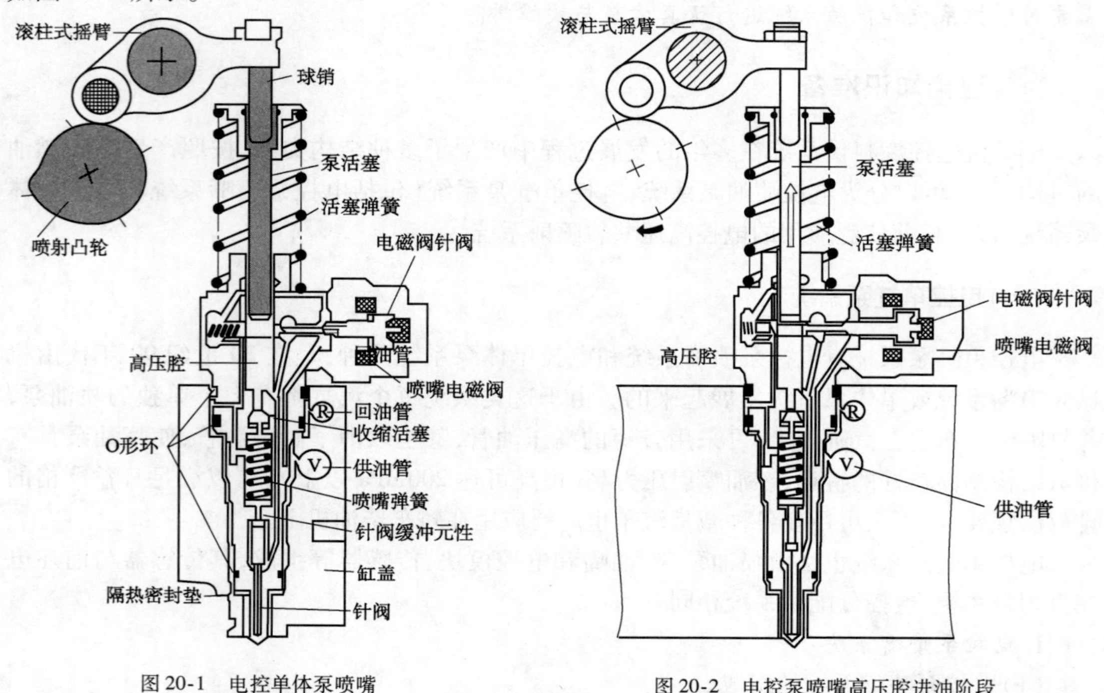

图 20-1　电控单体泵喷嘴

图 20-2　电控泵喷嘴高压腔进油阶段

②预喷射阶段。

柴油机比较理想的喷油规律是先缓后激，并尽量缩短喷油时间。预喷射的目的：在主喷射开始前，让少量的燃油在低压下喷入燃烧室。少量燃油的燃烧能使燃烧室内的温度和压力上升，可以减少点火延迟的时间使得燃烧室内的压力平缓上升，以降低燃烧噪声，减小氮氧化合物的排放。

喷射凸轮通过摇臂驱动泵活塞向下移动。开始时由于喷嘴电磁阀尚未关闭，高压腔内的部分燃油被压回供油管，直到喷嘴电磁阀通电，关闭高压腔到供油管的通道，高压腔内的压力才开始上升。当压力达到 18 MPa 时，燃油在喷油针阀中部锥面上产生的向上推力高于喷嘴弹簧的压力，预喷射开始，如图 20-3 所示。预喷射开始后，喷油针阀继续向上运动，当凸轮转过喷油行程的 1/3 时，缓冲活塞堵住喷嘴针阀上部和喷嘴弹簧室之间的小孔时，针阀上部的燃油只能通过泄油间隙排入喷嘴弹簧室，由于泄油间隙的节流作用，使针阀的上升速度受到阻尼作用。随着泵油活塞继续向下运动，高压腔里的油压继续上升，当达到一定油压时，收缩活塞在高压燃油的作用下向下运动，高压腔的容积突然增大，燃油压力瞬间下降，喷嘴针阀关闭喷油孔，预喷射结束。收缩活塞的作用过程如图 20-4 所示。收缩活塞的下移增加了喷嘴弹簧的弹力，在接下来的主喷射阶段，必须有比预喷射阶段更高的油压，才能打开喷嘴针阀。

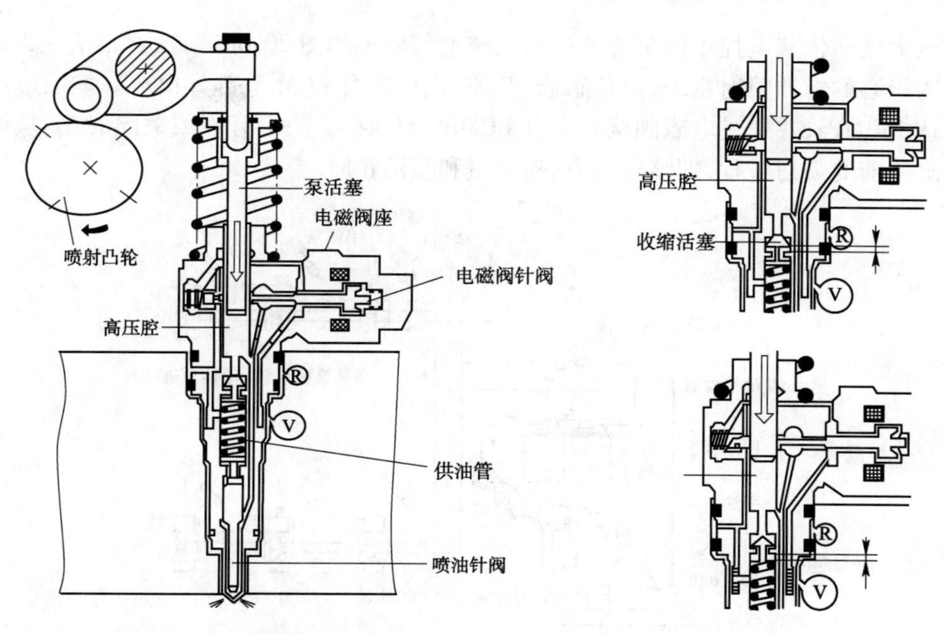

图 20-3　电控泵喷嘴喷射阶段　　　图 20-4　收缩活塞的作用过程

③主喷射阶段。

预喷射结束后，在喷嘴针阀关闭的短暂时间内，随着泵活塞继续压油，高压腔内的压力重新上升。当油压上升到约 30MPa 时，燃油压力高于喷嘴弹簧的作用力，喷嘴针阀再次上升，主喷油开始(图 20-5)。在主喷射阶段，由于进入高压腔的燃油多于经喷油孔喷出的燃油，最高喷油压力可达 200MPa 以上。当喷油量达到预期的目标值后，ECM 切断喷油电磁阀的电路，电磁阀弹簧打开电磁阀针阀高压腔内的柴油回流到供油管，压力急剧下降，关闭喷油针阀。同时缓冲活塞和收缩活塞也回到初始位置，主喷射结束。

主喷射结束后，多余的燃油经回油管流回油箱。泵喷嘴回油的作用在于冷却泵喷嘴、排出泵活塞处泻出的燃油和通过回油管节流孔分离来自供油管内的气泡。

2. 电控单体泵系统

(1)电控单体泵系统的组成。

柴油机电控单体泵燃油喷射系统的组成如图 20-6a)所示。电控单体泵系统也包括电子控制和机械液力系统两大部分，电控系统由 ECM、传感器和执行器组成，机械液力系统则由电控单体泵、短高压油管和喷油器等组成。两部分之间的连接环节就是安装在单体泵上的执行器。电控单体泵的整个机械液力系统结构如图 20-6b)所示。

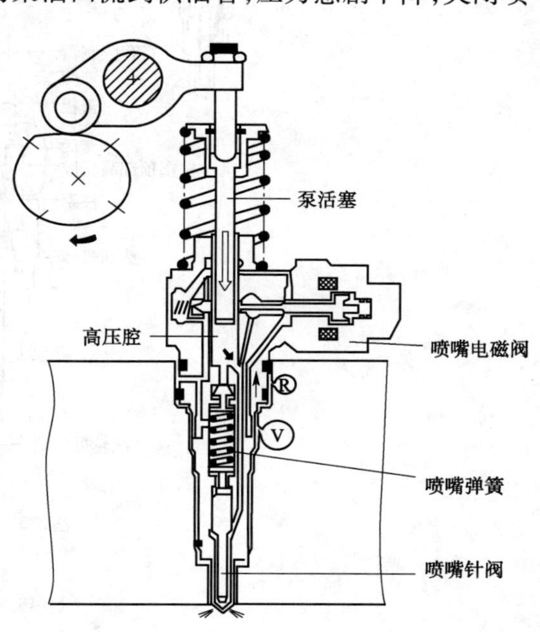

图 20-5　电控泵喷嘴主喷射阶段

一汽大柴道依茨电控单体泵燃油喷射系统电气原理如图 20-6c)所示。该系统是以电控单体泵为核心的燃油喷射系统，由传感器、开关、执行器及 ECM 等部件组成。燃油最高控制压力可达 180MPa，并通过电磁阀接收来自 ECM 的控制指令决定开启或关闭时刻，从而决定各个汽缸当前的喷射过程，即喷射压力、喷油量和喷油正时。

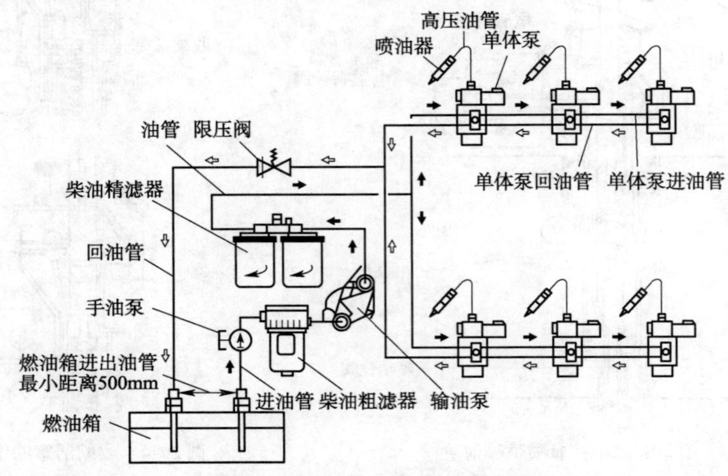

a)一汽大柴道依茨TCD2015柴油机燃油喷射系统组成

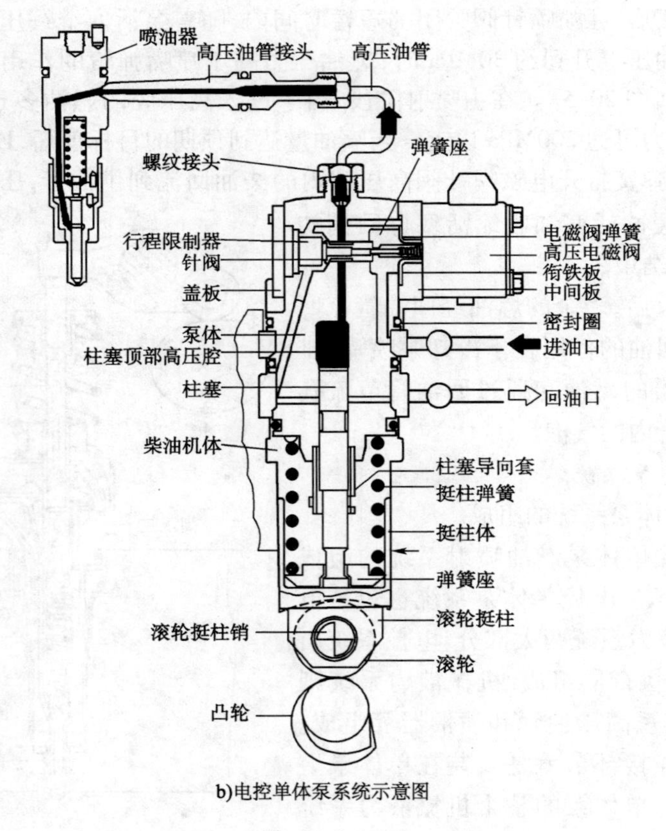

b)电控单体泵系统示意图

图 20-6

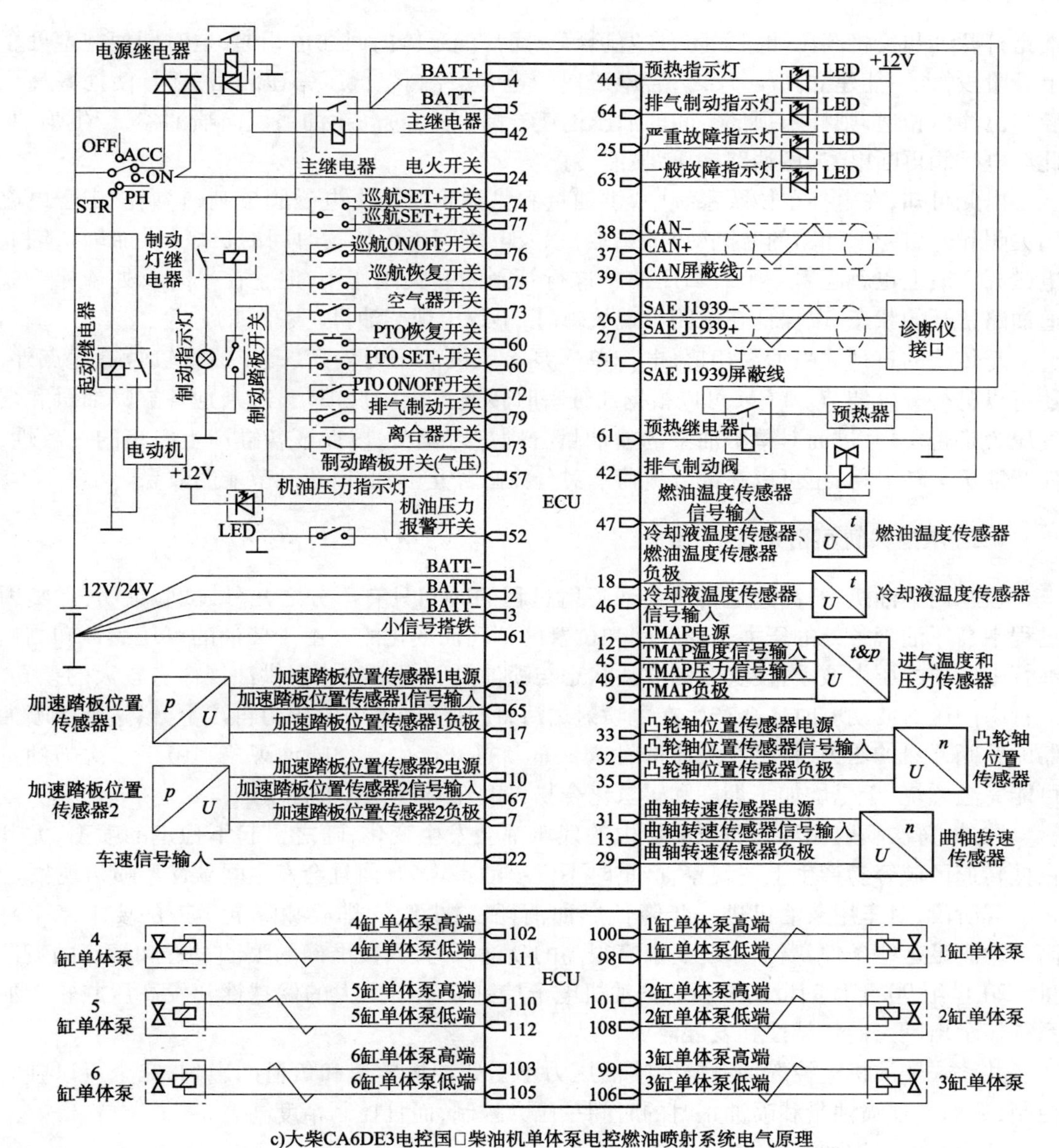

c)大柴CA6DE3电控国□柴油机单体泵电控燃油喷射系统电气原理

图20-6 柴油机电控单体泵燃油喷射系统

(2)电控单体泵系统的工作原理。

在图20-6b)中，单体泵柱塞经挺柱滚轮由凸轮驱动，与泵喷嘴系统相比，单体泵系统的喷油泵和凸轮轴在布置上的灵活性比较大，电控单体泵上的高压电磁阀装在油泵的出口处，将高压油路分成两段。电磁阀以下的单体泵部分只担任进油(柱塞下行)和加压供油(柱塞上行)的任务。由于取消了传统直列泵中调节油量的齿杆、滑套和调速器等零件，简化了结构，加强了泵体的强度和刚度，提高了喷油泵的工作能力。

电控单体泵系统的供油量与供油正时则由高速电磁阀根据ECM的指令来控制，电磁阀实质上是一个三通阀，通过针阀来控制柱塞顶部空间中的燃油压力。电磁阀断电时，将旁通油路打开，同时，将高压油路关闭，柱塞顶部空间与油泵体内回油道相通，这时即使柱塞处于上升阶段，也不能建立高压；反之，若电磁阀通电，其针阀将低压旁通油路关闭，使柱塞高压腔与出油口相通，则柱塞顶部空间的油压迅速升高，并通过高压油路流向喷油器，产生喷油。此后电磁阀再断电，高压油路卸压，喷油终止。

由此可知，在电控单体泵系统中，供油量和供油正时均由电磁阀控制，它们决定于电磁阀关闭和开启旁通油路的时刻（供油始点）以及电磁阀工作持续时间的长短（供油量），因此电磁阀实质上也就起着一个对高压油路进行管制的开关阀作用，但它在平时总处于保持旁通油路常开的状态，以保证在电路出现故障时，不致出现柴油机“飞车”的危险。

与传统的直列式喷油泵相比，电控单体泵除了供油压力较高、高压油管较短等优点外，还可以进行分缸调节。ECM 可以根据曲轴瞬时转速提供的反馈信号，判别各缸喷油量和爆发压力是否均匀，进而对单个油泵的喷油量分别进行调节，以保证各缸产生扭矩的一致性，使柴油机运转平稳；也可以在部分负荷下对分汽缸停止喷油，以达到节能的效果。

（二）电控共轨喷射系统

在车用柴油机中，高速运转使柴油喷射过程的时间只有千分之几秒，试验证明，在喷射过程中高压油管各处的压力是随时间和位置的不同而变化的。由于柴油的可压缩性和高压油管中柴油的压力波动，使实际的喷油状态与喷油泵所规定的柱塞供油规律有较大的差异。油管内的压力波动有时还会产生在主喷射之后，使高压油管内的压力再次上升，达到令喷油器的针阀开启的压力，将已经关闭的针阀又重新打开产生二次喷油现象。由于二次喷油不可能完全燃烧，于是增加了烟度和碳氢化合物（HC）的排放量，油耗增加。

此外，每次喷射循环后高压油管内的残压都会发生变化，随之引起不稳定的喷射，尤其在低转速区域容易产生上述现象，严重时不仅喷油不均匀，而且会发生间歇性不喷射现象。

现阶段，对车用柴油机进一步降低燃油消耗、减少废气排放和降低噪声的要求越来越高。为满足这些条件，喷油系统要求有很高的喷油压力性、极准确的喷油过程和精确的喷油量。20 世纪 90 年代问世的全新的柴油机电子控制显示出巨大的优越性和发高压共轨燃油系统显示出巨大的优越性和发展潜力。

共轨式柴油机电控燃油系统的喷油压力不受柴油机转速和负荷的影响，完全可以独立控制，从而实现喷油量和喷油正时的时间—压力控制，而且控制精度高。

其优点可归纳如下：

（1）宽广的应用领域（用于小型乘用车和轻型载重车，每缸功率可达 30kW；用于重型载重车、工程机械、内燃机车和船舶等，每缸功率可达 200kW 左右）。

（2）极高的喷油压力，最高可达 200MPa 以上。

（3）喷油始点和喷油终点可以根据工况而改变。

（4）柔性控制喷油速率变化，实现理想喷油规律，容易实现预喷射和多次喷射，既可降低柴油机 NO_x 排放，又能保证优良的动力性和经济性。

（5）共轨系统中的喷油压力柔性可调，对不同工况可确定所需的最佳喷射压力，从而优化柴油机综合性能。

（6）由电磁阀控制喷油过程，其控制精度较高，高压油路中不会出现气泡和残压为零的现象，因此在柴油机运转范围内，循环喷油量变动小，各缸供油不均匀可得到改善，从而减轻柴油机的振动和降低排放。

1. 电控共轨喷射系统的组成与原理

（1）电控共轨喷射系统的组成。

电控共轨喷射系统包括电控系统和燃油供给系统两大部分，其组成部件如图20-7所示，主要包括高压油泵、燃油切断阀、压力控制阀、柴油滤清器、油箱、电动输油泵、粗滤器、ECM、蓄电池、高压油轨、共轨压力传感器、燃油温度传感器、喷油器、冷却液温度传感器、曲轴位置传感器、加速踏板位置传感器、凸轮轴位置传感器、空气流量传感器、增压压力传感器、进气温度传感器和涡轮增压器等。

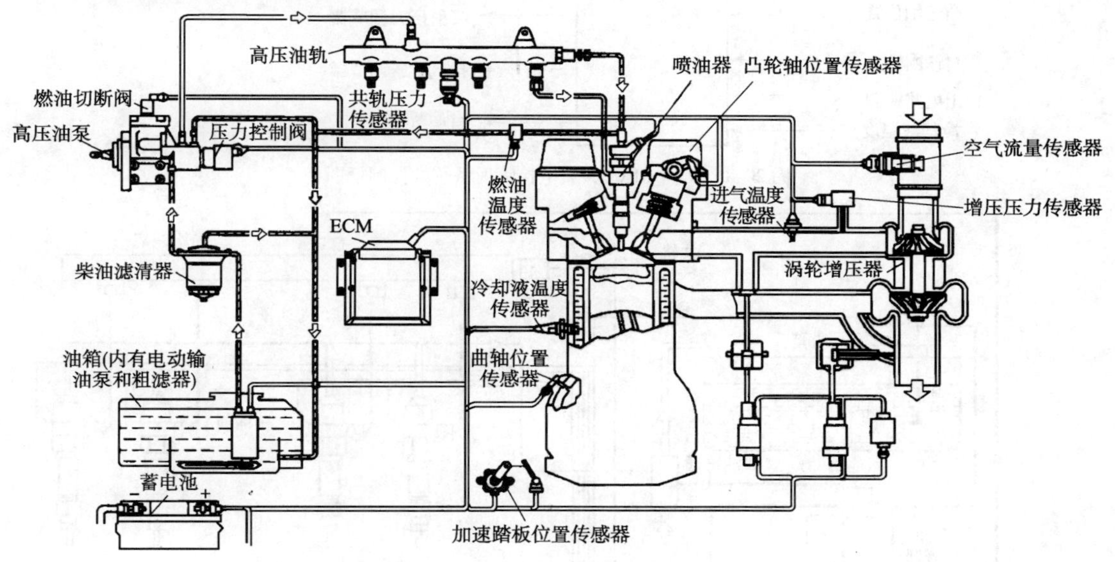

图20-7　电控共轨喷射系统的组成

①电子控制系统。

电控系统由各种传感器、ECM和执行器组成。主要的功能是根据传感器的信号，由ECM计算出最佳喷油时间和最合适的喷油量，并且计算出在什么时刻、在多长的时间范围内喷油，并据此向喷油器发出开启或关闭电磁阀的指令，从而精确控制柴油机的喷射过程（图20-8）。

②燃油供给系统。

燃油供给系统的主要组成如图20-9所示，其主要包括供油泵、高压共轨和喷油器。低压燃油由电动输油泵从油箱中抽出后经柴油滤清器输送到高压油泵，再经高压油泵将燃油加压至高压，然后泵入高压共轨内，储存在共轨内的燃油在适当的时刻通过喷油器喷入柴油机汽缸。

（2）电控共轨喷射系统的工作原理。

燃油供给系统的主要组成如图20-9所示，燃油被输油泵从油箱中抽出后，经滤清器过滤后送入高压泵，这时燃油压力为0.2 MPa。进入高压泵的燃油一部分通过高压油泵上的安全阀将进入油泵的润滑和冷却油路，然后流回油箱；一部分进入高压油泵，在高压油泵中，燃油被加压至高压后（最高压力可达200MPa以上）输送到高压共轨。高压共轨里的高压柴油流经流量控制阀、高压油管进入喷油器后,在喷油器针阀开启时直接喷入燃烧室。在喷油期间针阀导向部分和控制套筒与柱塞缝隙处泄漏的多余燃油经回油管流回油箱。

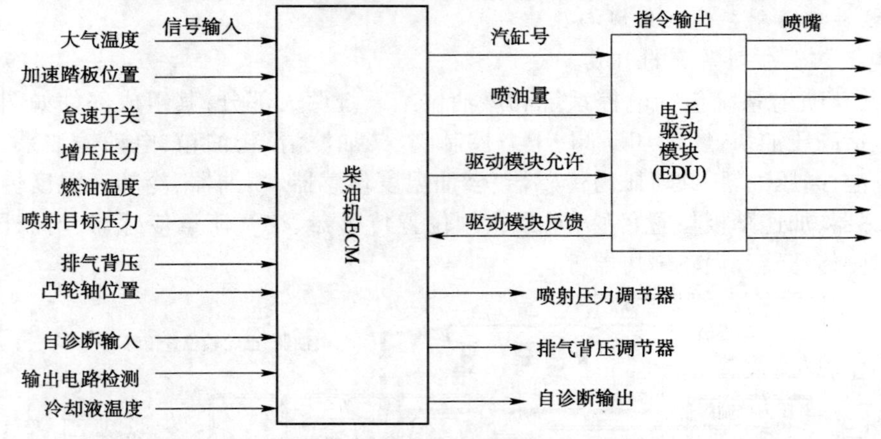

图 20-8　美国 HEUI 共轨电控喷射系统的控制框图

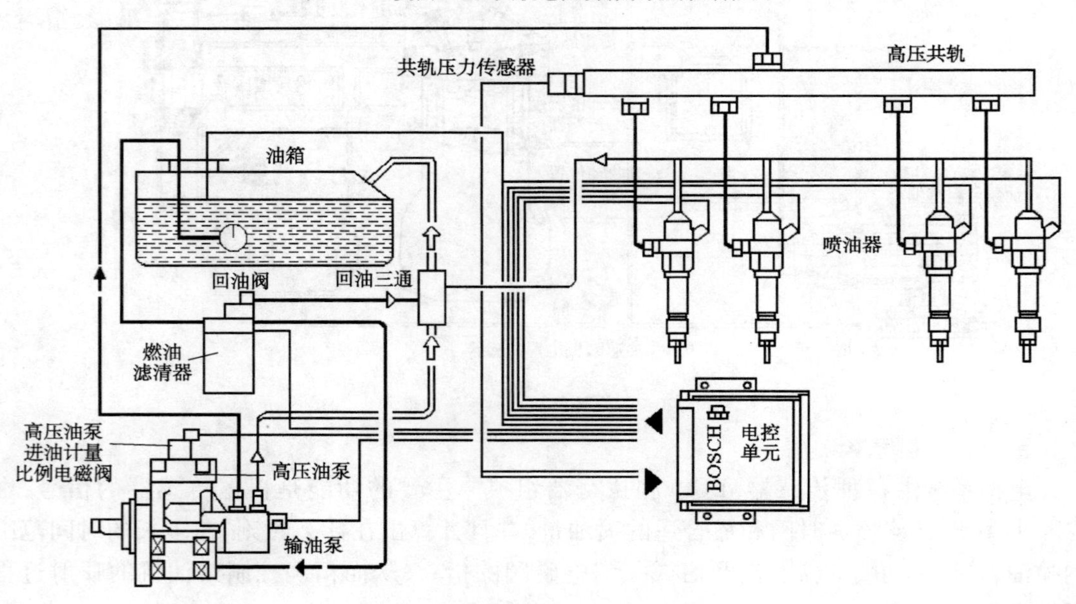

图 20-9　电控共轨喷射系统中的燃油供给系统

在电控高压共轨系统中,各种传感器(如曲轴位置传感器、加速踏板位置传感器、凸轮轴位置传感器、各种温度和压力传感器等)将柴油机的实际运行状态转变为电信号输入 ECM, ECM 根据预置的程序进行运算,确定适合于该工况下的最佳喷油量、喷油时刻、喷油速率等参数,再向喷油器发出指令,精确控制喷油过程,以保证柴油机始终处在最佳工作状态,使柴油机的动力性、经济性得到有效的发挥,并且使排放污染降到最低。

此外,ECM 还通过压力传感器对高压共轨内的油压进行监测,并通过控制调压阀,使共轨内的油压保持为预定的压力,实现对共轨压力的闭环控制在共轨系统中,喷射压力的产生和喷射过程是彼此独立的,共轨的供油方式使得喷油压力与柴油机转速和负荷无关,喷油量取决于喷油压力和受 ECM 直接控制的喷油器电磁阀的开闭时间的长短。

2. 电控共轨喷射系统的主要部件及其结构

(1)输油泵。

输油泵的任务是在任何工况下,向高压泵提供充足的燃油,目前输油泵主要有2种类型,即电动输油泵和机械驱动的齿轮泵。电动输油泵的结构如图20-10所示。燃油泵安装于油箱中,与燃油滤清器、调压器和燃油泵电动机等集成于一体。其工作过程与汽油机上的电动汽油泵相似,工作时电动机带动油泵叶轮压缩燃油,燃油泵停止时,止回阀关闭,以维持燃油管里的初始压力,使柴油机重新起动更为容易。若没有采用压力燃油,则高温时很容易出现气阻,使柴油机重新起动变得很困难,当出油口一侧压力过高时,安全阀开启,防止燃油压力过高。当柴油机起动过程开始时,电动输油泵就开始运行,且不受柴油机转速影响,电动输油泵持续从油箱中抽出燃油,经燃油滤清器送往高压泵。

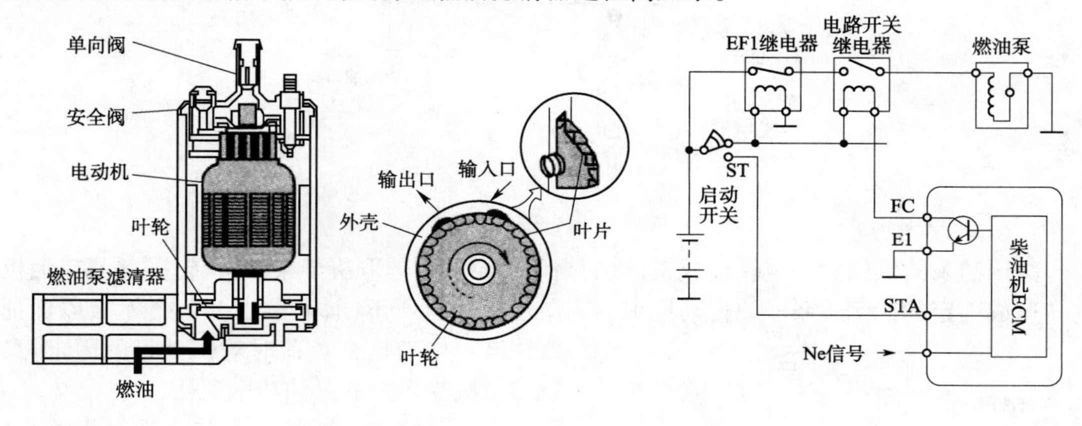

图20-10　电动输油泵的结构组成

(2)高压油泵。

高压油泵位于低压部分和高压部分之间,它的任务是在车辆(或机械)所有工作范围和整个使用寿命期间,向共轨持续提供符合系统压力要求的高压燃油,以及快速起动过程和共轨中压力迅速升高时所需的燃油储备。

高压油泵通常采用凸轮驱动的直列柱塞泵(一般用于大型柴油机)和转子式油泵(一般用于小型柴油机)。图20-11是一种在博世公司高压共轨系统中使用的转子式高压油泵。燃油是由高压油泵内3个相互呈120°径向布置的柱塞压缩提供的。

燃油由输油泵加压后从油箱中泵出,经油水分离器和燃油滤清器过滤后送往高压油泵。高压油泵的安全阀上的节流孔可使部分燃油进入高压泵的润滑和冷却回路中,转子式高压油泵中的二个泵油柱塞在驱动凸轮的驱动下进行往复运动,每个柱塞有弹簧对其施加作用力,目的是减小柱塞的振动,并且使柱塞始终与驱动轴上的偏心凸轮接触。当柱塞向下运动时,为吸油行程,进油阀开启,允许低压燃油进入泵腔;当柱塞经过下止点后上行时,进油阀关闭,柱塞腔内的燃油被压缩,只要达到共轨压力就立即打开出油阀,被压缩的燃油经油管进入高压共轨,柱塞到达上止点前,一直泵送燃油(供油行程),达到上止点后,柱塞开始下行,柱塞腔内的燃油压力下降,出油阀关闭。柱塞向下运动时,剩下的燃油降压,当柱塞腔中的燃油压力低于输油泵的供油压力时,进油阀再次被打开,重复进入下一个工作循环(图20-12)。

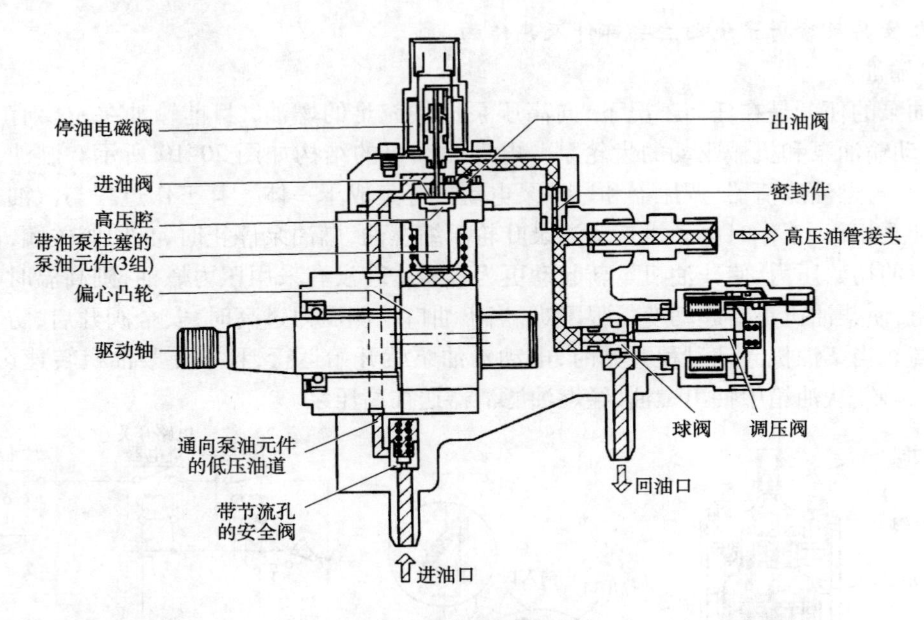

图 20-11　转子式高压油泵

高压油泵的供油量与其转速成正比,而高压油泵的转速取决于柴油机转速,并与柴油机的转速成固定的比例关系。该传动比视不同柴油机而有所不同,通常为 1:2 或 2:3,以保证既能满足柴油机全负荷时对供油量的需求,又能尽量减少多余的泵油功率消耗。

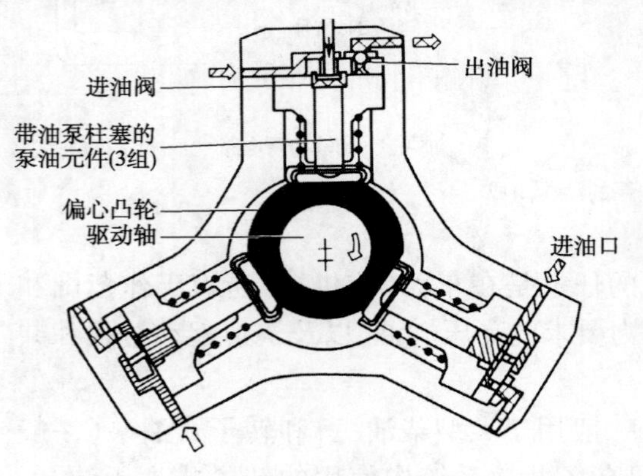

图 20-12　转子式高压油泵的工作原理示意图

由于共轨中的燃油压力与喷油量无关,且喷油正时也不由高压油泵的凸轮来确定,因此高压油泵的压油凸轮可以按照峰值扭矩最低、接触应力最小和最耐磨的设计原则来设计。上述转子式高压油泵的驱动轴每转 1 圈有 3 个供油行程,因此驱动峰值扭矩小,驱动装置受载均匀,其驱动扭矩仅为同等级分配泵所需驱动扭矩的 1/9 左右,所以共轨喷油系统对高压油泵的驱动要求比传统的机械式高压泵要低得多。

由于高压油泵的供油量是按高速全负荷的最大供油量设计的,故在怠速和部分负荷工况下工作时,会有大量剩余的燃油经调压阀流回油箱,它们除了使系统燃油温度升高以外,还增加了高压油泵消耗的功率,为此在高压油泵的低压进油侧还装有停油电磁阀,它可以根据 ECM 的指令,在低速、低负荷时使进油阀始终处于开启状态而无法关闭,这时柱塞在压油行程中,只能将吸进的燃油再压回低压腔而不能建立高压,从而节省了高压泵泵油功率消耗。

(3)调压阀。

调压阀的结构如图 20-13 所示。其作用是根据柴油机的负荷状况调整和保持共轨中的压力,它安装在高压油泵或共轨上。

共轨或高压油泵出口处的高压燃油通过进油口作用在调压阀上,柴油机工作时,调压阀的球阀在弹簧或电磁力的双重作用下,压紧在阀座上,将高压腔与回油通道隔绝,电磁铁吸力与流过电磁线圈的电流成正比,而电流大小则由 ECM 通过改变脉冲信号的占空比来控制。当高压系统中的压力高于设定的压力时,球阀打开,高压燃油经过旁通油路泄压;反之球阀关闭,压力重新建立,从而达到按 ECM 指令调整高压系统油压的目的。另外,在调压阀的电磁线圈不通电时,仍有弹簧力将球阀压紧在阀座上,使高压油路保持 10MPa 左右的压力。

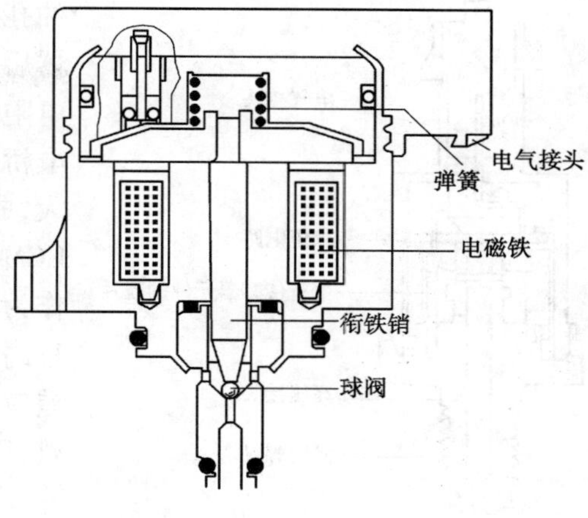

图 20-13 调压阀

(4)高压共轨。

高压共轨(图 20-14)安装在柴油机汽缸盖周围(一般在左侧),通过高压油管与高压泵及各缸的喷油嘴连接,其结构与汽油机上的分配油管相似。高压共轨实质上是一个燃油蓄压器,其作用是存储高压燃油,并使高压泵的供油和喷油嘴的喷油所产生的压力波动得到缓冲,以保持油压稳定,并将高压燃油分配给各缸的电控喷油器。由于是各缸共用,故有“共轨”之称。

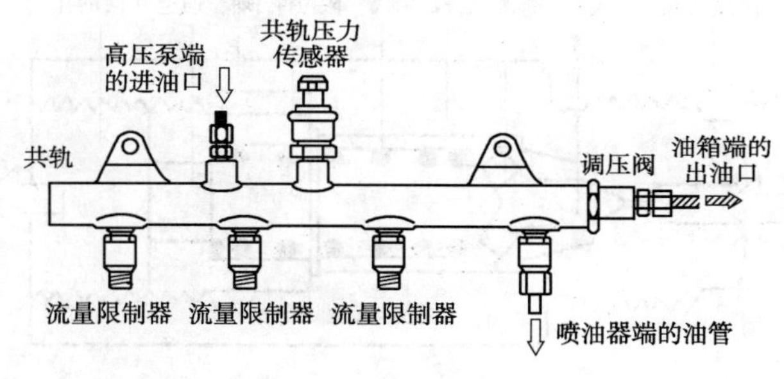

图 20-14 高压共轨

高压共轨是一个管状厚壁容器,其形状看似简单,但必须通过对整个高压系统的模拟计算和匹配试验,考虑燃油管道的可膨胀性,来确定其尺寸和腔内容积,以保证在喷油器喷油和高压泵脉动供油时共轨内的燃油压力波动尽可能小。同时也要保证起动时,共轨内的油压能迅速建立。

在柴油机运转中,共轨中始终充满了高压燃油利用高压共轨较大的容积,来补偿高压油脉动供油和喷油器断续喷油所产生的波动,不论供油量和喷油量如何,高压共轨中的压力都能保持恒定,从而确保喷油器打开时喷油压力不变。高压共轨上通常还安装有流量限制器(选装件)共轨压力传感器和调压阀等部件,由于柴油机的安装条件不同,这些部件在共轨上的位置可能有所不同。

(5)共轨压力传感器。

共轨压力传感器的作用是及时、准确地测出高压共轨中燃油的压力,并转换成电压信号,实时提供给 ECM。共轨压力传感器(图 20-15)的传感元件膜片焊接在压力接头上,将进

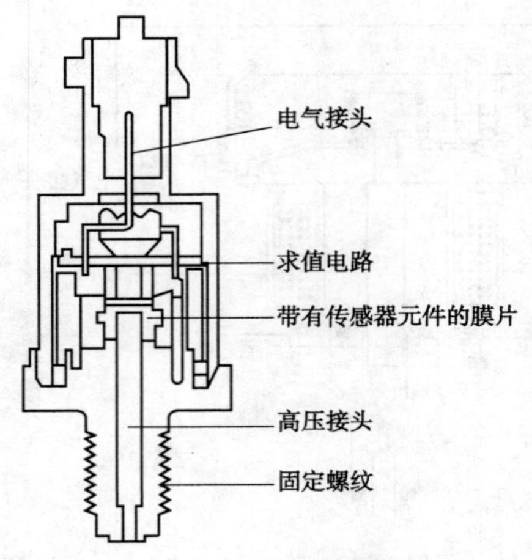

图 20-15　共轨压力传感器

油孔末端封住。共轨中的高压燃油进入共轨压力传感器后，作用在膜片上，使膜片形状发生变化，其上的感应电阻的长度和电阻值也随之变化，并在5V电源的电阻电桥中产生电压变化，再经过传感器中放大电路的放大，成为变化范围在0.5～4.5V的电压信号输送给ECM，ECM根据该信号判定共轨中的燃油压力，并以此作为控制调压阀工作的依据。共轨压力传感器应具有很高的响应速度和测量精度，在其工作范围内的允许偏差应小于最大测量值的±2%。一旦共轨压力传感器失效，ECM将以某个固定的预定值来控制调压阀的开度。

(6)限压阀。

限压阀通常安装在高压共轨上，相当于安全阀，其作用是限制共轨中的压力，在压力超过最高允许值以后开启泄压，防止系统内部零件的损坏。限压阀的结构如图20-16所示，它通过螺纹接头拧在共轨上，另一端与通往油箱的回油管连接。在标准工作压力下，弹簧通过活塞将锥形阀门紧压在阀座上，限压阀呈关闭状态。只有当共轨中的燃油压力超过系统最大压力时，活塞压缩弹簧使阀门开启，使高压燃油从共轨中流出，从而降低了共轨中的压力。流出的燃油经回油管流回油箱。

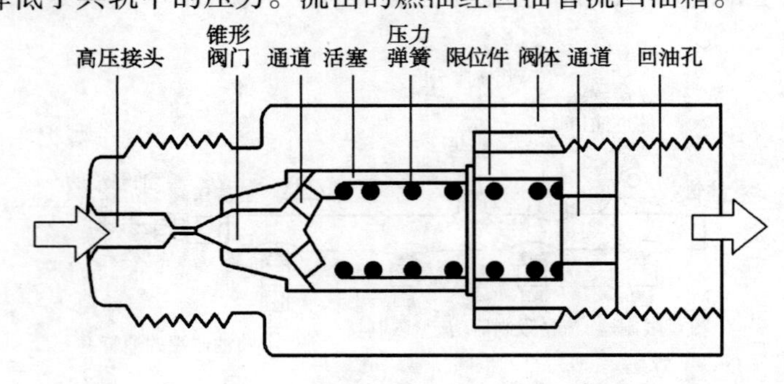

图 20-16　限压阀

(7)流量限制器。

流量限制器安装在高压共轨的每个出油口上，与喷油器的高压油管连接，其作用是减小流向喷油器的高压燃油的压力波动，同时在喷油器高压油管中出现过大的流量或持续的泄漏(如喷油器针阀卡死、过度磨损、高压油管破裂等)，导致共轨中流出的燃油量超过最大流量时，自动将流向该喷油器的燃油管路关闭，起隔离保护作用。

流量限制器的结构如图20-17所示，其外壳两端有孔，分别与共轨及喷油器进油管连接。流量限制器内部有一个活塞，弹簧将此活塞向共轨方向压紧。活塞上的纵向孔连接进油和出油口，其直径在末端是缩小的。这种缩小的作用和节流孔效果一样。

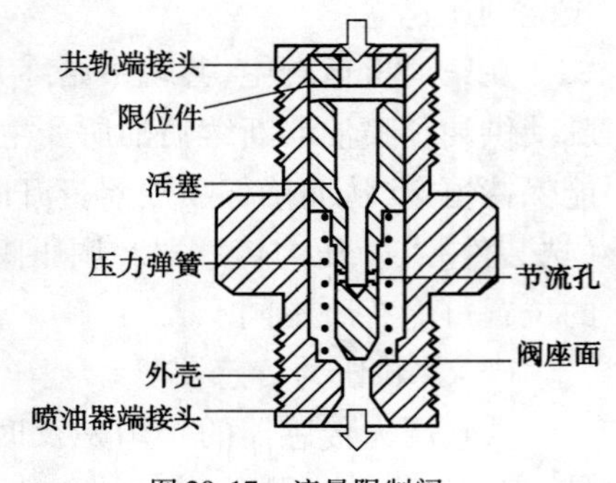

图 20-17　流量限制阀

在正常状态下，当喷油器尚未喷油时，活塞处于自由位置,即抵靠在流量限制器的共轨端。开始喷油时,喷油器端的喷油压力下降,导致活塞向喷油器方向移动,流量限制器通过活塞移动来补偿喷油器从共轨中获得的燃油量,而不是通过节流孔来补偿,因为它的孔径太小了。

在喷油过程结束时,处于居中位置的活塞并未关闭出油口。弹簧使它回到自由位置,此时燃油通过节流孔向喷油器方向流动。弹簧和节流孔是通过精确设计的,即使在最大喷油量(加上安全储备),活塞都能移回流量。限制器共轨端位置,并保持在该位置直到下一次喷射开始。

当喷油器一端有少量的泄油时,由于流出的燃油量较多,在每次喷油结束时,流量限制器活塞将无法回到自由位置。经过数次喷油后,活塞将移向出油口处的密封座,并保持在这个位置,关闭通向喷油器的进油口,直到柴油机熄火。

当喷油器一端的泄油量过大时,由于大量燃油流出共轨,流量限制器活塞被迫离开自由位置,抵靠至出口处的密封座,即处于流量限制器的喷油器端,并保持在这个位置,从而关闭通往喷油器的进油口,阻止燃油进入喷油器。流量限制器属于选装件,由于结构较复杂,现已大多省略不用。

(8)喷油器。

在高压共轨系统中所用的喷油器有电磁式和压电式两种。电磁式喷油器是用高喷油器喷油的开始时刻和喷油持续时间,而压电式喷油器则采用压电元件电磁阀。

①电磁式喷油器。

博世公司生产的电磁式喷油器,它由孔式喷油嘴、液压伺服系统、电磁阀组件构成,如图 20-18所示。柴油机工作时,燃油经高压油管进入喷油器,并经过进油节流孔进入控制室。由于此时泄油孔处于关闭状态,因此作用在柱塞上方的压力大于作用在喷油嘴针阀承压面上的力,喷油嘴针阀被压在其座面上,紧紧关闭通往喷油孔的高压通道,因而没有燃油喷入燃烧室。为了精确计量燃油,要求喷油器电磁阀的开启和关闭响应时间之和一般小于0.5ms,电磁阀体的感抗会使阀体响应滞后,所以常采用低感抗的高频电磁阀并配合电流控制驱动电路。喷油器电磁阀特性曲线如图 20-18c)所示。

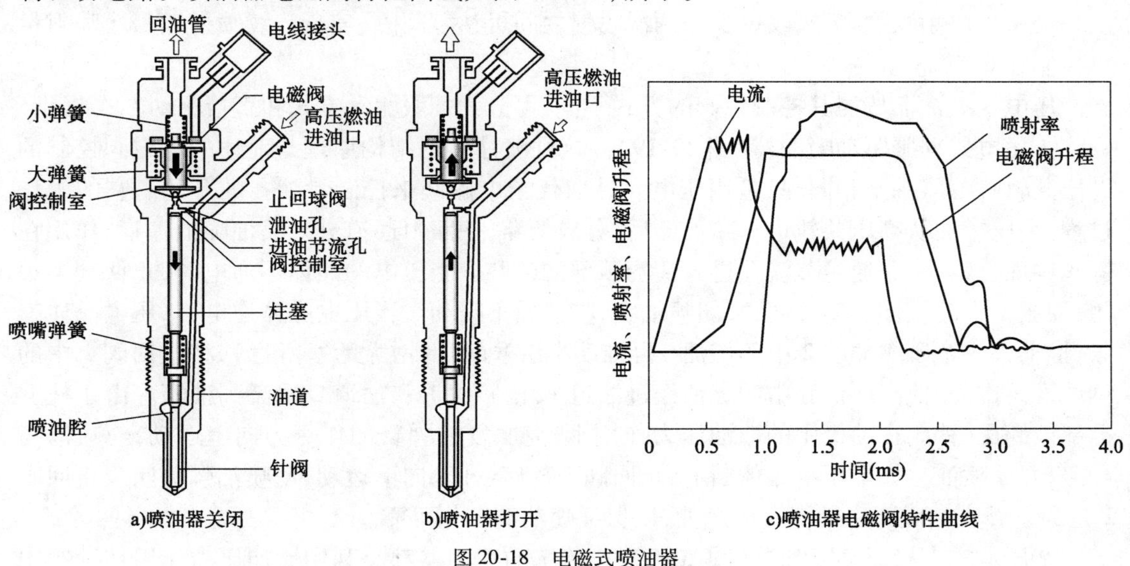

图 20-18　电磁式喷油器

当电磁阀通电时阀芯上移,打开泄油孔,使控制室经由泄油孔与回油管相通。由于进油节流孔的节流作用,控制室内的压力因泄油而下降,使作用在柱塞上方的压力小于作用在喷油嘴针阀承压面上的力,喷油嘴针阀立即打开,燃油经过喷孔喷入燃烧室。

由于电磁阀不能直接产生迅速关闭针阀所需的力,因此采用上述由液力放大系统间接控制喷油嘴针阀的方式。除喷入燃烧室的燃油量之外,附加的控制燃油经控制室的回油孔进入回油通道。这种控制燃油和针阀导向面、柱塞导向面上的泄油都经回油管返回油箱。

②压电式喷油器。

因为柴油机废气排放的标准越来越高,对柴油机喷油速率和喷油规律的研究也越来越深入。在共轨系统中,为了让燃烧过程最大限地接近理想状态,降低排放污染、减少噪声和使柴油机工作得更加柔和,采用多次喷射成为必然的选择。柴油机的多次喷射指的是把原来的一次喷射分为先导喷射、预喷射、主喷射、后喷射和次后喷射等过程。先导喷射是为了在燃烧室内预先形成混合气,达到防止柴油机工作粗暴和减少噪声的目的;预喷射是为了对燃烧室先预热使得主喷射阶段的燃烧更平稳,起到减少 NO_x 和降低噪声的目的;后喷射可以使未燃的燃油充分燃烧,提高排气温度,降低 HC、CO 和 PM 的排放量;次后喷射可以提高废气处理装置的温度,提高废气处理装置的效率。

第二代高压共轨系统利用高速电磁阀的快速开闭可实现预喷射和后喷射,但受电磁阀工作特性的限制,难以实现多次喷射。第三代高压共轨系统采用了压电式喷油器,以压电晶体作为控制喷油器工作的执行元件,极大地提高了响应速度,能够在极短的时间内完成多次切换,控制精度高,能控制的最小供油量足够小,使得多次喷射成为可能。

压电元件具有正向和反向压电效应,当在压电元件两端施加电压时,压电元件就会发生形变,给压电元件施加正向电压时,其体积膨胀;给压电元件施加反向电压时,其体积收缩。压电式喷油器就是利用这个原理,它可以用压电元件来使喷油器控制室的泄油孔通断,以控制针阀的升程,从而实现对喷油量和喷油正时的控制;也可以用压电元件直接驱动针阀升程,这种喷油器可以实现更高的平均有效喷射压力(方形喷油速率,压力高达 200MPa 以上),更多的喷射次数(7 次或更多),两次喷射之间可达零间隔(实现连续喷射),最小喷射量可控制在 $0.5mm^3$。

压电式喷油器按照其控制针阀的方式不同,可分为伺服驱动方式和直接驱动方式两种。

①压电式伺服驱动喷油器(图 20-19)。这种喷油器的结构原理与前述的电磁阀控制的高压共轨喷油器基本相同,只是用压电元件取代了电磁阀来控制泄油孔的开闭。它的工作过程:高压燃油从高压共轨进入喷油器后,分成两路,一路由通道进入喷油嘴的油道,作用在针阀锥面上,另一路通过节流孔进入活赛顶部的油腔。当压电的晶体不通电时,止回阀 1 关闭,油腔 1 中的燃油推动柱塞,关闭喷油嘴,喷油器不喷油。当压电晶体通电后,压电晶体膨胀,推动大活塞压缩油腔 2 中的燃油 ,再推动小活塞(以此增大活塞行程),将止回阀 1 中的钢球推离锥面,使高压油腔中的燃油经过油道 1、止回阀 1 和油道 2 回流到油箱。由于柱塞上部被卸压,针阀在油槽中的燃油压力作用下,克服复位弹簧的作用力向上运动,使喷油嘴开启,开始喷油。如果压电晶体断电,止回阀 1 落座,柱塞向下运动,使喷油嘴关闭。止回阀 2 是为了补充油腔 2 中的泄漏的燃油,以保证喷油嘴工作可靠。

②压电式直接驱动喷油器(图 20-20)。传统的喷油器都是利用燃油压力作用在针阀中

部的承压锥面上，来使针阀开启实现喷油。而这种喷油器则是直接利用压电元件的膨胀和收缩来控制针阀的行程，以实现喷油，这使得喷油器针阀的动作的速度更快，能用不到100μs的时间打开和关闭喷油器的针阀，且喷雾动量和精确性更高。因为在针阀中部没有承压锥面和相应的压力室，也被称作无压力室喷油器（VCO 喷油器）。

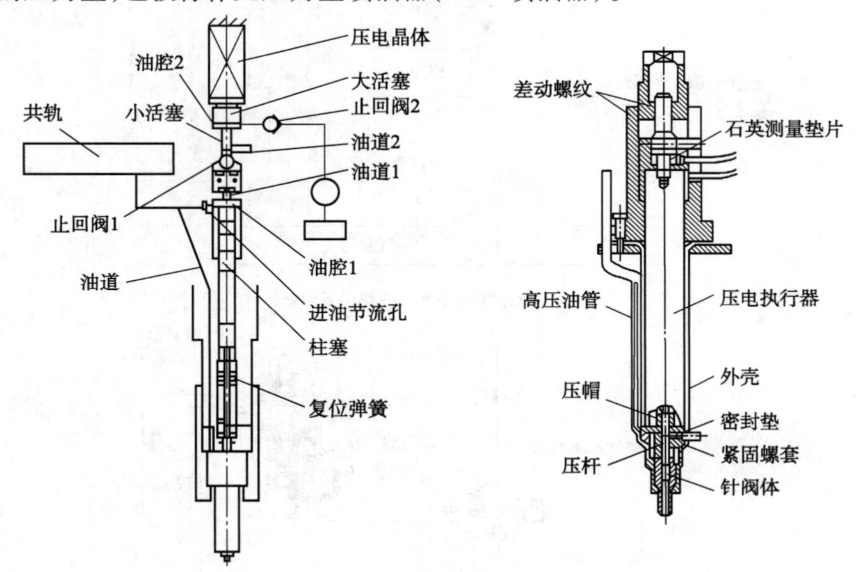

图 20-19　压电式伺服驱动喷油器　　图 20-20　压电式直接驱动喷油器

压电式直接驱动喷油器下部结构如图 20-21 所示。ECM 给压电元件施加正向电压时，压电元件膨胀而使喷油器针阀关闭，喷油器不喷油；给压电元件施加反向电压时，压电元件收缩而使喷油器针阀开启，喷油器开始喷油。与带压力室的喷油器不同，无压力室喷油器的针阀升程发生变化时，喷油嘴喷孔流通截面积是变化的。在一定的柴油机转速下，如保持喷油压力和喷油持续时间不变，则只要控制针阀的升程，即控制喷油器孔的有效流通面积，就可以控制循环喷油量。

（9）可变 EGR 率废气再循环系统。

废气再循环（Exhaust Gas Recycle）简称 EGR，它是减少柴油机排放气体中氮氧化物（NO_x）含量的一种技术。主要通过将少量柴油机排气混入到进气总管中，通过降低进气氧密度的方式，延缓燃烧速度，降低柴油机最高燃烧温度。由于 NO_x 主要是在高温富氧条件下生成的，可由废气中的 CO_2 吸收大量的热量，在较低的温度下实现燃烧，可以明显使 NO_x 的排出量下降。

目前采用的 EGR 方式大多是外部 EGR，即利用专门的管路和阀门将废气引进柴油机进气总管，使废气和新鲜空气在进气总管内充分混合。考虑到减少废气进入新鲜空气中对新鲜进气的加热作用，可在 EGR 阀

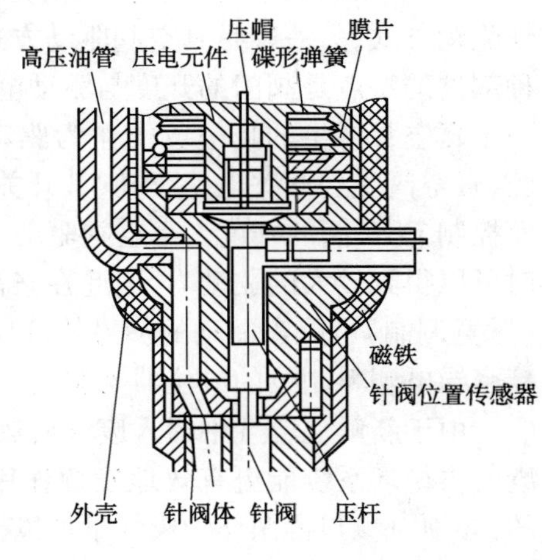

图 20-21　压电式喷油器下部结构

之前的气道中加装废气再循环中冷器,使废气被冷却后再进到进气总管。EGR 阀与柴油机连接如图 20-22a)所示。

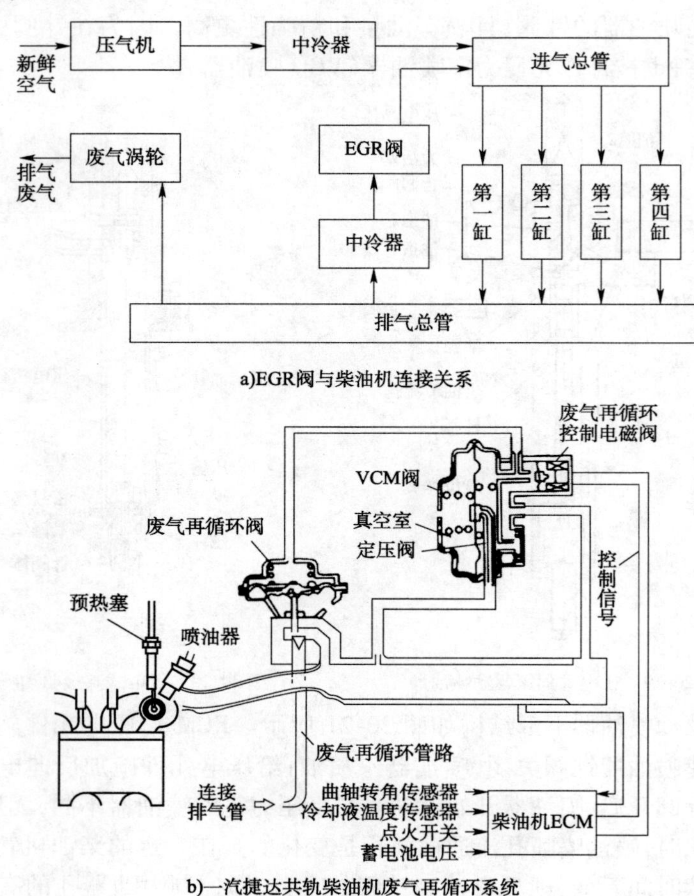

a)EGR阀与柴油机连接关系

b)一汽捷达共轨柴油机废气再循环系统

图 20-22　一汽捷达共轨柴油机废气再循环系统示意图

在 EGR 系统中起关键作用的是 EGR 阀。它主要有两种驱动方式:一种是用比例电磁铁驱动方式,另一种是真空阀驱动方式。比例电磁铁驱动是使用比例电磁铁做驱动部件,这种部件的特点是阀门的开度与驱动电压的有效值相关,电压高则开度大;真空阀驱动是利用一个真空泵产生的真空负压作为驱动力,真空负压管路通过真空阀连接到 EGR 阀的真空腔,真空阀受到开关电路驱动,其开关的时间长度比例,会影响 EGR 阀真空腔的真空度,从而控制 EGR 阀的开度。真空阀驱动方式的优点是可以使电控执行部分远离排气的高温,同时可以得到较大的驱动力,因此在柴油机中使用较多,可以认为 EGR 阀都是受 ECM 的 PWM(脉宽调制)电路来驱动的。另外,EGR 阀都带有一个反映 EGR 开度的位置传感器,一般用精密导电塑料制成的电位器来制成。

由于新鲜混合气中掺入废气后热值降低,因此,柴油机的输出功率会有所下降。为了使废气再循环系统能更有效地发挥作用,达到既能减少 NO_x 生成量,又能保证动力性能的目的,必须对参与再循环的废气量加以控制,即根据柴油机的进气温度及负荷适当地控制进入进气管的废气量。当柴油机冷却液温度较低或处于怠速及小负荷运转时,NO_x 的生成量少,通常不需要引入废气，柴油机冷却液温度已达到正常工作温度，而且处于大负荷运转工况时，NO_x 的生成量较多，此时应引入废气，并随柴油机负荷的增大相应地增加引入废气量。

可变 EGR 率废气再循环系统即能实现上述功能，其系统结构组成如图 20-22b）所示。废气再循环控制的工作原理：柴油机 ECM 的 ROM 中储存有经试验确定的 EGR 率与柴油机转速、进气量相对应的数据，当柴油机工作时，ECM 根据各种传感器送来的信号确定柴油机的工况，经过比较、计算和修正，输出适当的指令控制电磁阀的开闭时长，以调节废气再循环的 EGR 率。

在图 20-22b）中，VCM 阀是一个真空调阀，内有废气再循环控制电磁阀。柴油机工作时，ECM 根据曲轴位置传感器、加速踏板位置传感器、冷却液温度传感器、启动开关、蓄电池电压等输送的信号，向废气再循环控制电磁阀提供不同占空比的脉冲电压，以控制开闭时间。脉冲电压的占空比大，则废气再循环控制电磁阀打开的时间越长，进入 VCM 阀真空室的空气量就越多。真空室的真空度越小，废气再循环阀开度和 EGR 率也就越小，当 VCM 阀真空室的真空度小至某一设定值时，废气再循环阀关闭，废气再循环阀停止工作。反之，脉冲电压的占空比越小，EGR 率也就越大。

（10）可调涡轮增压器。

对于固定流通截面的增压器，往往不能适应柴油机在整个转速范围内的气体流动特性匹配要求，近年来可调涡轮增压器的应用逐渐增加。可调涡轮增压器一般采用调整流通截面或流通量的方式来调整涡轮增压器与柴油机匹配的工作特性，满足柴油机工作的需求。调整流通截面常采用可调喷嘴（VNT）的方式，调整流通量常采用旁通阀放气的方式。

可调涡轮增压器对于柴油机电控系统而言，也属于执行器的一种。典型的 VNT 部件一般采用负压气动操作方式，而对于操作压力的控制则由 ECM 输出的 PWM 驱动信号来操纵压力控制阀予以实现。所以，对于柴油机电控系统而言，可调涡轮增压器可以看成一个 PWM 的驱动执行器。实际控制时，根据试验确定在柴油机某工况下可调涡轮增压器在最佳调整位置时对应的 PWM 信号占空比，记录后用数据表方式存储，用这些数据来控制可调涡轮增压器与柴油机的匹配运行，可以实现在整个转速区域内柴油机与增压器的良好配合。而在国内车用柴油机中，可调涡轮增压器应用还不多见，相信不久的将来，会得到广泛的应用。

（三）柴油机冷起动预热装置的检修

预热系统是柴油机所特有的，柴油机冷起动时，即使压缩充分，由于温度低，喷入的燃油并未升温至自燃温度，所以，必须用预热系统来改善点火性能。目前生产的“低温起动型”系列柴油机主要采用进气预热的方式提高柴油机的低温起动性能。一汽集团大连柴油机厂生产的 CA6DE3 系列柴油机所采用的进气预热方式有两种：一种是点燃柴油对进入柴油机进气管的冷空气进行加热（火焰预热器加热）；另一种是采用电加热的方式对进气预热（PTC 空气加热器加热）。

火焰预热装置型是通过点燃喷入进气道的柴油对进气进行加热。当柴油机内冷却液温度低于 0℃时，火焰预热装置自行启动，驾驶人在起动柴油机的过程中，先把点火钥匙置于预热挡，约 26s 后，预热指示灯关闭，驾驶人就可以起动柴油机了。

PTC 空气加热器加热型是将电能产生的热量事先储存于加热器中，起动时热空气首先进入汽缸，使柴油机顺利起动。当驾驶人要起动柴油机的时候，先按下预热开关，6min 后，蜂鸣器开始叫，说明预热器加热完毕，驾驶人就可以把预热开关复位，然后开始起动柴油机。

另外系统还有一种是冷却液辅助预热系统，即在预热进气的同时，对冷却液进行电加热预热。

1. 起动预热系统结构

起动预热系统是在柴油机冷起动前，通过电子装置加热压缩空气，以提高柴油机的起动性能，即使在起动后，还将依据冷却液温度，对空气继续加热一定的时间，从而减少柴油机的爆燃和冒白烟现象。起动预热系统有两种主要类型：预热器式和进气加热式。预热器式用于加热燃烧室的空气，如图 20-23a）所示；进气加热式用于直接加热来自空气滤清器的空气，如图 20-23b）所示。还有一种辅助预热器是直接加热冷却液，一般布置在节温器出口。

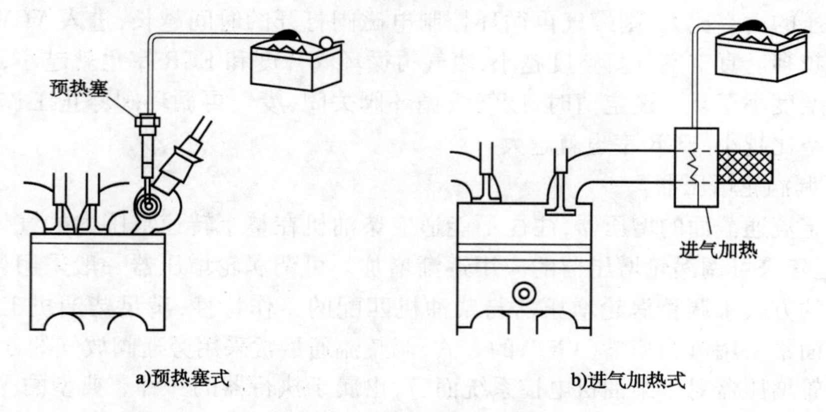

图 20-23　起动预热系统类型

（1）预热器。

①预热器也叫预热塞，其结构原理如图 20-24 所示。预热器内装有控制线圈，当其电阻随着温度的升高而增加时，可以减少流往与控制线圈串联的热线圈的电流量，使预热器的温度不致上升过高。预热器的温度可升至约 900℃。

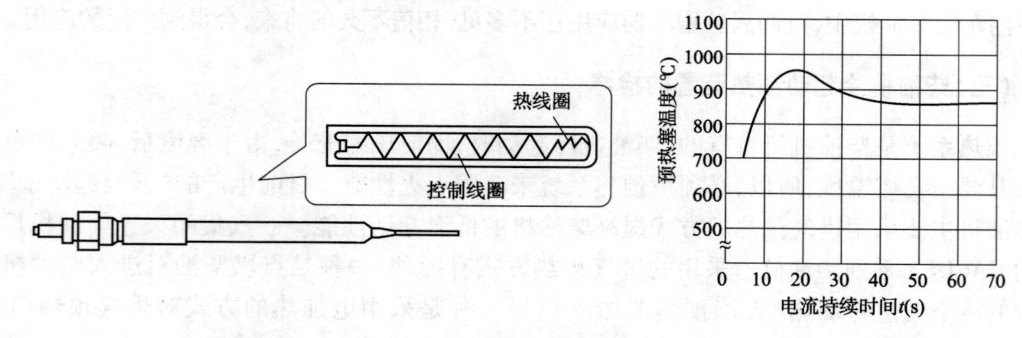

图 20-24　预热器原理图

②预热系统的运行如图 20-25 所示，当柴油机冷却液温度较低时起动柴油机，预热定时器的工作过程为：在依据冷却液温度决定的时间内，定时器 1 和定时器 2 都接通，然后同时断开，指示灯发光时间约为 0 ~ 10s，定时器 1 断开时，预热指示灯也断开；当启动开关旋至“START”时，预热定时器或 ECM 指令控制将预热器接通，防止预热器温度在起动时下降和

改善起动性能；当定时器3运行时，在依据冷却液温度决定的时间内，将预热继电器接通预热，启动开关从“START”旋到“ON”位置，有利于提高柴油机的工作性能。

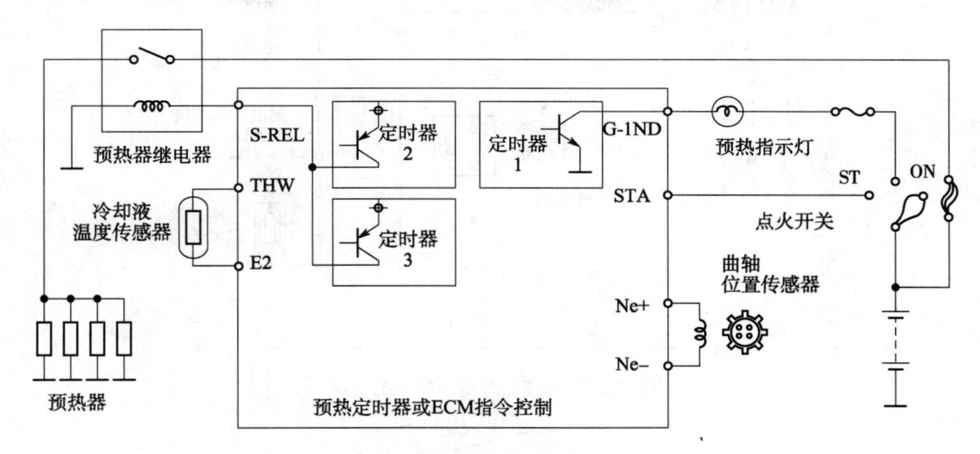

图20-25 冷起动辅助装置预热系统电路

③预热系统的电路。预热系统的电路有两种类型，即固定延时型电路和可变延时型电路。

固定延时型电路如图20-26所示。在固定延时型的预热系统中，预热定时器控制预热指示灯发光时间和预热器继电器接通的时间（预热时间）。指示灯发光时间约为5s，预热时间约为18s，两者都按固定时间控制。

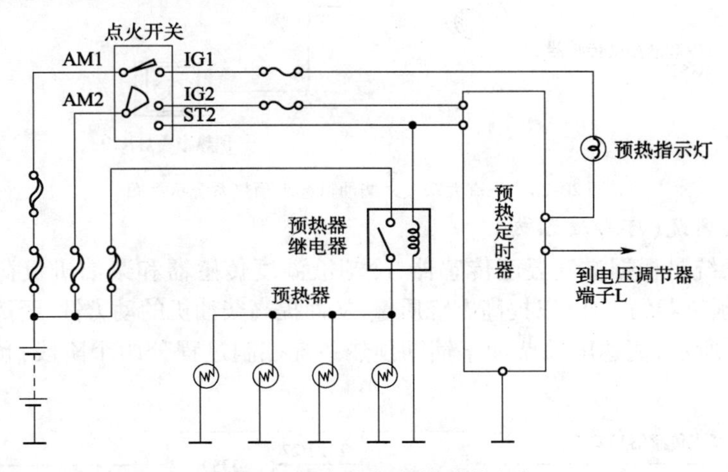

图20-26 固定延时型预热系统电路

可变延时型电路如图20-27所示。在可变延时型的预热系统中，预热定时器控制预热指示灯发光时间以及根据柴油机冷却液温度和交流发电机电压（可用作柴油机运转信号）而决定的预热器继电器接通时间（预热时间）。指示灯发光时间为2～28s，预热时间为2～55s，两者都根据冷却液温度而变化。

有些新型预热装置采用陶瓷预热杆，可在2s内达到1000℃，保证柴油机像汽油机一样可以快速起动，不会产生普通柴油机那样1min延迟现象。

电控模块控制型电路。以一汽大众宝来柴油机为例，起动预热系统如图20-28所示。

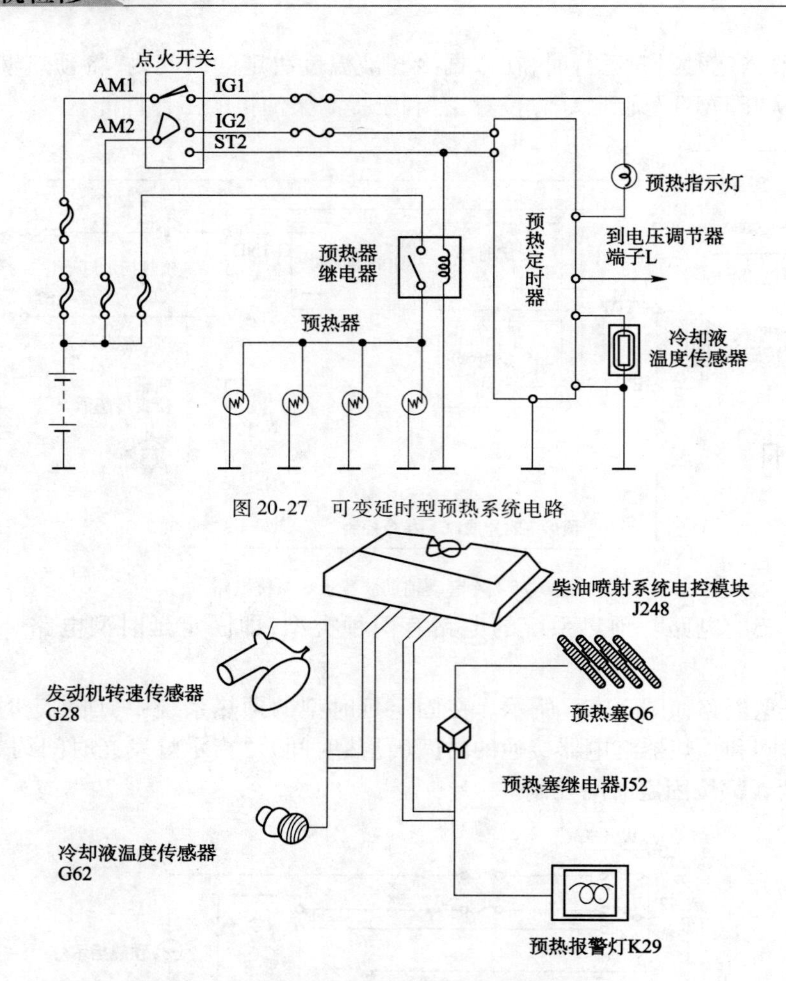

图 20-27　可变延时型预热系统电路

图 20-28　一汽大众宝来柴油机起动预热系统示意图

2. 辅助预热系统(冷却液预热)

辅助预热系统是根据进气温度传感器、冷却液温度传感器和柴油机负荷等传感器的信号,控制冷却液预热器的工作,以提高燃烧质量,从而提高柴油机的动力性、经济性和排放性。

如图 20-29 所示,捷达电喷柴油车辅助预热系统控制过程分两个阶段:预热阶段和后预热阶段。

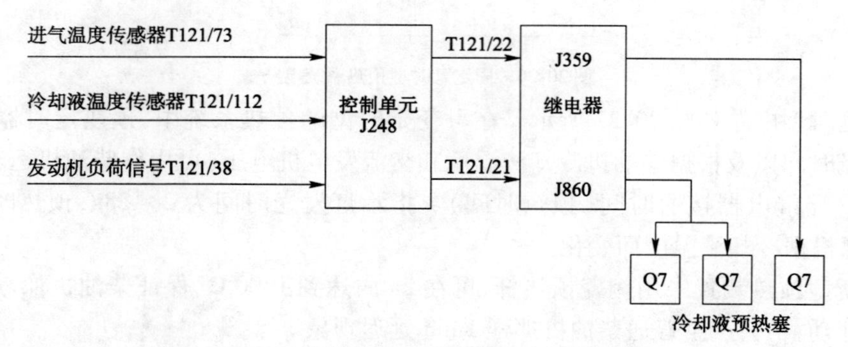

图 20-29　捷达电喷柴油车起动控制电路示意图

预热阶段：打开启动开关后，当冷却液温度低于9℃时预热器被接通，预热期间报警灯亮，预热循环阶段结束时报警灯熄灭，柴油机可以起动。

后预热阶段：柴油机起动后即为后预热阶段，时间不超过4min，当柴油机转速超过2500r/min后，后预热阶段结束。这种预热方式可以降低燃烧噪声，提高怠速稳定性和减低HC排放水平。

3. 预热继电器控制使用

预热继电器使用流程如图20-30所示，使用要求说明如下：

(1)在低温条件下通过加热进气的方法来辅助柴油机顺利起动。

(2)电控柴油机ECM可以方便地对加热过程进行控制，适合使用电加热的方式来预热进气。

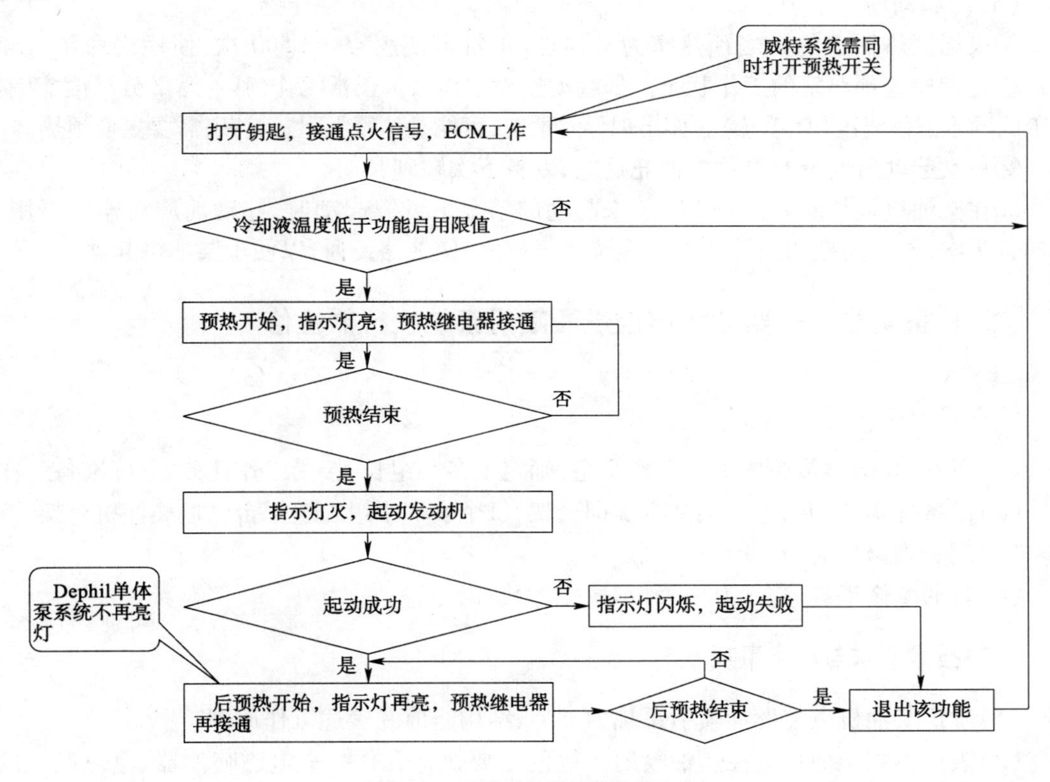

图20-30　预热继电器控制使用流程

(3)选用预热控制功能，ECM通电(成都威特电喷系统需同时打开预热开关)并根据当前柴油机冷却液温度决定是否需要进行预热来辅助起动，并通过预热继电器得以执行。

(4)如果整车装备了预热辅助起动装置，则在低温条件下用户打开钥匙到“ON”挡位后，一定要注意仪表板上的预热指示灯是否点亮，如果该灯点亮，说明温度太低，柴油机需要预热后方能起动，这时切不可以直接起动，一定要等预热指示灯熄灭后再起动。

(5)柴油机冷起动相关配置说明，以一汽大柴CA6DE3系列柴油机为例。一汽集团特别研发了空气加热器。为保证低温起动性能，要求整车润滑油、柴油以及蓄电池等备品按相关要求配置，具体要求见表20-1。

CA6DE3 系列柴油机冷启动相关配置说明 表 20-1

配置	技术状态
火焰预热器	额定电压 24V,额定电流 10~11A;油耗 12~16mL/min(0.05Mpa);加热 26s 热管头部温度 950℃;柴油机冷却液温度低于 0℃时进入工作状态
PTC 空气加热器	额定电压 24V,功率 6kW;可选择开式工作状态
起动机	输出转矩≥56N·m/(850r/min),电流≤700A;输出转矩矩≥47N·m/(1200r/min),电流≤600A;额定功率 6.0kW,直联电动机
蓄电池	135Ah 低温蓄电池或 180Ah 常温蓄电池
润滑油	黏度等级 5W30,CF 级柴油机润滑油
柴油	高寒地区应使用 -35 号或更高牌号的柴油

(6)冷起动注意事项。

①火焰预热器上的火焰预热塞为易损件,正常可使用 400~500 次,使用寿命约 2 年。用户应定期检查预热塞的工作状态。如起动过程中预热塞正常工作,其外露部分温度应明显高于周围零部件温度(凭手感)。如出现异常情况,可能是热管电阻式熔断,需要更换预热器。

②每次起动后要及时给蓄电池充足电,以备下次顺利起动。

③在柴油机较长时间(24h 以上)未起动的情况下低温起动时,起动前应对输油泵用手泵油若干次,同时要把燃油滤清器罐残留空气排出,使油路畅通,以便于柴油机起动。

二 任务实施——柴油机电控燃油喷射系统执行器检修

(一)准备工作

(1)每 6~8 名学员组成 1 个工作小组,确定 1 名小组长,接受工作任务,做好准备工作。

(2)准备好实训用的电控柴油机实训台架,每个实训小组配置 1 台电控柴油机台架。

(3)配备维修手册(纸质或电子版)。

(4)普通维修工具、数字万用表、示波器、诊断仪等。

(二)技术要求与注意事项

(1)辨识柴油机电控燃油喷射系统的类型、结构组成并表述工作原理。

(2)表述不同柴油机电控燃油喷射系统的主要执行元件——电磁喷油器、电磁调压阀、电磁停油器和电热装置等主要元器件的检修方法。

(3)熟练找出各种传感器、执行器、ECM、继电器等元器件,并表述各元器件的安装位置和功用。

(4)识读与分析柴油机电控燃油喷射系统执行器控制电路。

(5)检测各种执行器、执行器控制电路,并进行典型执行器故障诊断与排除。

(6)遵守实训中心规章制度,未经许可,不得移动和拆卸实训仪器与设备。

(7)遵守实训仪器与设备的安全操作规程。

(8)未确认运行安全条件之前,严禁擅自扳动仪器、设备的电器开关、启动开关。

(9)注意人身工作安全和仪器、设备的运行安全。

（三）操作步骤

（1）在电控柴油机实训台上，找出柴油机电控系统的执行器零件实物，表述其安装位置与功用，并将电阻或电压的检测结果填写在表20-2相应的空格中（不同机型零部件不同，请按实际认识的机型零部件进行增加或删除）。

柴油机电控系统执行器识别记录表　　表20-2

序号	执行器零件名称	安装位置与功能描述	电阻检测（Ω）		电压检测（V）	
			检测值	标准值	检测值	标准值

注：执行器检测因不同电控系统而不同，零件项目根据实训机型适当增减。

（2）油器电磁阀的波形检测。

①画出喷油器电磁阀输出波形。

②检测结果分析。

三 评价与反馈

1. 自我评价

（1）通过本学习任务的学习，你是否已经知道以下问题：

①柴油机电控燃油供给系统的类型、结构组成是什么？其工作原理是什么？

②试识读与分析柴油机电控燃油供给系统执行器控制电路。

（2）实训过程完成情况如何？

(3)通过本学习任务的学习,你认为自己的知识和技能还有哪些欠缺?

____

____

签名:__________ ________年____月____日

2. 小组评价与反馈

小组评价与反馈见表 20-3。

小组评价与反馈表　　表 20-3

序号	评价项目	评价情况
1	着装是否符合要求	
2	是否能合理规范地使用仪器和设备	
3	是否按照安全和规范的流程操作	
4	是否遵守学习、实习场地的规章制度	
5	是否能保持学习、实习场地整洁	
6	团结协作情况	

参与评价的同学签名:__________ ________年____月____日

3. 教师评价与反馈

____

____

____

签名:__________ ________年____月____日

四 技能考核标准

技能考核标准见表 20-4。

技能考核标准表　　表 20-4

项目	考核内容	规定分	评分标准	得分
柴油机电控燃油喷射系统执行器检修	找出电控系统每个执行器的位置	20 分	每错一次扣 5 分	
	检测各执行器或传感器,诊断出故障部位,并口头表述其原因	30 分	表述各执行器或传感器种类、名称,每错误一次扣 5 分	
	填写实训工单	20 分	每错一次扣 5 分	
	工具、仪器正确使用方法	10 分	符合操作规程、使用方法、熟练程度、读取结果视正确率酌情评分	
	安全文明生产与环境保洁	10 分	安全使用电、气,无设备、人身事故,主动参与环境保洁,酌情评分	
	工作态度与协作精神	10 分	视参与实践的自觉性、工作态度和团队协作精神酌情评分	
总分		100 分		

参 考 文 献

[1] 陈新轩等.现代工程机械发动机与底盘构造[M].北京:人民交通出版社,2002.
[2] 邹小明.发动机构造与维修[M].北京:人民交通出版社,2001.
[3] 陈文华.汽车发动机构造与维修[M].北京:人民交通出版社,2001.
[4] 杜仕安,简晓春.现代柴油机喷油泵喷油器维修与调试[M].北京:人民交通出版社,2004.
[5] 严安辉,韦忠霞.汽车柴油发动机电控系统原理与检修[M].北京:国防工业出版社,2007.
[6] 王凤军,吴东平.汽车发动机构造与维修[M].北京:科学出版社,2007.
[7] 王胜春.工程机械发动机 [M].北京:化学工业出版社,2013.
[8] 杜运普.工程机械发动机构造与维修[M].北京:机械工业出版社,2012.
[9] 张凤山,张立常.汽车柴油机喷油泵与电控系统维修[M].北京:机械工业出版社,2009.
[10] 惠东杰.柴油汽车喷油系统构造与调试技术[M].北京:机械工业出版社,2008.
[11] 张琳,李乃坤.工程机械构造[M].北京:人民交通出版社,2013.
[12] 汤定国.汽车发动机构造与维修[M].北京:人民交通出版社,2010.
[13] 陈家瑞.汽车构造(上册)[M].北京:人民交通出版社,2006.
[14] 邵林波,王洪章.汽车发动机构造与维修[M].北京:冶金工业出版社,2009.